STARK IN …

Mathematik

Mittelstufe

Schroedel

Stark in Mathematik
Mittelstufe

Bearbeitet von
Anneliese Angendohr, Ludwig Augustin, Prof. Dr. Eugen Bauhoff, Rolf Breiter, Heinz Fehrmann, Andrea Gotsche-Drötboom, Walter Kaub, Annette Schauerte, Sybille Stefener

in Zusammenarbeit mit der Verlagsredaktion

Zum Schülerband erscheinen:
Arbeitsheft M1 Best. Nr. 43311
Arbeitsheft M2 Best. Nr. 43312
Materialien für Lehrerinnen und Lehrer Best. Nr. 43321
Lösungen Best. Nr. 43323

ISBN 978-3-507-**43301**-4

Druck A [7] / Jahr 2007

Alle Drucke der Serie A sind im Unterricht parallel verwendbar.

Umschlaggestaltung: Jürgen Kochinke
Innenlayout: Helke Brandt
Illustrationen: Dietmar Griese; Zeichnungen: Günter Schlierf
Satz: DTP Heimservice Gundolf Porr, 76726 Germersheim
Druck und Bindung: Westermann Druck Zwickau GmbH, Zwickau

Inhaltsverzeichnis

Bildquellenverzeichnis

Seite 22, 24, 25, 44, 46, 54, 78, 87, 138, 143, 173, 196 Hartmut Freese, Hannover; Seite 30 (Messeturm) Messerschmidt-Bavaria, Gauting; Seite 30 (Berlin) Ed Pritchard-Tony Stone, München; Seite 30 (München) Alena Vikova-Tony Stone, München; Seite 31 (Köln) VCL-Bavaria, Gauting; Seite 31 (Pisa) Hideo Kurihara-Tony Stone, München; Seite 31 (Paris) Tony Craddock-Tony Stone, München; Seite 33, 50 (Fahrrad), 145 Michael Fabian, Edemissen; Seite 50 (Fahrradkurier) VCL-Bavaria, Gauting; Seite 51 (Miriam, Felix) Phototeque SDP-Mauritius, Mittenwald; Seite 50 (Tobias) Steve Prezant-Stock Market, Düsseldorf; Seite 51 (Li) VCL-Bavaria, Gauting; Seite 53 Krienke-Bavaria, Gauting; Seite 56 (links) Mauritius-Kalt, Mittenwald; Seite 56 (Mitte) Mauritius-J. Beck, Mittenwald; Seite 56 (rechts) Mauritius-Krautwurst, Mittenwald; Seite 60, 131 dpa, Frankfurt; Seite 77 Tony Stone, München; Seite 84 Mauritius-Rosenbach, Mittenwald; Seite 108 Boddenberg-Zefa, Hamburg; Seite 117 PP-Bavaria, Gauting; Seite 135 Phywe, Göttingen; Seite 135, 171 Torsten Warmuth, Kassel; Seite 144 (Baby, 5 Jahre) Toni Angermayer, Holzkirchen; Seite 144 (Elefant) Reinhard-Tierfoto, Heiligkreuzsteinach; Seite 148 Mauritius-Rosenfeld, Mittenwald; Seite 149 Deutsche Bahn AG, Berlin; Seite 159 (Pferde) Mauritius-H.Hoffmann, Mittenwald; Seite 159 (Zahnarzt) Mauritius-Pigneter, Mittenwald; Seite 170 Zefa-Spichtinger, Hamburg; Seite 173 (Parkplatz) dpa, Frankfurt; Seite 197 Quadro, Seevetal.

Rechnen bis 100

1	2	3		5	6	7	8	9	10
11	12	13	14	15	16	17		19	20
21		23	24	25		27	28	29	30
	32	33	34	35	36	37	38		40
41	42		44	45	46		48	49	50
51	52	53	54		56	57	58	59	
61		63	64	65	66	67		69	70
71	72	73		75	76	77	78	79	80
	82	83	84	85		87	88	89	90
91	92		94	95	96	97	98		100

Schätzen und Bündeln

1 Wie viele Besucherinnen und Besucher siehst du?
Schätze die Anzahl.
Zähle nach.

2 Wie viele Plätze sind schon besetzt?
Wie viele Plätze sind noch frei?
Zähle nach.

Hunderter Zehner Einer

1

Hunderter **Zehner** **Einer**

1 H = 10 Z = 100 E

2 Wie heißen die Zahlen?

a) 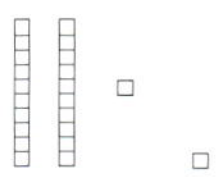
b) 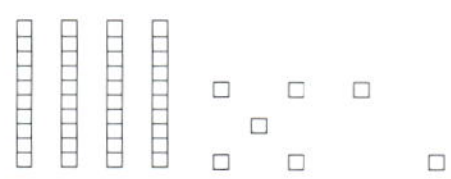
c) 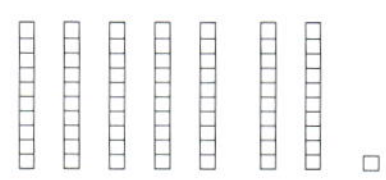
d) 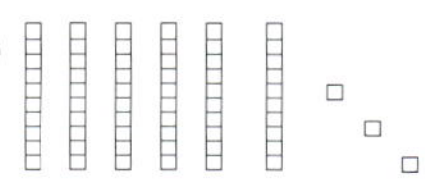

3 Lege die Zahlen mit Rechenblöcken.
Zeichne und schreibe sie danach in dein Heft. Koko zeigt, wie es geht.

a) 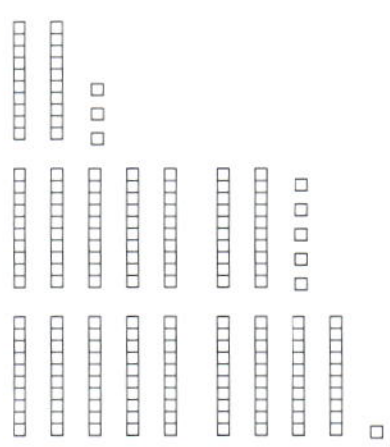
b) 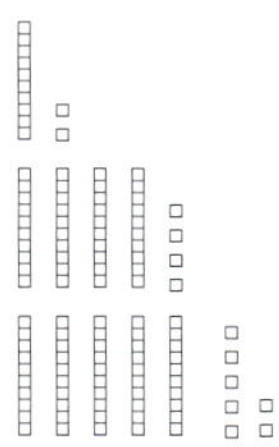
c) 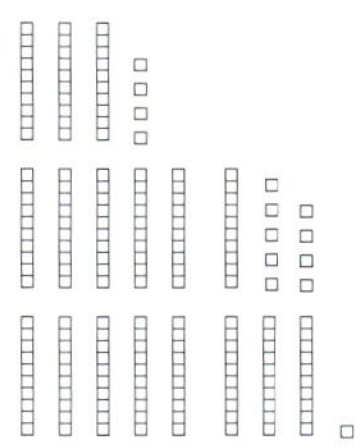

4 Lege die Zahlen.
Zeichne und schreibe sie danach wie in Aufgabe 3 in dein Heft.

27 55 42 70 89 31 68 94

5 Welche Zahlen kannst du zaubern?

a) 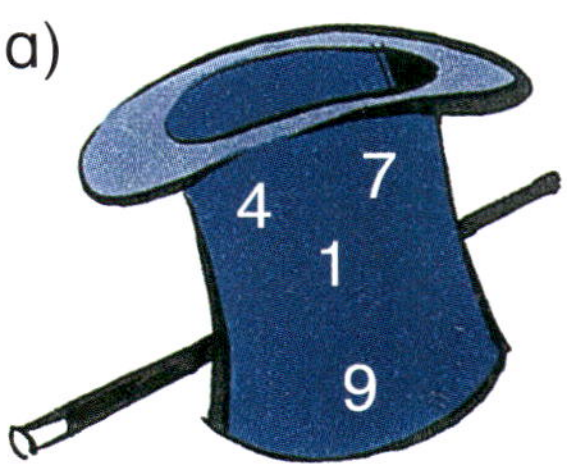

b) 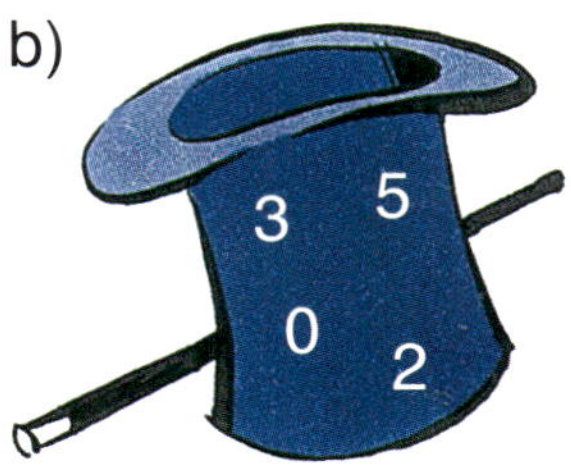

Zahl	Z	E	
41	4	1	IIII·
14			

Zahlen ordnen und vergleichen

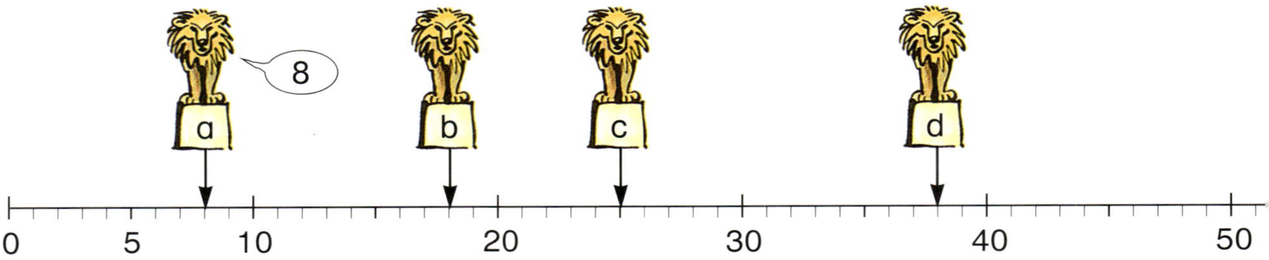

1 Über welchen Zahlen sitzen die Löwen?

2 a) Über welchen Zahlen sitzen die Löwen?
b) Zwischen welchen Zehnern sitzen die Löwen?
Schreibe wie im Beispiel.

a: 20 | 24 | 30

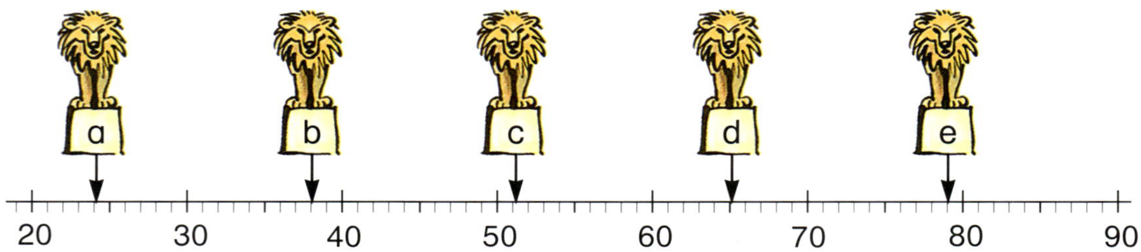

3 a) Zu welchen Zahlen gehören die Pfeile?
b) Wie heißt der Vorgänger, wie heißt der Nachfolger?

a: 10 | 11 | 12

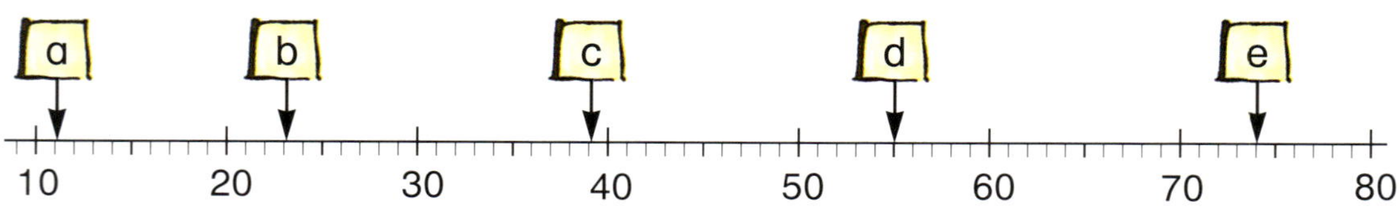

4 Schreibe die Zahlen der Reihen in dein Heft.

a) 26 27 □ □ □ □ □ 33
38 39 □ □ □ □ □ 45

b) 48 47 □ □ □ □ □ 41
74 73 □ □ □ □ □ 67

5

a)

51	15	87
□	□	□
□	□	□
□	□	□
□	□	□
□	□	□
57	21	93

b)

100	72	44
□	□	□
□	□	□
□	□	□
□	□	□
□	□	□
94	66	38

c)

□	48	□
□	□	□
□	□	77
31	□	□
□	52	□
□	□	□
34	□	□

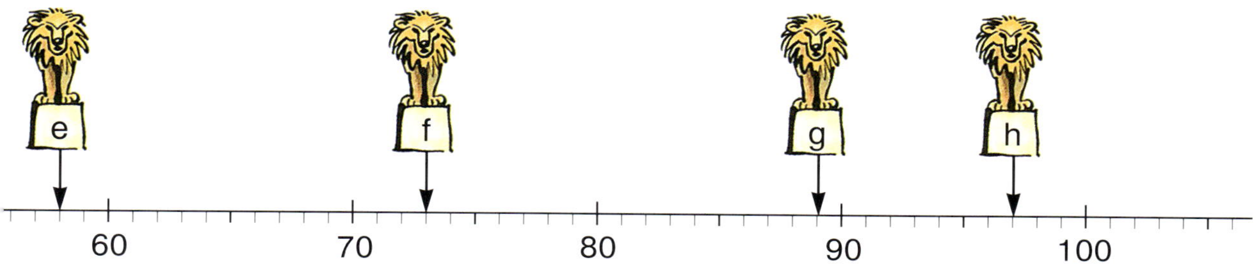

1 Wie heißt der Vorgänger, wie heißt der Nachfolger jeder Zahl?

78 21 35 59 17 99 50 44 82

2 Setze ein: > (größer); < (kleiner); = (gleich)

a)			b)			c)		
25	☐	19	29	☐	31	61	☐	59
41	☐	14	62	☐	62	81	☐	80
33	☐	23	70	☐	17	98	☐	99
50	☐	45	10	☐	12	29	☐	29

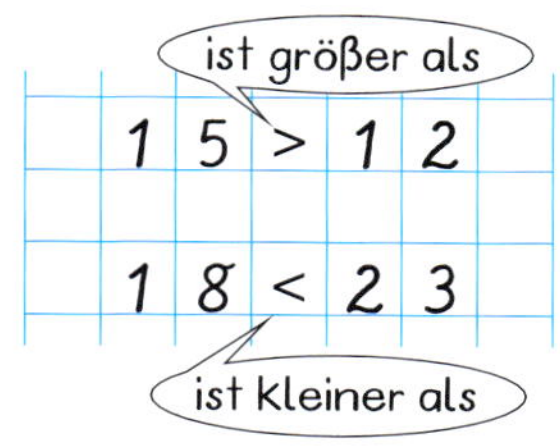

3 Ordne nach der Größe. Beginne mit der kleinsten Zahl.

a)	50	30	10	b)	99	39	50	11	c)	15	45	25	95	65
d)	31	56	17	e)	56	51	55	59	f)	79	70	81	17	8
g)	18	44	9	h)	82	89	86	83	i)	23	6	63	32	36
j)	23	66	15	k)	66	64	60	69	l)	24	2	42	4	22

4 Ordne nach der Größe. Beginne mit der größten Zahl.

a)	70	40	90	b)	76	71	77	50	c)	53	23	73	93	33
d)	28	13	49	e)	35	66	19	73	f)	41	75	99	15	4
g)	14	7	87	h)	89	42	24	100	i)	34	51	1	13	72
j)	25	52	15	k)	19	12	29	8	l)	64	93	60	46	39

5 Ordne die Zahlen in der Schlange. Beginne mit der kleinsten Zahl.

a)

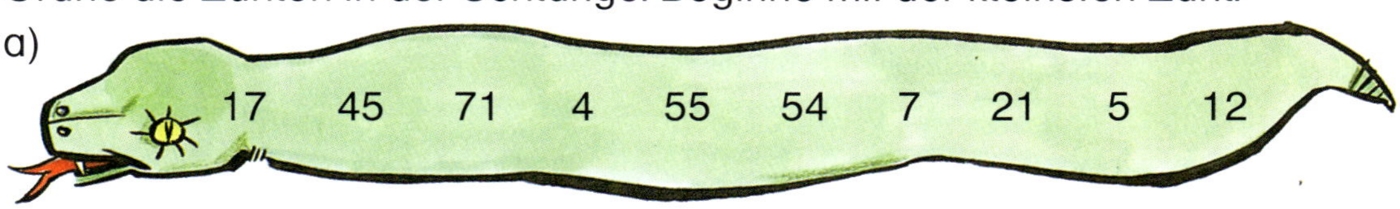

b)

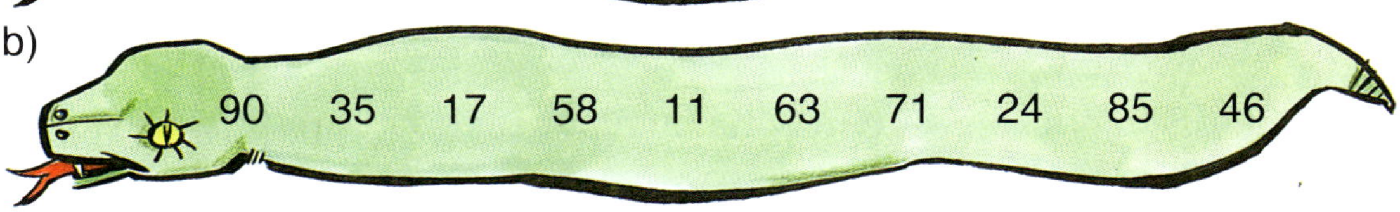

Addieren und Subtrahieren

1

2 Karlo hat schon 32 Eintrittskarten verkauft.
Tina kauft noch 5 Karten.
Wie viele Eintrittskarten hat Karlo insgesamt verkauft?

Frage:
Rechnung:
Antwort:

3 Von den 78 Zuschauern sind in der Pause 6 Zuschauer gegangen.
Wie viele Zuschauer waren bis zum Ende der Vorstellung im Zirkuszelt?

4

5 Im Zirkus arbeiten 34 Leute. Der Direktor stellt noch 8 neue Artisten ein.
Wie viele Leute arbeiten im Zirkus?

6 Zum Schmücken werden 54 Luftballons aufgeblasen. 7 Luftballons platzen.
Wie viele Luftballons bleiben übrig?

1

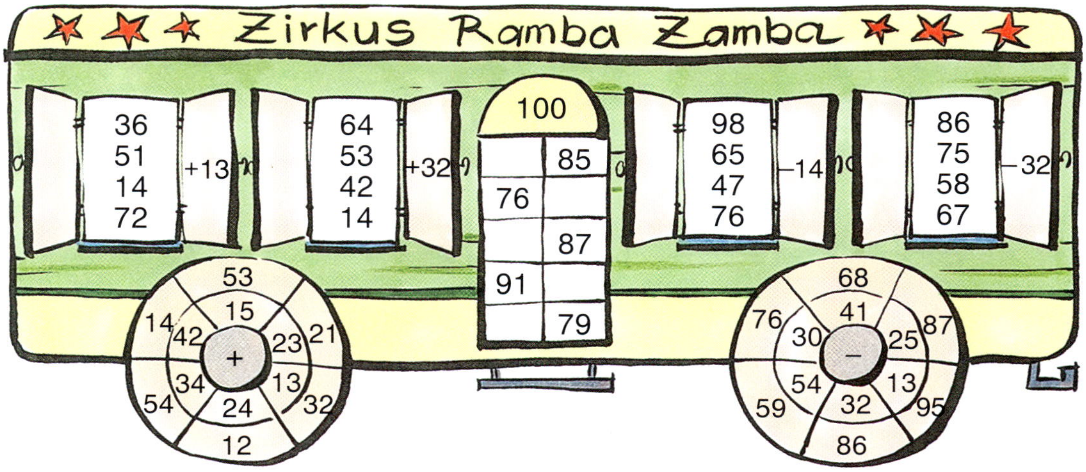

2 In Neustadt hatte der Zirkus schon 21 Vorstellungen.
Es kommen noch 14 Vorstellungen dazu.
Wie viele Vorstellungen sind das insgesamt in Neustadt?

3 Von 48 Eis hat der Clown 16 Eis verkauft.
Wie viele Eis hat der Clown noch übrig?

4

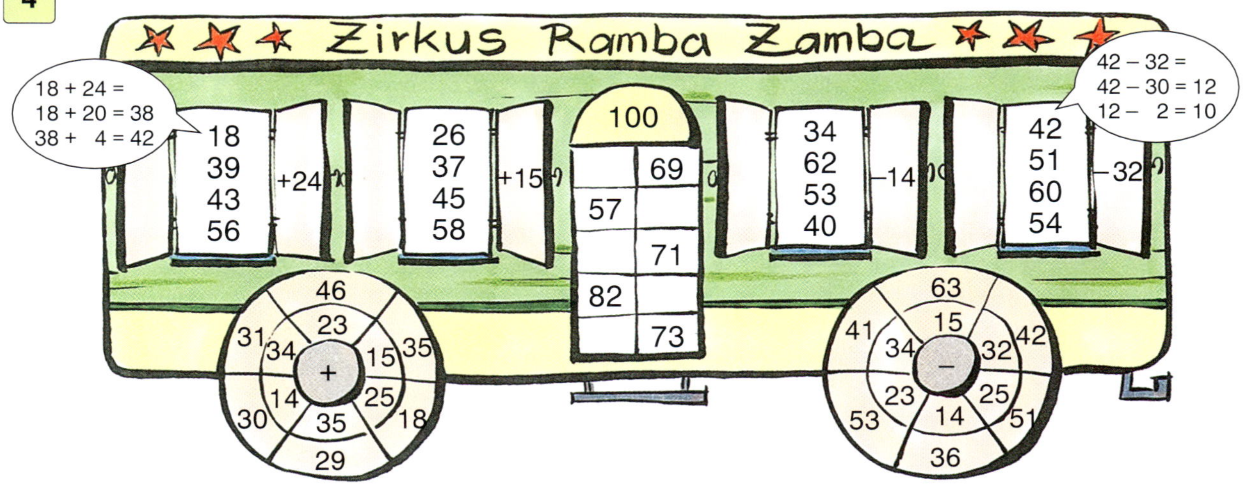

5 In das Zirkuszelt passen 95 Zuschauer. Es sind schon 12 Plätze besetzt.
Wie viele Plätze sind noch frei?

6 In der Kühltruhe sind 35 Eis. Der Eisverkäufer packt 16 Eis dazu.
Wie viele Eis sind nun in der Truhe?

Multiplizieren

1 Eis zu verkaufen!

a)

4 + 4 + 4

□ · 4 = □

b)

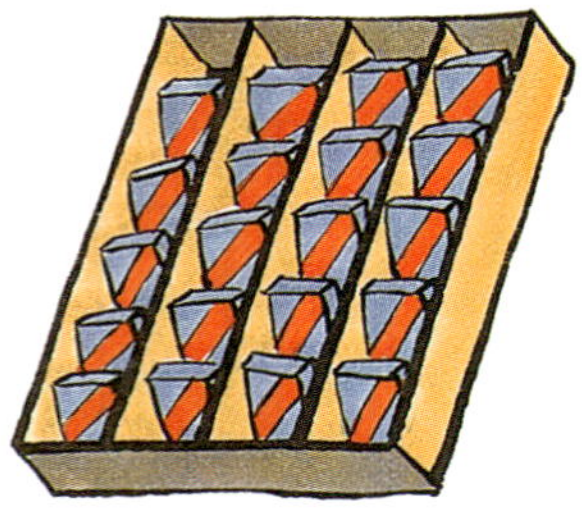

5 + 5 + 5 + 5

□ · 5 = □

c)

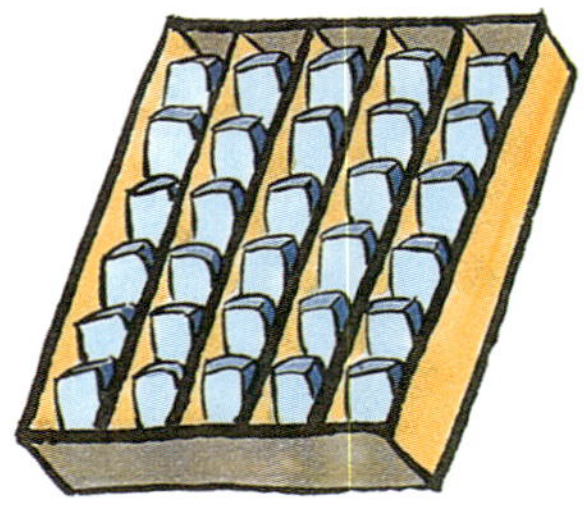

6 + 6 + 6 + 6 + 6

□ · 6 = □

2

□ · 2 = □

3

□ · 3 = □

4

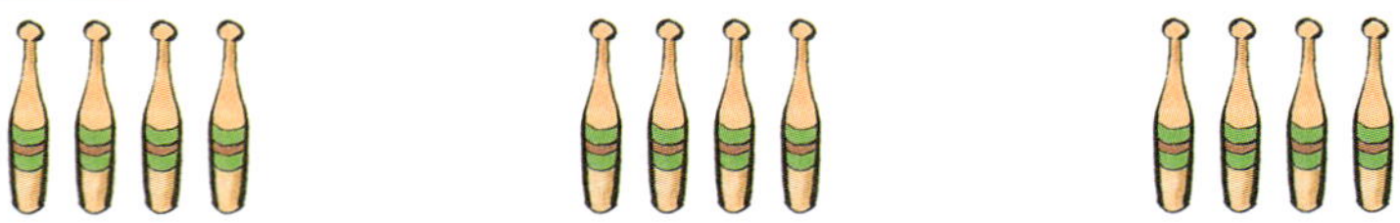

□ · 4 = □

5

□ · 6 = □

6

□ · 5 = □

7

□ · 3 = □

8 In der vorderen Reihe sitzen 7 Kinder.
Ein Clown schenkt jedem Kind 2 Luftballons.
Wie viele Ballons verschenkt der Clown?

□ · 2 = □

9 Verdoppele:

a) 5 7 6 8 2

b) 4 3 1 9 10

Verdoppeln heißt: mit 2 malnehmen.

2 · 5 =
2 · 7 =

Dividieren

1

Wie viele Bälle erhält jeder Clown? 12 : 3 = □

2

Wie viele Bonbons erhält jedes Kind? 20 : □ = □

3

Der Eisverkäufer verteilt 30 Eis in die 5 Fächer seines Bauchladens. Wie viele Eis passen in jedes Fach?

30 : □ = □

4

Ein Clown verteilt 36 Fähnchen.
Er gibt jedem Kind 4 Stück.
Für wie viele Kinder reichen die Fähnchen? 36 : □ = □

5

Der Zirkusdirektor verteilt 18 Brotstücke an 6 Pferde.
Wie viele Brotstücke bekommt jedes Pferd? 18 : □ = □

6

Halbiere:

a)	6	10	2	12	8
b)	14	4	16	18	20

Halbieren heißt: durch 2 teilen.

6 : 2 =
10 : 2 =

Einmaleins mit 5 und 10

1

a) 1 · 5, 4 · 5, 9 · 5, 6 · 5

b) 7 · 5, 5 · 5, 3 · 5, 10 · 5

c) □ · 5 = 10, □ · 5 = 35, □ · 5 = 15, □ · 5 = 0

d) □ · 5 = 20, □ · 5 = 30, □ · 5 = 5, □ · 5 = 40

2

a) 30 : 5, 15 : 5, 25 : 5, 50 : 5

b) 35 : 5, 45 : 5, 10 : 5, 20 : 5

c) □ : 5 = 1, □ : 5 = 4, □ : 5 = 7, □ : 5 = 3

d) □ : 5 = 10, □ : 5 = 5, □ : 5 = 8, □ : 5 = 6

3

a) 2 · 10, 5 · 10, 3 · 10, 6 · 10

b) 8 · 10, 4 · 10, 1 · 10, 7 · 10

c) □ · 10 = 90, □ · 10 = 30, □ · 10 = 60, □ · 10 = 100

d) □ · 10 = 50, □ · 10 = 10, □ · 10 = 80, □ · 10 = 40

4

a) 40 : 10, 20 : 10, 70 : 10, 10 : 10

b) 80 : 10, 30 : 10, 60 : 10, 50 : 10

c) □ : 10 = 9, □ : 10 = 7, □ : 10 = 1, □ : 10 = 4

d) □ : 10 = 10, □ : 10 = 6, □ : 10 = 2, □ : 10 = 3

5 Der Eisverkäufer hat 4 Reihen mit Eistüten in seinem Bauchladen.
In jeder Reihe sind 5 Eistüten.
Wie viele Eistüten hat er in seinem Bauchladen?

6 Der Clown hat 30 Luftballons in der Hand.
Er verteilt die Ballons an 6 Kinder.
Wie viele Ballons bekommt jedes Kind?

7 Der Zirkus erhält 6 Kartons Popcorn.
In jedem Karton sind 10 Tüten.
Wie viele Tüten Popcorn sind das insgesamt?

8 Der Zirkus will 40 Plakate in der Stadt verteilen.
Jeder Helfer soll 10 Plakate aufhängen.
Wie viele Helfer werden gebraucht?

Einmaleins mit 4 und 8

1

a) 3 · 4	b) 7 · 4	c) ☐ · 4 = 12	d) ☐ · 4 = 40
8 · 4	4 · 4	☐ · 4 = 20	☐ · 4 = 32
2 · 4	6 · 4	☐ · 4 = 8	☐ · 4 = 16
5 · 4	10 · 4	☐ · 4 = 28	☐ · 4 = 24

2

a) 16 : 4	b) 40 : 4	c) ☐ : 4 = 3	d) ☐ : 4 = 4
28 : 4	4 : 4	☐ : 4 = 8	☐ : 4 = 7
12 : 4	36 : 4	☐ : 4 = 2	☐ : 4 = 10
32 : 4	20 : 4	☐ : 4 = 6	☐ : 4 = 1

3

a) 3 · 8	b) 6 · 8	c) ☐ · 8 = 56	d) ☐ · 8 = 16
5 · 8	7 · 8	☐ · 8 = 8	☐ · 8 = 80
2 · 8	4 · 8	☐ · 8 = 24	☐ · 8 = 48
10 · 8	8 · 8	☐ · 8 = 40	☐ · 8 = 32

4

a) 24 : 8	b) 72 : 8	c) ☐ : 8 = 3	d) ☐ : 8 = 6
8 : 8	40 : 8	☐ : 8 = 5	☐ : 8 = 2
16 : 8	48 : 8	☐ : 8 = 1	☐ : 8 = 4
32 : 8	64 : 8	☐ : 8 = 9	☐ : 8 = 10

5 Die Elefanten verbrauchen 4 Ballen Heu am Tag.
Wie viele Heuballen werden an 7 Tagen benötigt?

6 In jeder Vorstellung werden 32 Fische als Belohnung an die Seelöwen verfüttert. Jeder Seelöwe bekommt 8 Fische.
Wie viele Seelöwen treten auf?

7 Eine Schulklasse besucht die Zirkusvorstellung.
Die Schüler sitzen in 3 Reihen mit je 8 Plätzen.
Wie viele Kinder hat die Klasse?

8 Im Zirkus sitzen 56 Zuschauer in 8 Reihen.
Wie viele Zuschauer sitzen in einer Reihe?

Einmaleins mit 3 und 6

1

a) 2 · 3	b) 4 · 3	c) □ · 3 = 15	d) □ · 3 = 30
8 · 3	3 · 3	□ · 3 = 12	□ · 3 = 9
5 · 3	6 · 3	□ · 3 = 27	□ · 3 = 21
7 · 3	10 · 3	□ · 3 = 3	□ · 3 = 18

2

a) 15 : 3	b) 3 : 3	c) □ : 3 = 4	d) □ : 3 = 2
12 : 3	18 : 3	□ : 3 = 7	□ : 3 = 5
27 : 3	30 : 3	□ : 3 = 10	□ : 3 = 9
6 : 3	24 : 3	□ : 3 = 6	□ : 3 = 1

3

a) 2 · 6	b) 7 · 6	c) □ · 6 = 36	d) □ · 6 = 48
8 · 6	1 · 6	□ · 6 = 54	□ · 6 = 24
3 · 6	10 · 6	□ · 6 = 12	□ · 6 = 6
4 · 6	5 · 6	□ · 6 = 24	□ · 6 = 18

4

a) 18 : 6	b) 54 : 6	c) □ : 6 = 4	d) □ : 6 = 3
12 : 6	36 : 6	□ : 6 = 6	□ : 6 = 1
30 : 6	48 : 6	□ : 6 = 5	□ : 6 = 10
6 : 6	60 : 6	□ : 6 = 2	□ : 6 = 8

5 Eine Eintrittskarte für Kinder kostet 6 €.
Moni und ihre Freundinnen brauchen 7 Karten.
Wie viel müssen sie insgesamt bezahlen?

6 Lukas und seine Freunde kaufen vor der Vorstellung 6 Tüten Popcorn.
Sie bezahlen insgesamt 12 €.
Wie teuer ist eine Tüte Popcorn?

7 Lisa kauft in der Pause 3 Eis.
Insgesamt bezahlt sie 6 €.
Wie teuer ist ein Eis?

8 Aus dem Zauberhut fliegen 3 Tauben, wenn der Zauberstab den Hut berührt. Der Zauberer berührt den Hut 2-mal.
Wie viele Tauben fliegen heraus?

Einmaleins mit 9 und 7

1

a)	b)	c)	d)
3 · 9	8 · 9	□ · 9 = 27	□ · 9 = 45
5 · 9	6 · 9	□ · 9 = 9	□ · 9 = 63
4 · 9	1 · 9	□ · 9 = 36	□ · 9 = 18
7 · 9	10 · 9	□ · 9 = 90	□ · 9 = 54

2

a)	b)	c)	d)
36 : 9	18 : 9	□ : 9 = 3	□ : 9 = 6
9 : 9	45 : 9	□ : 9 = 5	□ : 9 = 2
27 : 9	63 : 9	□ : 9 = 1	□ : 9 = 8
54 : 9	90 : 9	□ : 9 = 4	□ : 9 = 7

3

a)	b)	c)	d)
3 · 7	6 · 7	□ · 7 = 21	□ · 7 = 42
5 · 7	1 · 7	□ · 7 = 14	□ · 7 = 56
2 · 7	9 · 7	□ · 7 = 7	□ · 7 = 35
7 · 7	10 · 7	□ · 7 = 70	□ · 7 = 28

4

a)	b)	c)	d)
56 : 7	49 : 7	□ : 7 = 5	□ : 7 = 2
70 : 7	35 : 7	□ : 7 = 4	□ : 7 = 8
28 : 7	63 : 7	□ : 7 = 1	□ : 7 = 3
14 : 7	7 : 7	□ : 7 = 6	□ : 7 = 10

5 Die Pferde brauchen 9 Ballen Heu an einem Tag.
Wie viele Ballen brauchen die Pferde in 4 Tagen?

6 Frau Linke kauft Zirkuskarten für 9 Personen.
Sie bezahlt 81 €.
Wie teuer ist eine Eintrittskarte?

7 Während einer Vorstellung treten 5 Clowns auf.
Jeder Clown bringt 7 Luftballons mit und verteilt sie im Publikum.
Wie viele Ballons werden insgesamt verteilt?

8 In einer Woche verbrauchen die Pferde 63 kg Äpfel.
Wie viel kg Äpfel sind das an jedem Tag?

Vermischte Übungen zum Einmaleins

1

2

a) 7 · 9, 3 · 8, 4 · 6, 5 · 4
b) 6 · 6, 7 · 3, 2 · 8, 3 · 7
c) 8 · 4, 2 · 9, 4 · 7, 8 · 8
d) 9 · 9, 6 · 2, 7 · 8, 3 · 6
e) 2 · 7, 8 · 6, 4 · 9, 7 · 7

3

a) 18 : 2, 63 : 9, 42 : 6, 27 : 3
b) 49 : 7, 28 : 4, 40 : 8, 56 : 7
c) 72 : 9, 32 : 4, 18 : 3, 20 : 5
d) 48 : 6, 49 : 7, 24 : 4, 25 : 5
e) 81 : 9, 16 : 2, 28 : 7, 64 : 8

4

a)

9	5	6	1	2	· 3

b)

7 ·	8	2	4	3	10

c)

3	5	8	2	4	· 6

d)

8 ·	5	7	6	4	9

e)

4	9	5	8	0	· 5

f)

9 ·	6	1	3	7	5

5

a)

4	16	8	12	20	: 4

b)

48	32	16	8	24	: 8

c)

30	42	18	48	12	: 6

d)

42	28	35	14	63	: 7

6 Hier bleibt ein Rest.

21 : 5 = 4 Rest 1

a) 25 : 3, 19 : 6, 31 : 5, 13 : 4
b) 41 : 8, 27 : 5, 16 : 7, 39 : 6
c) 74 : 9, 51 : 8, 31 : 7, 23 : 9
d) 25 : 6, 34 : 8, 16 : 5, 64 : 7
e) 19 : 9, 27 : 4, 16 : 6, 38 : 8

Spiele

1 „Nach oben würfeln“

Das braucht ihr:

einen Würfel

für jeden Spieler eine Figur

1	2	3	4	5	6	7	8	9	10
11	12	13	14	15	16	17	18	19	20
21	22	23	24	25	26	27	28	29	30
31	32	33	34	35	36	37	38	39	40
41	42	43	44	45	46	47	48	49	50
51	52	53	54	55	56	57	58	59	60
61	62	63	64	65	66	67	68	69	70
71	72	73	74	75	76	77	78	79	80
81	82	83	84	85	86	87	88	89	90
91	92	93	94	95	96	97	98	99	100

Hundertertafel als Spielplan

Spielregel:
- Die Figuren auf die 1 stellen
- Abwechselnd würfeln, die gewürfelte Zahl vorrücken
- Sieger: wer zuerst bei 100 ist.

Spielt auch „Nach unten würfeln“:
- Start bei 100, Ziel bei 1
- die gewürfelte Zahl zurücksetzen

2 „Zahlen erobern“

Das braucht ihr:

Zahlenkärtchen von 1 bis 10 (je zweimal)

....

....

für jeden Spieler gleich viele Figuren in einer Farbe

				0				
			1	2	3			
		4	5	6	7	8		
	9	10	11	12	13	14	15	
16	17	18	19	20	21	24	25	27
	28	30	32	35	36	40	42	
	45	48	49	50	54	56	60	
		63	64	70	72	80		
			81	90	100			

Spielplan

Spielregel:
- Abwechselnd die Karten mischen, dann zwei Karten ziehen
- Damit eine Mal-Aufgabe bilden und ausrechnen
- Das Ergebnis im Spielplan besetzen. Das Feld ist schon besetzt? Dann bilde eine Aufgabe mit + oder - oder :
- Sieger: wer als erster alle seien Figuren verbraucht hat.

Wiederholen und Üben

1 Wie heißt der Vorgänger, wie der Nachfolger jeder Zahl?

25 37 40 59 71 86 99

$24 < 25 < 26$

2

a) 41 + 8	b) 67 – 4	c) 37 + 5	d) 91 – 5	e) 65 + 7
32 + 6	29 – 6	48 + 7	73 – 8	74 + 8
52 + 7	59 – 3	45 + 8	52 – 4	51 – 6

3

a) 47 + 21	b) 56 – 31	c) 14 + 52	d) 87 – 14	e) 52 + 23
36 + 12	63 – 42	23 + 46	96 – 71	42 + 16
51 + 37	97 – 56	64 + 23	45 – 23	37 – 15
25 + 33	78 – 24	75 + 14	58 – 12	79 – 34

4

a) 38 + 43	b) 73 – 26	c) 27 + 27	d) 91 – 14	e) 48 + 33
57 + 28	61 – 34	18 + 24	87 – 39	37 + 26
46 + 36	42 – 18	55 + 38	52 – 16	64 – 17
18 + 52	54 – 26	62 + 19	38 – 19	75 – 38

5

a) Im Regal stehen 76 Limodosen.
An einem Tag werden 23 Dosen verkauft.
Wie viele Dosen stehen noch im Regal?

b) Im Kühlregal stehen 44 Jogurtbecher.
Es werden 56 Becher dazugestellt.
Wie viele Jogurtbecher stehen nun im Regal?

6

a) 3 · 8	b) 5 · □ = 35	c) 10 · 9	d) 5 · □ = 25
7 · 5	9 · □ = 18	4 · 6	9 · □ = 54
1 · 3	8 · □ = 32	6 · 3	6 · □ = 6
4 · 9	2 · □ = 10	3 · 5	2 · □ = 18

7

a) 35 : 7	b) 16 : □ = 8	c) 63 : 7	d) 48 : □ = 6
42 : 6	56 : □ = 8	30 : 6	15 : □ = 5
14 : 7	40 : □ = 8	49 : 7	24 : □ = 8
20 : 4	21 : □ = 3	81 : 9	72 : □ = 9

8 Pia verteilt eine Tüte Gummibärchen an ihre Freundinnen.
Jedes der 6 Kinder bekommt 9 Gummibärchen.
Wie viele Gummibärchen sind in der Tüte?

9 Marc bekommt von seiner Tante 18 Murmeln.
Er soll sie mit seinem Bruder teilen.
Wie viele Murmeln erhält jeder?

Zahlen bis 1000

Schätzen und zählen

1 In welchem Glas sind die meisten Stücke?
Schätze die Anzahl und überprüfe deine Vermutung.

2 „Wie viele Teile sind da drin?“
Organisiert zu diesem Thema ein Preisausschreiben.

3 Lege mit Rechenblöcken.

Wie viele **Einer** passen in den **Zehner**?	Wie viele **Zehner** passen in den **Hunderter**?	Wie viele **Hunderter** passen in den **Tausender**?
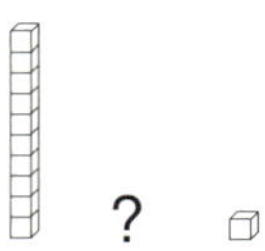	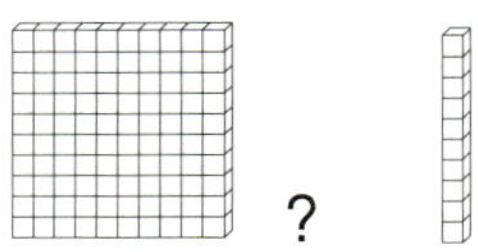	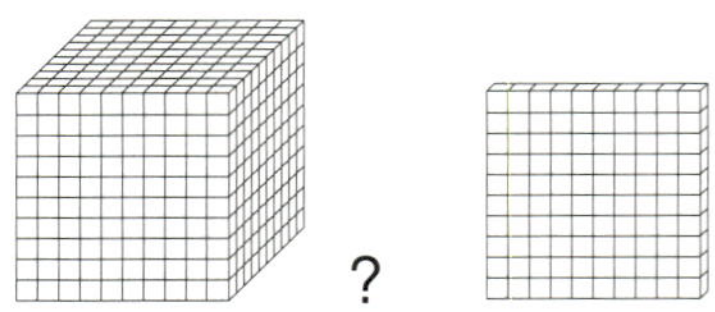
1 Z = ☐ E	1 H = ☐ Z	1 T = ☐ H

Tausender		Hunderter		Zehner		Einer
1 T	**=**	**10 H**	**=**	**100 Z**	**=**	**1000 E**

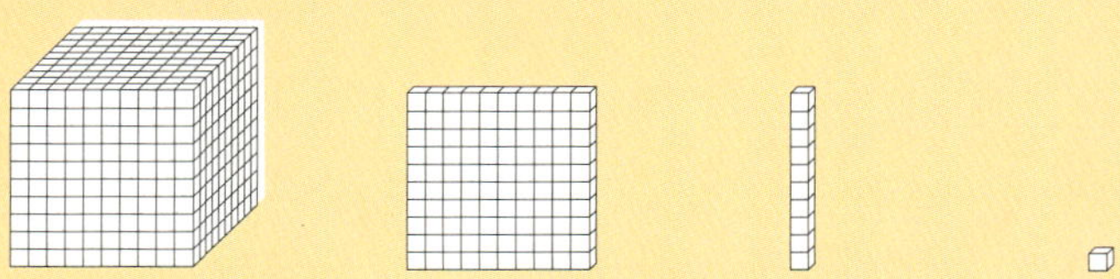

Tausender Hunderter Zehner Einer

1 Wie heißen die Zahlen?

a)

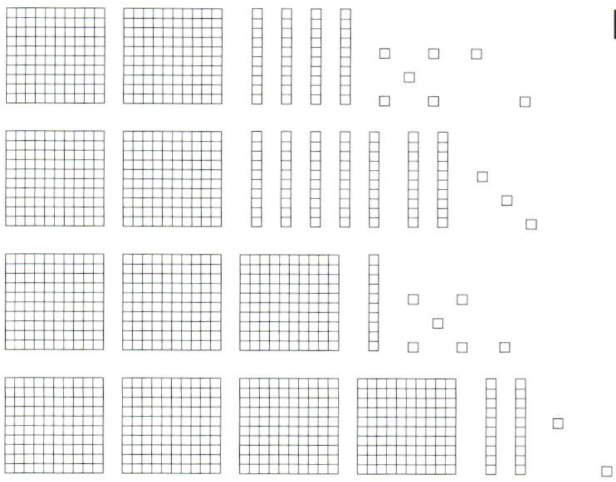

b)

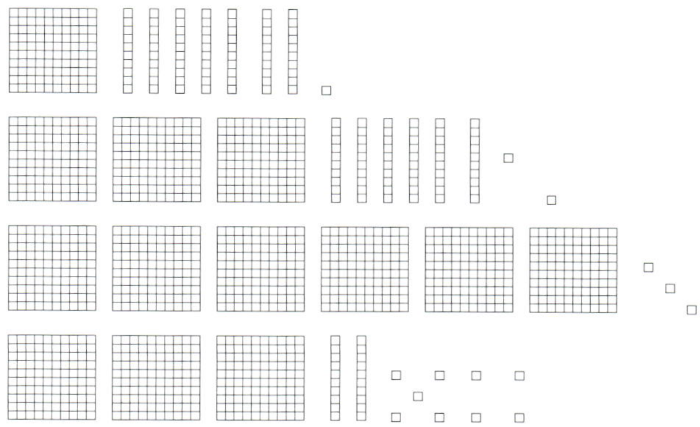

2 Lege die Zahlen mit Rechenblöcken.
Zeichne und schreibe sie danach in dein Heft.
Rechts siehst du ein Beispiel.

a)

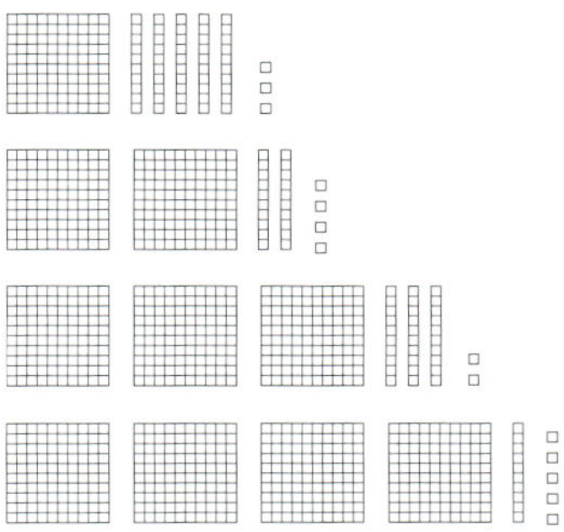

b)

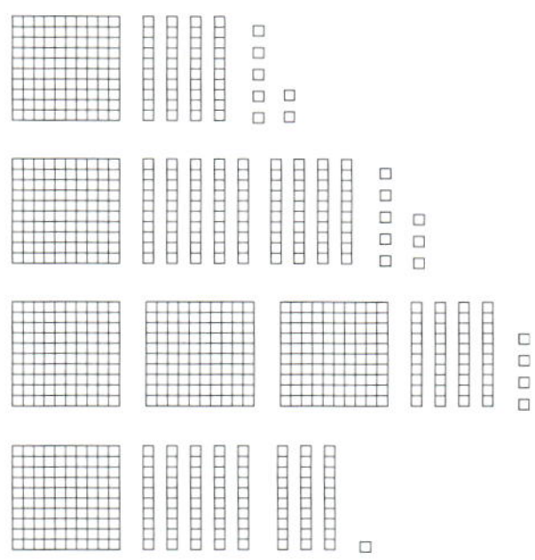

c)

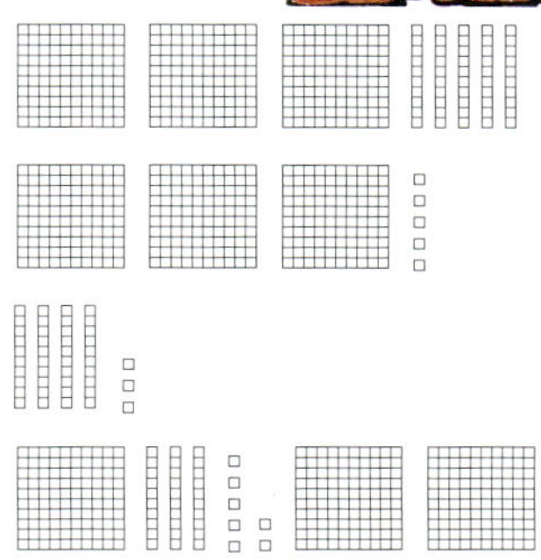

3 Lege die Zahlen. Zeichne und schreibe sie danach wie in Aufgabe 2 in dein Heft.

a) 231 b) 438 c) 546 d) 392 e) 106 f) 230 g) 45 h) 900

4 *Zahlen aus dem Koffer*
Wie viele verschiedene Zahlen findest du?

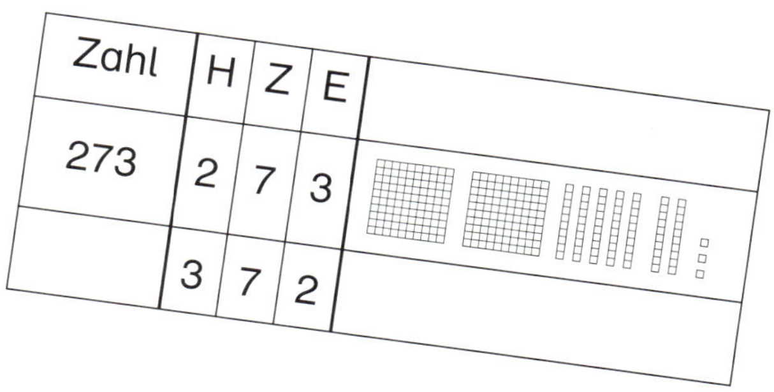

Zahlen zerlegen

1 Lege die Zahlen. 253 638 172 271 407 380

2 Zerlege in Hunderter, Zehner und Einer.

453 = 400 + 50 + 3

a)	b)	c)	d)	e)	f)
453	783	309	530		
526	385	340	503	650	704
379	845	401	714	605	740
537	823	600	741	506	74

3 Lies die Zahlen laut vor. Trage sie danach in eine Stellenwerttafel ein.

	H	Z	E
234	2	3	4

a)	b)	c)	d)
234	600	209	353
456	150	290	335
465	580	29	807
651	502	709	870

4 Wie heißen die Zahlen? Lege und schreibe auf.

6 H 3 Z 4 E = 634

a)	b)	c)	d)
6H 3Z 4E	1H 4Z 2E	4H 3Z	
4H 5Z 1E	2H 2Z 1E	5H 5E	2H 6Z
9H 3Z 4E	9H 1Z 8E	6Z 4E	6H 2Z
3H 1Z 5E	4H 3Z 6E	1H 3E	6H 2E

5 Schreibe die Zahlen wie im Beispiel.

300 + 20 + 4 = 324

a)	b)	c)	d)
300 + 20 + 4	600 + 60 + 6	800 + 80	
700 + 80 + 9	300 + 20 + 1	200 + 50	700 + 60
800 + 50 + 6	200 + 30 + 1	700 + 3	300 + 3
900 + 70 + 1	500 + 40 + 5	600 + 4	200 + 1

6 Schreibe die Zahlen wie in Aufgabe 5. Was fällt auf?

a)	b)	c)	d)	e)
400 + 40	600 + 60	100 + 1	200 + 2	300 + 3
400 + 4	600 + 6	100 + 10	200 + 20	300 + 30

Zahlen vergleichen und ordnen

1 Wer hat mehr Geld gespart?

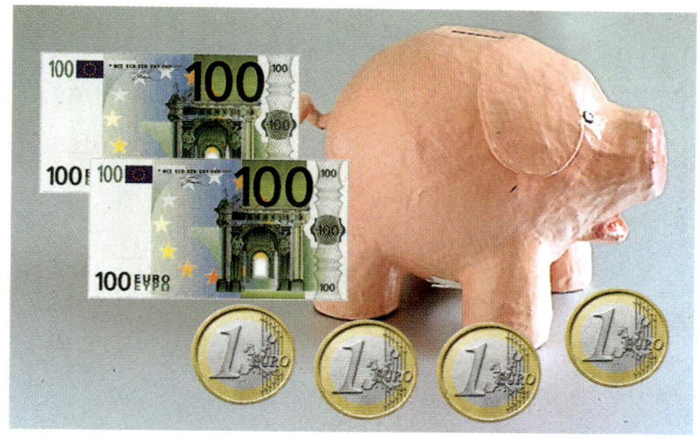

2 Setze ein: > (größer); < (kleiner); = (gleich)

a) 200 ☐ 100
300 ☐ 600
200 ☐ 200
900 ☐ 700

b) 320 ☐ 440
450 ☐ 460
320 ☐ 290
580 ☐ 850

c) 546 ☐ 610
588 ☐ 590
509 ☐ 509
1000 ☐ 988

d) 78 ☐ 187
432 ☐ 324
801 ☐ 810
737 ☐ 737

3 Ordne die Zahlen nach der Größe. Beginne mit der kleinsten Zahl.

a) 650, 900, 700, 350, 850, 750

b) 738, 873, 387, 909, 910, 901

c) 369, 396, 376, 367, 743, 437

4 **Riesen würfeln**
Würfelt nacheinander mit drei Würfeln.
Tragt die Augenzahlen in die Spalten der Stellenwerttafel ein.
Wer die größte Zahl (Riese) würfelt, erhält einen Punkt.
Wer am Ende die meisten Punkte hat, hat gewonnen.

Zwerge würfeln: Wer die kleinste Zahl gewürfelt hat, erhält einen Punkt.

Übungen am Zahlenstrahl

1 Wie weit sind die Sportler schon gelaufen?

2 Wie heißen die Zahlen bei den Fahnen?

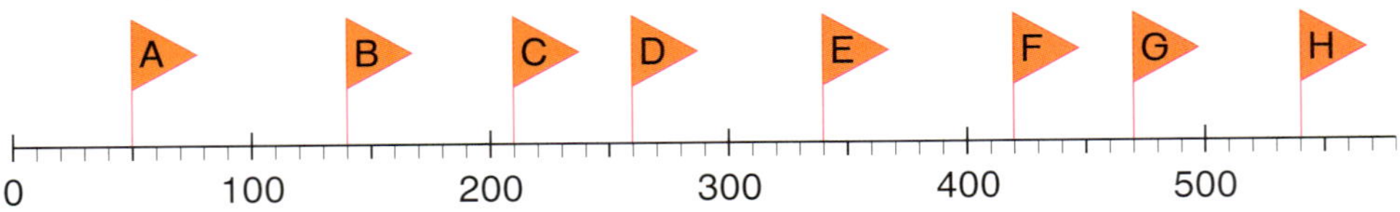

3 Wie heißen die Zahlen bei den Fahnen?
Zwischen welchen Hundertern liegen die Zahlen?

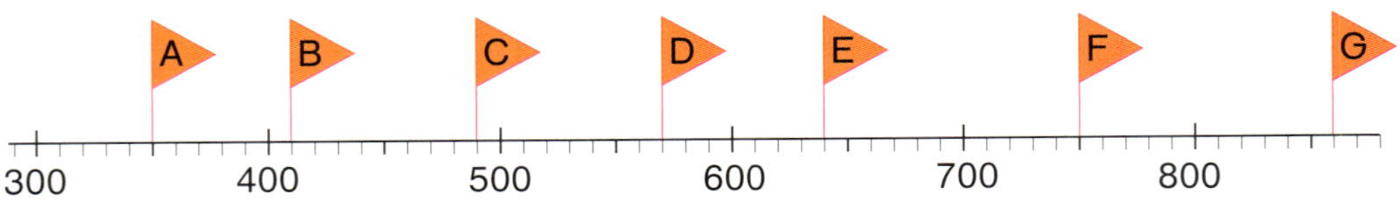

4 Schreibe zu jeder Zahl die Nachbarhunderter auf.

300 | 340 | 400

a) 340 560 730 850 980 430
b) 972 301 567 569 40 999

5 Wie heißen die Zahlen bei den Fahnen?
Zwischen welchen Zehnern liegen die Zahlen?

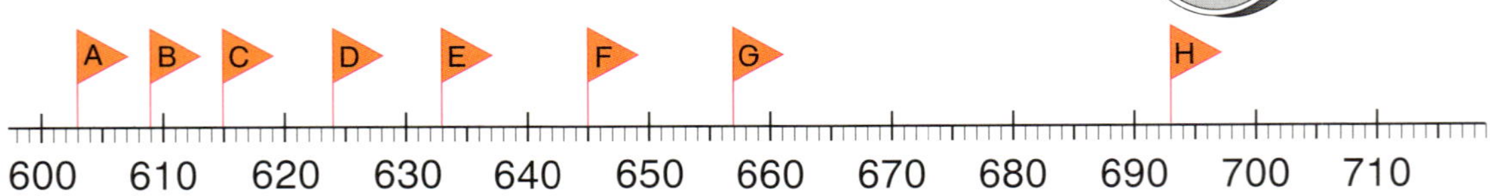

6 Schreibe zu jeder Zahl die Nachbarzehner auf.

620 | 624 | 630

a) 624 666 673 689 681 635
b) 341 301 567 569 66 999

1 Wie heißt der Vorgänger, wie heißt der Nachfolger jeder Zahl?

342 567 684 703 789 800 901 999

2 Setze die Zahlenreihen fort.

a)	100	200								1 000
b)	230	240								320
c)	1000	900								100
d)	740	730								650
e)	470	460								380

3 Ergänze die fehlenden Zahlen

a)

200	300	□	□	□	□	800
220	230	□	□	□	□	280
370	380	□	□	□	□	430
150	160	□	□	□	□	210
235	236	□	□	□	□	241

b)

900	800	□	□	□	□	300
780	770	□	□	□	□	720
340	330	□	□	□	□	280
310	300	□	□	□	□	250
504	503	□	□	□	□	498

4 Setze die Zahlenreihen fort.

a)	620	640	660								820
b)	680	685	690								730

5

a)

610	630	□	□	□	□	730
600	630	□	□	□	□	780
600	650	□	□	□	□	900
240	260	□	□	□	□	360

b)

650	655	□	□	□	□	680
320	325	□	□	□	□	350
290	295	□	□	□	□	320
485	490	□	□	□	□	515

Zahlenhäuser

1 Die Zahlen in einem Stockwerk ergeben zusammen 1000.

1 000	
400	
200	
	700
	800
500	

1 000	
	450
350	
	150
550	
	850
	750

1 000	
690	
	780
830	
	370
280	

1 000	
950	
	980
960	
	990
995	

1 000		
300	400	
200	600	
	200	100
	250	250
350		350

2 Erfinde eigene Zahlenhäuser im Rechenheft.

Runden

1 Hat Christian Recht?

Runden auf Hunderter
Zahlen müssen nicht immer genau angegeben werden.
Man kann sie runden:

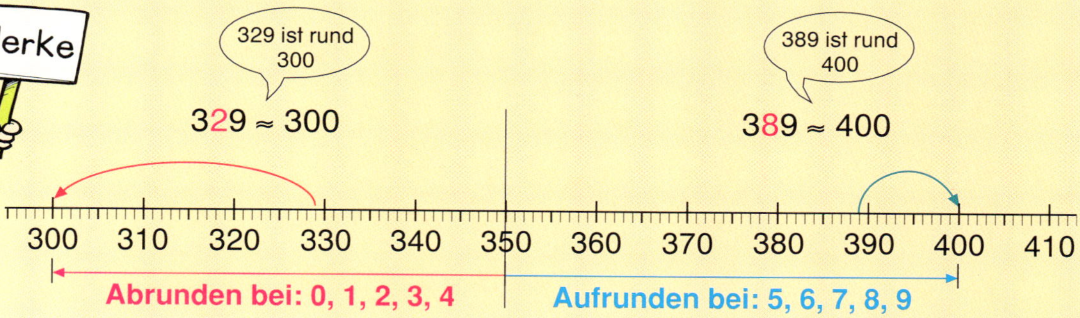

2 Runde auf Hunderter.

319 ≈ 300

a)	b)	c)	d)	e)	f)
310	318	240	160	999	
340	335	260	480	449	638
360	356	213	423	450	884
390	371	251	451	951	710

3 Ordne die Flüsse nach der Länge und runde auf Hunderter.

a) Mosel 545 km
b) Ruhr 214 km
c) Weser 440 km
d) Wupper 105 km
e) Isar 263 km
f) Spree 403 km
g) Neckar 367 km

Hohe Gebäude und Wolkenkratzer

1 Auf den Karten sind hohe Gebäude aus aller Welt zu sehen.
Trage die Gebäude nach ihrer Größe in eine Tabelle ein.
Runde die Höhen der Gebäude auf Zehner.

Gebäude	Standort	Baujahr	Höhe	gerundet
Fernsehturm	Berlin	1965	365 m	370 m

2 Ergänze die Tabelle durch weitere Gebäude, zum Beispiel aus der Umgebung deines Heimatortes.

3 Zeichne ein Schaubild zu den Gebäudehöhen (10 m = 1 Karo).
Was fällt dir auf?

Messeturm / Frankfurt
Höhe: 256 m
Baujahr: 1990

Liebfrauenkirche / München
Höhe: 99 m
Baujahr: um 1500

Fernsehturm / Berlin
Höhe: 365 m
Baujahr: 1965

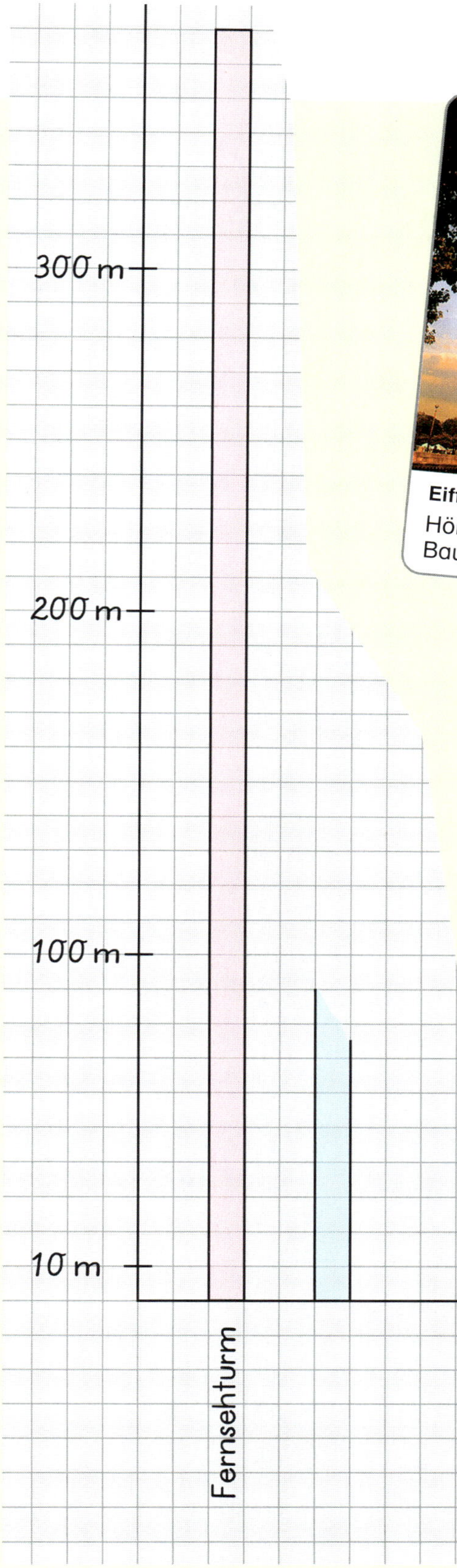

Eiffelturm / Paris
Höhe: 301 m
Baujahr: 1889

Kölner Dom
Höhe: 157 m
Baubeginn: 1310

Schiefer Turm von Pisa
Höhe: 55 m
Baujahr: um 1400

Höchstes Gebäude unseres Ortes
Höhe:
Baujahr:

Wiederholen und Üben

1 Wie heißen die Zahlen?

a) 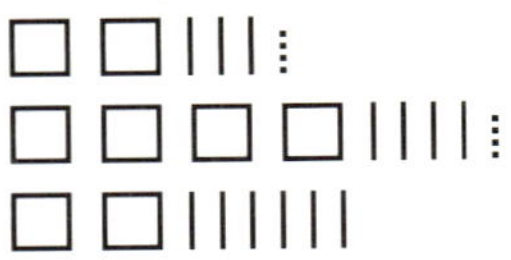

b) 3 H 5 Z 4 E
4 H 5 Z 3 E
5 H 3 Z 4 E

c) 7 H 3 Z
4 H 8 E
6 Z 7 E

2 a) Wie heißen die Zahlen bei den Fahnen?

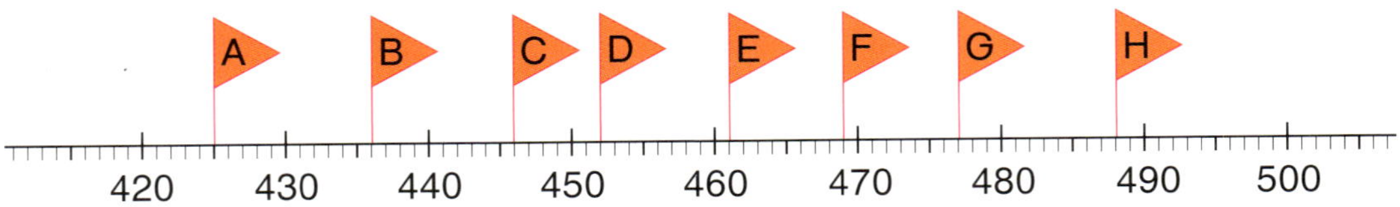

b) Schreibe zu jeder Zahl den Vorgänger, den Nachfolger auf.

3 Setze die Zahlenreihen fort:

a) | 100 | 150 | | … | 850 |

b) | 730 | 750 | | … | 870 |

c) | 710 | 720 | | … | 860 |

d) | 330 | 360 | | … | 630 |

4 Ordne der Größe nach:

a)
708
888
730 199
910 799 909

b)
747
477 799
774 744
900 710

c)
453
533
500
435 355
543 455

5 Runde auf volle Hunderter:

134 263 337 579 618 751 849

6 Welche Zahlen gehören zu den braunen Feldern?
Schreibe der Größe nach auf.

10	20	30	40	50		70	80	90	
110	120		140	150			180	190	200
	220		240	250	260	270	280		
	320	330	340	350	360	370	380	390	400
410	420	430	440	450	460	470		490	500

Addieren und Subtrahieren bis 1000

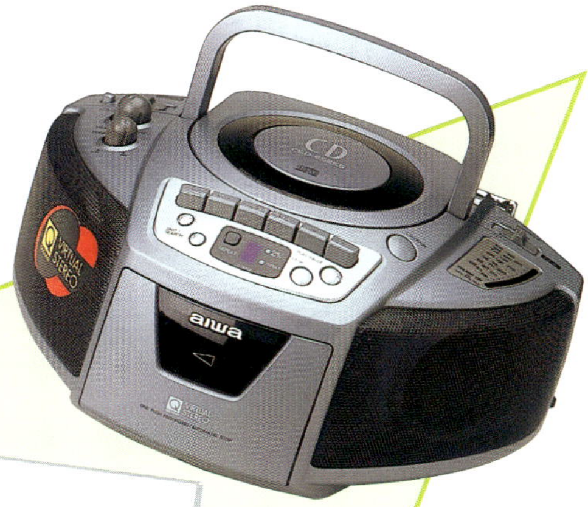

Kaufmarkt
Adressenstr. 1, Hannover
****
20.12. 15:20
****

Freizeit	
Freizeit	149.00
Freizeit	68.00
Zubehör	108.00
Hifi-Abt.	19.00
Spielw.	69.00
	9.00

ENDSUMME	
Bar gegeben	422.00
Rückgeld	450.00

Vielen Dank für

Addieren

1 Wer hat gewonnen?

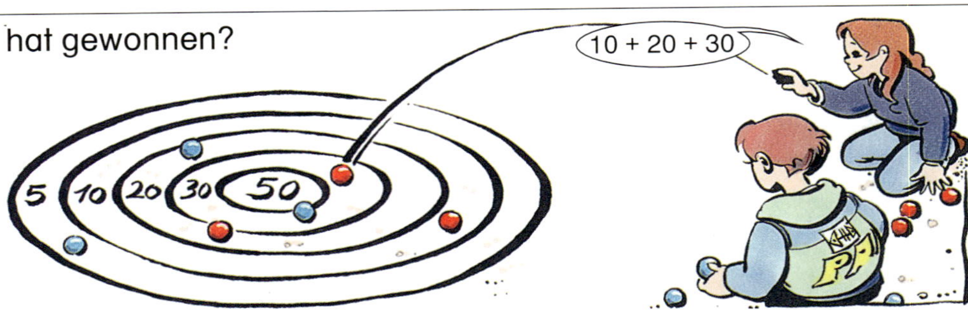

2

a) 7 + 9 + 5
6 + 3 + 4
8 + 1 + 8
8 + 9 + 5

b) 30 + 40 + 20
20 + 30 + 10
40 + 10 + 30
60 + 40 + 50

c) 6 + 20 + 10
10 + 8 + 12
9 + 20 + 4
12 + 4 + 13

d) 40 + 60 + 30
50 + 30 + 50
70 + 20 + 40
80 + 30 + 20

3

a) 5 + 2
50 + 20
500 + 200

b) 4 + 4
40 + 40
400 + 400

c) 3 + 6
30 + 60
300 + 600

d) 7 + 1
70 + 10
700 + 100

4

a)

200
+ 30
+ 90
+ 60

b)

110
+ 40
+ 70
+ 30

c)

100
+ 80
+ 8
+ 800

d)

500
+ 400
+ 40
+ 4

5

a) 100 + 300
500 + 200
400 + 400
200 + 700

b) 100 + 150
300 + 170
400 + 280
200 + 220

c) 140 + 200
280 + 100
570 + 300
260 + 400

d) 600 + 250
250 + 500
190 + 400
700 + 110

6

a)

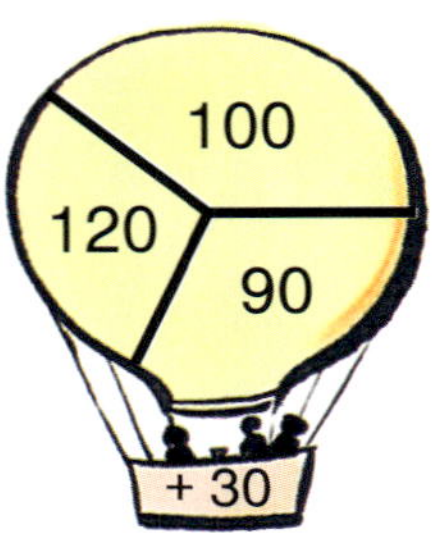

b)

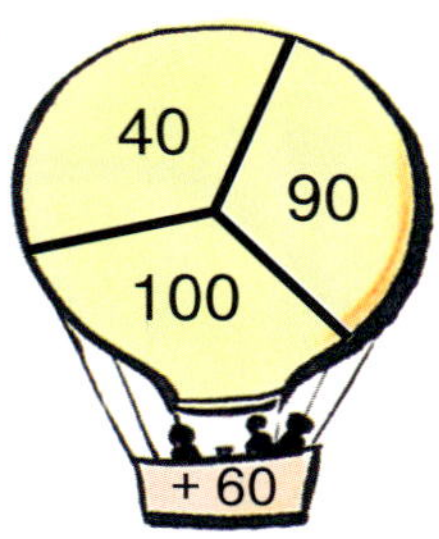

c)

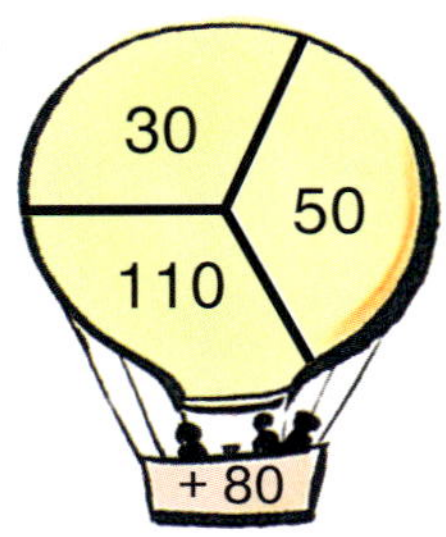

d)

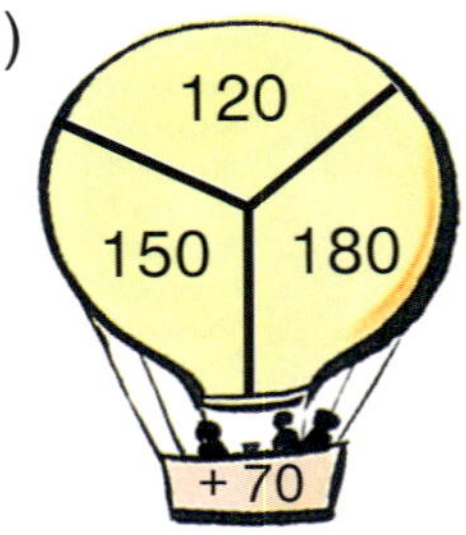

7

a) 100 + □ = 300
200 + □ = 700
400 + □ = 700

b) 140 + □ = 240
280 + □ = 580
520 + □ = 720

c) 150 + □ = 210
240 + □ = 320
390 + □ = 440

Subtrahieren

1 **Abwärts**

– Jeder hat zu Beginn 50 Punkte.
– Es wird abwechselnd gewürfelt.
  – Die gewürfelte Zahl wird abgezogen.
  – Wer zuerst bei **0** ankommt, hat gewonnen.
  (Ihr könnt auch eine andere Startzahl als 50 festlegen.)

2
a) 20 – 3 – 6
20 – 5 – 2
20 – 4 – 6

b) 50 – 7 – 1
50 – 2 – 5
50 – 5 – 3

c) 60 – 6 – 7
60 – 5 – 9
60 – 8 – 5

d) 70 – 20 – 30
90 – 50 – 20
80 – 30 – 40

3
a) 7 – 3
70 – 30
700 – 300

b) 9 – 4
90 – 40
900 – 400

c) 5 – 2
50 – 20
500 – 200

d) 8 – 5
80 – 50
800 – 500

4
a) 

b) 

c) 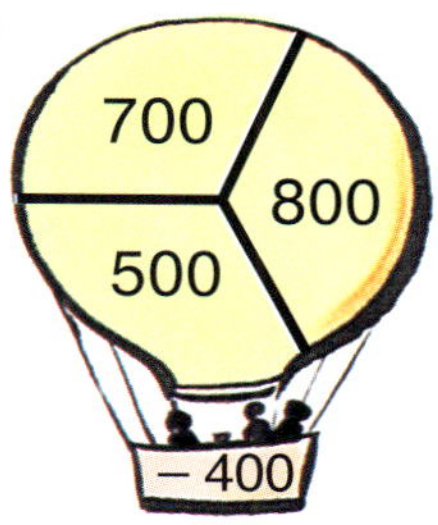

d) 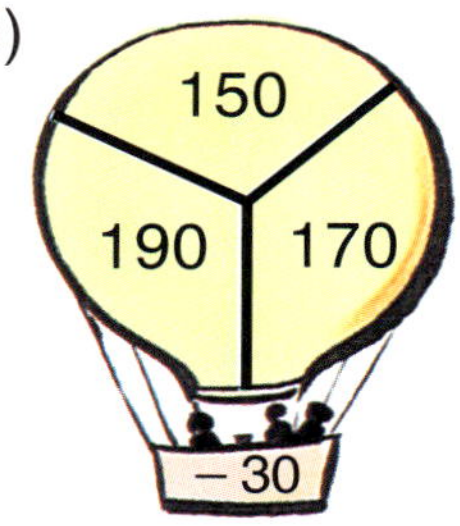

5
a) 500 – 200
400 – 300
800 – 500
600 – 100

b) 700 – 600
600 – 400
300 – 200
900 – 700

c) 470 – 50
280 – 70
580 – 40
360 – 60

d) 350 – 100
580 – 200
570 – 400
660 – 300

6

a)

170
– 40
– 20
– 50

b)

860
– 100
– 300
– 500

c)

120
– 30
– 50
– 90

d)

350
– 60
– 90
– 80

7
a) 500 – ☐ = 200
800 – ☐ = 700
700 – ☐ = 300

b) 580 – ☐ = 480
620 – ☐ = 220
810 – ☐ = 110

c) 420 – ☐ = 400
570 – ☐ = 510
250 – ☐ = 100

Halbschriftliches Addieren und Subtrahieren

Florian hat bereits zwei Gewinnlose gezogen.
Er berechnet die Gesamtpunkte:

240 + 180 =
240 + 100 = 340
340 + 80 = 420

1 Rechne wie im Beispiel oben.

a)	b)	c)	d)
130 + 160	280 + 210	350 + 180	190 + 230
210 + 130	350 + 240	480 + 130	630 + 180
320 + 150	140 + 530	390 + 250	230 + 170
150 + 230	360 + 320	240 + 270	785 + 110

2 Bilde Plus-Aufgaben.

a)

b)

c)

d)

3

Verflixte 1

- Würfelt abwechselnd mit 3 Würfeln gleichzeitig.
- Die Würfelbilder von 2 bis 6 zählen zehnfach (20; 30; 40; 50; 60). Wenn die 1 gewürfelt wird, gibt es für diesen Wurf **keine Punkte.**
- Zählt die Punkte jedes Mal zusammen und schreibt sie auf. Addiert die weiteren Ergebnisse.
- Gewonnen hat, wer zuerst *mehr als 500 Punkte* erreicht.

Leonie hat schon 540 Lospunkte. Sie tauscht ein Los gegen den Pinguin ein und berechnet die Restpunktzahl:

540 – 180 =
540 – 100 = 440
440 – 80 = 360

1 Rechne wie im Beispiel oben.

a)	b)	c)	d)
360 – 140	490 – 250	550 – 140	670 – 230
280 – 160	570 – 260	680 – 310	540 – 210
530 – 110	690 – 470	540 – 330	430 – 120
350 – 230	460 – 160	320 – 210	360 – 150

2

a)	b)	c)	d)
430 – 190	320 – 180	660 – 280	830 – 260
610 – 380	530 – 250	710 – 370	970 – 180
510 – 290	640 – 270	540 – 270	740 – 560
720 – 490	450 – 190	460 – 390	680 – 390

3

a)	b)	c)	d)
870 – 130	520 – 170	450 – 180	330 – 150
710 – 570	320 – 190	980 – 320	450 – 290
950 – 640	410 – 280	530 – 370	420 – 130
730 – 490	640 – 380	620 – 290	540 – 120

4

a)

b)

c)

d)

e)

f)

Schriftliches Addieren ohne Übertrag

Einnahme bei der Vorstellung um 16.00 Uhr:
112 €
Einnahme bei der Vorstellung um 18.00 Uhr:
134 €

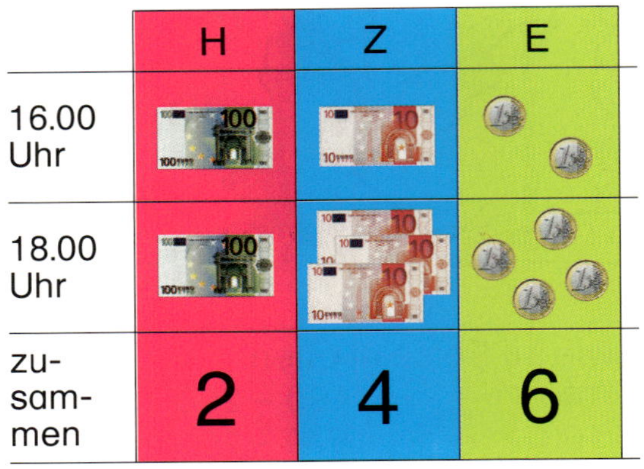

	H	Z	E
	1	1	2
+	1	3	4
	2	4	6

	H	Z	E
	1	1	2
+	1	3	4
			6

4 + 2 = 6

	H	Z	E
	1	1	2
+	1	3	4
		4	6

3 + 1 = 4

	H	Z	E
	1	1	2
+	1	3	4
	2	4	6

1 + 1 = 2

1 Lege zu jeder Aufgabe Rechengeld. Addiere

a)

	H	Z	E
	1	2	2
+	1	4	3

b)

	H	Z	E
	1	3	5
+	2	1	3

c)

	H	Z	E
	2	4	6
+	1	4	1

d)

	H	Z	E
	2	1	5
+	2	2	2

2

a) 156 + 121
b) 227 + 142
c) 345 + 234
d) 432 + 321
e) 542 + 25

3

a) 253 + 26
b) 421 + 375
c) 301 + 318
d) 34 + 263
e) 395 + 504

4 Schreibe untereinander und addiere.

a) 132 + 516 b) 103 + 555 c) 78 + 421 d) 416 + 62 e) 150 + 235

Schriftliches Addieren mit Übertrag

Einnahme bei der Vorstellung um 17.00 Uhr: 128 €
Einnahme bei der Vorstellung um 19.00 Uhr: 125 €

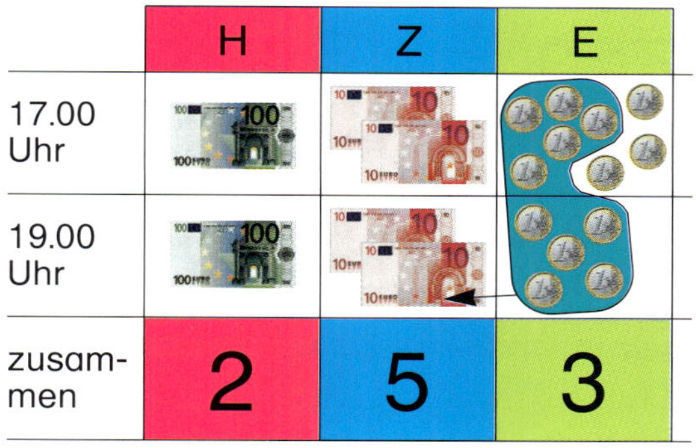

	H	Z	E
	1	2	8
+	1	2	5
		1	
	2	5	3

	H	Z	E
	1	2	8
+	1	2	5
		1	
			3

5 + 8 = 13

	H	Z	E
	1	2	8
+	1	2	5
		1	
		5	3

1 + 2 + 2 = 5

	H	Z	E
	1	2	8
+	1	2	5
		1	
	2	5	3

1 + 1 = 2

Addiere immer von unten nach oben. ↑

Addiere zuerst die **E**iner und danach die **Z**ehner, dann die **H**underter.

1 Lege zu jeder Aufgabe Rechengeld. Addiere.

a)

	H	Z	E
	1	3	6
+	1	2	5

b)

	H	Z	E
	1	1	8
+	3	1	3

c)

	H	Z	E
	2	6	5
+	2	6	4

d)

	H	Z	E
	3	4	5
+	2	7	1

2

a) 444 + 238

b) 363 + 363

c) 387 + 250

d) 35 + 105

e) 305 + 216

3 Schreibe untereinander und addiere.

a) 419 + 212
128 + 235
457 + 323

b) 359 + 250
408 + 126
464 + 51

c) 207 + 225
56 + 135
309 + 204

d) 247 + 328
423 + 67
225 + 76

Überschlagen und Addieren

1 Reicht das Geld?

2 Überschlage zuerst und berechne danach das genaue Ergebnis.

Aufgabe:	Überschlag:	
203 + 389 =	200 + 400 = 600	203 + 389 1 592

a) 304 + 498
299 + 194
388 + 312

b) 508 + 197
209 + 183
512 + 289

c) 604 + 89
95 + 192
297 + 14

d) 269 + 386
101 + 258
329 + 342

3

a)

b)

c)
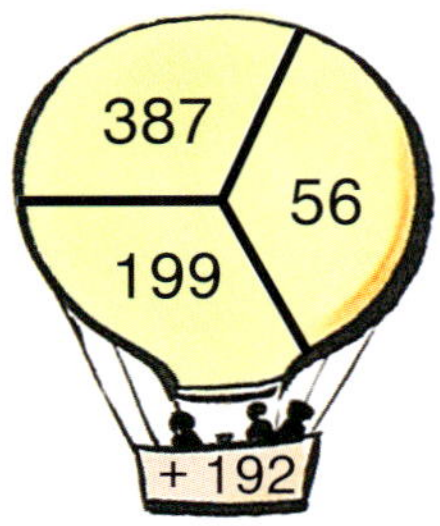

d)
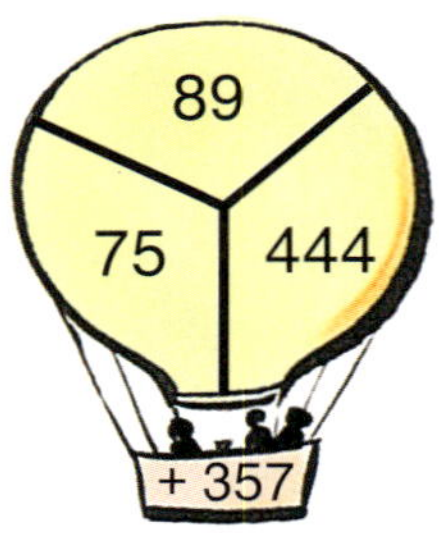

4 Addiere immer 2 Zahlen. Das Ergebnis soll kleiner als 600 sein.
Schreibe 3 Aufgaben auf.

a)

b)

c)

d)

Addieren mehrerer Summanden

H	Z	E
3	5	9
1	2	7
+ 2	5	6
	2	
		2

6 + 7 = 13
13 + 9 = **22**

H	Z	E
3	5	9
1	2	7
+ 2	5	6
1	2	
	4	2

2 + 5 = 7
7 + 2 = 9
9 + 5 = **14**

H	Z	E
3	5	9
1	2	7
+ 2	5	6
1	2	
7	4	2

1 + 2 = 3
3 + 1 = 4
4 + 3 = **7**

1

a)	b)	c)	d)
251 114 + 223	435 313 + 131	491 154 + 274	370 204 + 213

2

a)	b)	c)	d)
346 235 + 135	229 333 + 38	641 23 + 127	87 193 + 62

e)	f)	g)	h)
315 200 + 94	25 41 + 537	76 209 + 40	603 8 + 380

3 Schreibe untereinander und addiere.

a)	b)	c)
253 + 175 + 202	718 + 66 + 109	215 + 12 + 41
164 + 242 + 310	370 + 25 + 131	58 + 126 + 17
234 + 450 + 231	456 + 200 + 73	34 + 25 + 124
201 + 192 + 312	122 + 471 + 208	750 + 18 + 69
151 + 203 + 230	95 + 201 + 132	94 + 279 + 5

4 Wo waren am Wochenende die meisten Besucher?
Schätze zuerst.
Berechne dann die genauen Ergebnisse.

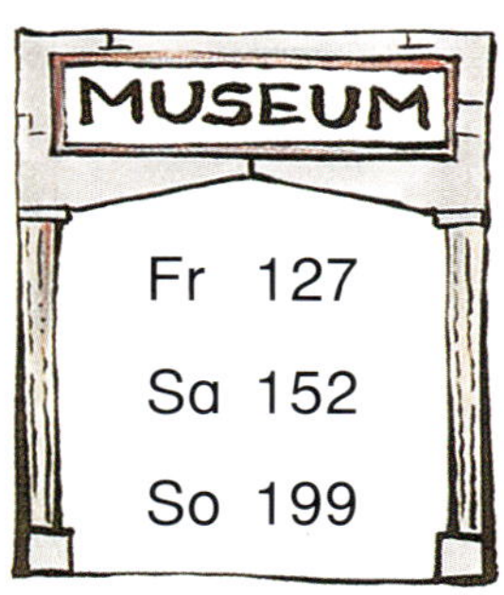

Mathewerkstatt: Rechenräder

1 Zum Bau eines Rechenrades brauchst du zwei verschieden große Pappkreise, die im Mittelpunkt mit einem Nagel durchbohrt werden. Beide Kreise werden mit einer Musterklammer zusammengesetzt und mit Zahlen beschriftet. Die Aufgaben werden übersichtlicher, wenn du die Kreise oder die Zahlfelder mit verschiedenen Farben gestaltest.

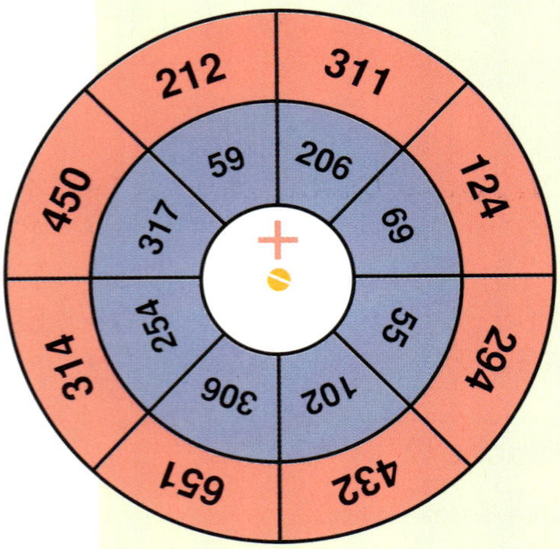

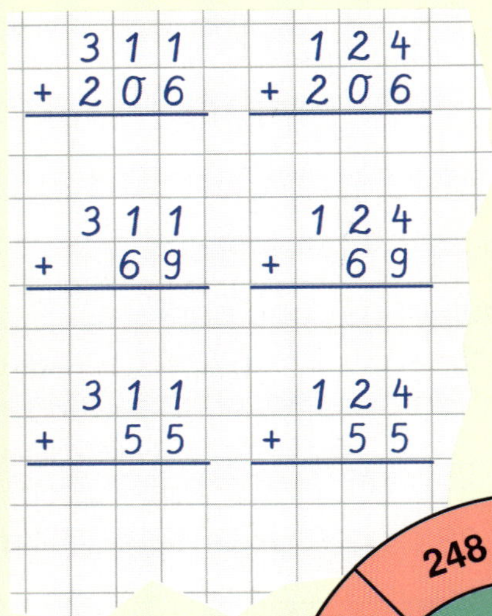

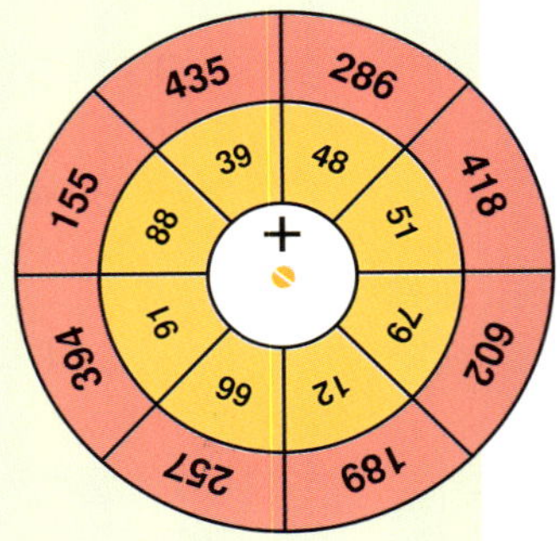

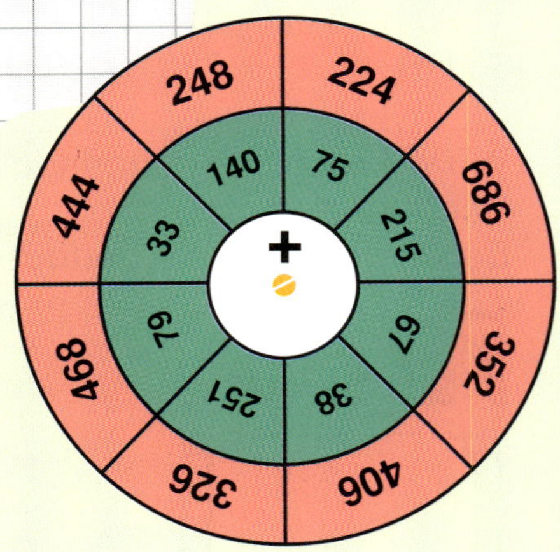

2 Wenn du alle Aufgaben im Heft gelöst hast, kannst du ein neues Rechenrad erstellen oder mit deinem Tischnachbarn tauschen.

Ergänzen

1

100 = 80 + □ 160 = □ + 130 200 + □ = 300

2

a) 20 + □ = 100
50 + □ = 100
40 + □ = 100
70 + □ = 100

b) 140 + □ = 200
170 + □ = 200
120 + □ = 200
180 + □ = 200

c) 400 + □ = 500
100 + □ = 400
300 + □ = 600
200 + □ = 500

3

a) 32 + □ = 40
25 + □ = 40
44 + □ = 60
37 + □ = 50

b) 190 + □ = 290
230 + □ = 430
80 + □ = 380
150 + □ = 350

c) 410 + □ = 500
190 + □ = 300
350 + □ = 500
120 + □ = 300

4 Jeweils zwei Zahlen ergeben zusammen 200.

200 = 120 + 80

120 150 30 70 40 190 110 140

50 80 60 90 10 160 130 170

5 Ergänze so, dass die Zahlen in jedem Stockwerk zusammen die Zahl im Dach ergeben. Schreibe danach eigene Zahlenhäuser in dein Heft.

a)

100	
	30
80	
	70
50	
	45
92	

b)

200	
	110
100	
	190
140	
	175
197	

c)

300	
	270
250	
	190
200	
	150
30	

d)

500	
420	
	490
300	
	450
100	
	400

Schriftliches Subtrahieren ohne Übertrag

Maren hat schon 125 € gespart.
Ihre Großeltern bezahlen den Rest.

Das Keyboard kostet …

Maren hat …

Die Großeltern ergänzen …

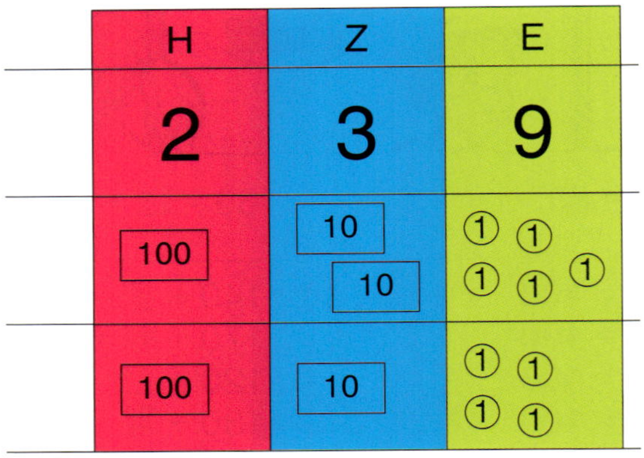

	H	Z	E
	2	3	9
−	1	2	5
	1	1	4

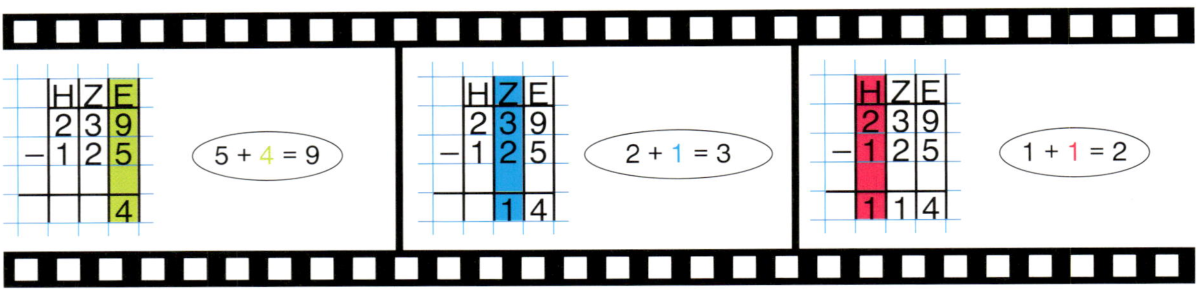

1 Lege zu jeder Aufgabe Rechengeld und ergänze.

a)

	H	Z	E
	2	3	6
−	1	2	4

b)

	H	Z	E
	2	6	2
−	1	5	1

c)

	H	Z	E
	3	5	6
−	1	4	3

d)

	H	Z	E
	4	8	9
−	2	7	5

2 a) 2 5 4 − 1 2 1   b) 5 2 7 − 2 1 5   c) 4 5 6 − 3 4 5   d) 5 5 5 − 3 4 3   e) 7 4 3 − 6 1 2

3 a) 4 2 9 − 2 1 6   b) 2 9 8 − 1 7 5   c) 6 9 6 − 5 2 4   d) 4 7 2 − 3 3 1   e) 6 8 5 − 5 8 5

4 a) 5 7 9 − 6 7   b) 3 9 2 − 7 1   c) 8 8 8 − 4 4   d) 7 1 5 − 1 5   e) 6 3 7 − 3 5

1 a) 346 − 133   b) 158 − 47   c) 552 − 21   d) 269 − 43   e) 357 − 32

2 a) 368 − 105   b) 444 − 102   c) 597 − 330   d) 753 − 551   e) 596 − 480

3 Rechne schriftlich.

a)	b)	c)	d)
453 − 212	328 − 115	275 − 170	456 − 301
588 − 223	672 − 31	349 − 205	577 − 21
352 − 230	473 − 203	535 − 15	299 − 96
468 − 246	534 − 333	417 − 210	378 − 307

4 a)

b)

c)

d)

5 Carmen hat 138 € gespart. Sie wünscht sich eine Stereoanlage für 259 €. Wie viel € muss die Mutter ergänzen?

6 Berechne die jeweils zurückgelegte Strecke.

Ankunft

a)

b)

c)

Abfahrt

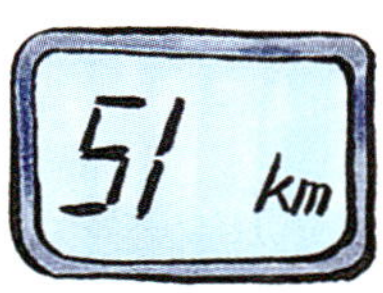

7 Pascal fährt bei einem Tachostand von 126 km los. Bei der Ankunft liest er 147 km auf dem Tacho ab. Wie weit ist Pascal gefahren?

8 Frau Engel fährt von Düsseldorf nach Hannover. Nach 134 km legt sie eine Pause ein. Die Fahrtstrecke beträgt insgesamt 296 km. Wie weit muss Frau Engel noch fahren?

Schriftliches Subtrahieren mit Übertrag

David hat 129 € gespart.
Seine Eltern bezahlen den Rest.

Die Gitarre kostet …

David hat …

Die Eltern ergänzen …

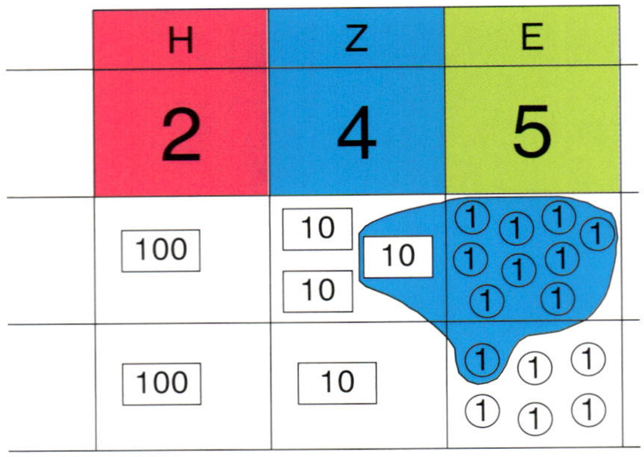

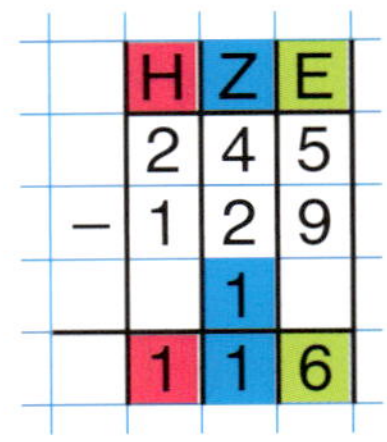

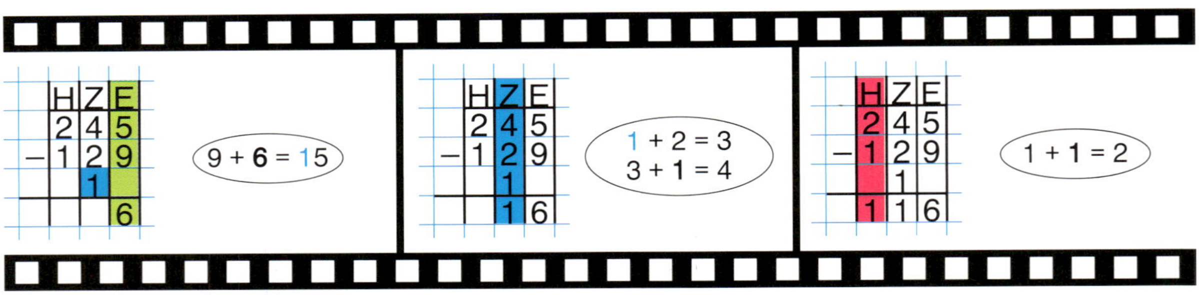

1 Lege zu jeder Aufgabe Rechengeld und ergänze.

a)

	H	Z	E
	3	5	5
–	1	2	9

b)

	H	Z	E
	4	6	1
–	2	3	8

c)

	H	Z	E
	2	5	2
–	1	1	5

d)

	H	Z	E
	4	8	3
–	3	5	7

2

a) 992 – 135

b) 642 – 513

c) 454 – 237

d) 317 – 192

e) 546 – 186

3

a) 761 – 315

b) 544 – 209

c) 427 – 185

d) 912 – 550

e) 391 – 107

4

a) 547 – 29

b) 631 – 80

c) 916 – 75

d) 353 – 47

e) 215 – 45

Überschlagen und Subtrahieren

1 Überschlage zuerst und berechne danach das genaue Ergebnis.

Aufgabe:	Überschlag:	
496 – 188 =	500 – 200 = 300	4 9 6 – 1 8 8 1 3 0 8

a) 291 – 189
387 – 194
502 – 297
381 – 108
414 – 296

b) 413 – 298
384 – 218
321 – 196
404 – 99
397 – 188

c) 311 – 122
410 – 221
278 – 75
591 – 17
698 – 404

d) 249 – 101
327 – 269
351 – 46
450 – 148
509 – 333

2 Wer hat Recht?

3 a)

b)

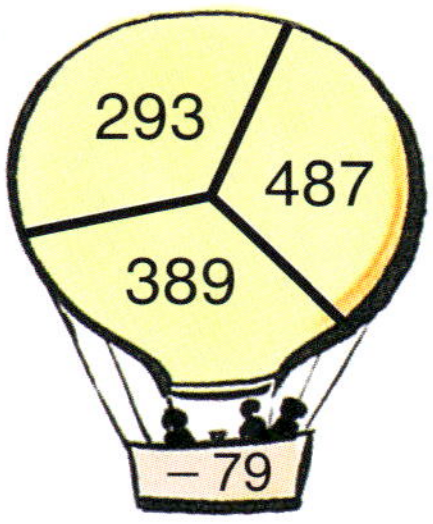

c)

d)

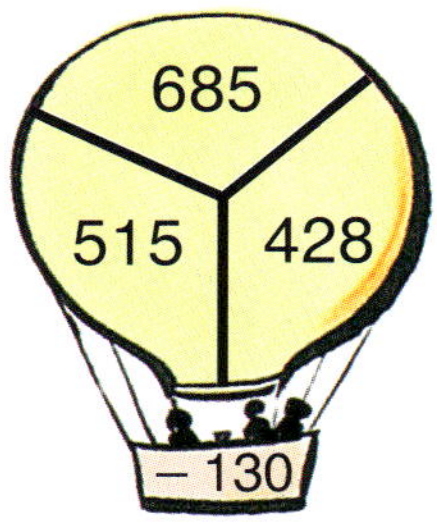

4

a) 245 – 116
628 – 345
444 – 270
312 – 120
687 – 209

b) 254 – 127
324 – 98
631 – 419
423 – 23
512 – 195

c) 448 – 278
249 – 62
716 – 95
531 – 324
707 – 294

d) 439 – 82
625 – 507
495 – 249
260 – 125
811 – 640

5 Rechne aus und vergleiche die Ergebnisse.

a) 726 – 325
726 – 401

b) 543 – 128
543 – 415

c) 427 – 255
427 – 172

d) 632 – 415
632 – 217

Subtrahieren mit Kontrollrechnung

Um die Ergebnisse zu überprüfen, rechne die Umkehraufgabe.

	Probe:
2 3 5	1 1 6
− 1 1 9	+ 1 1 9
1	1
1 1 6	2 3 5

1 Rechne mit Probe.

a) 345 − 255
218 − 123
335 − 250
654 − 456

b) 248 − 139
267 − 83
354 − 204
243 − 216

c) 425 − 150
434 − 105
436 − 19
415 − 91

d) 641 − 146
522 − 225
321 − 123
431 − 134

2

a) 

b) 

c) 

d) 

3

a) 440 − 116
637 − 480
350 − 133
243 − 80

b) 745 − 359
631 − 255
461 − 83
347 − 159

c) 540 − 392
325 − 278
124 − 95
351 − 192

d) 450 − 358
300 − 179
700 − 593
100 − 78

4 Bilde Minusaufgaben. Das Ergebnis soll jeweils kleiner als 300 sein. Überschlage vorher.

a) 

b) 

c) 

d) 

e) 

5 Bilde jeweils die größte und die kleinste Zahl. Rechne die Minus-Aufgabe.

532 − 235 =

a) 

b) 

c) 

d) 

Rechenpyramiden

1 Die Summe von zwei unteren Steinen einer Pyramide ist immer die Zahl für den Stein darüber.

a) Finde die fehlenden Zahlen.

b) Erfinde eigene Rechenpyramiden.

Sicher Rad fahren

1 Die Klasse 5a führt ein Projekt zur Verkehrssicherheit durch und überprüft die Teile, die zum verkehrssicheren Fahrrad gehören. Benenne diese Teile.

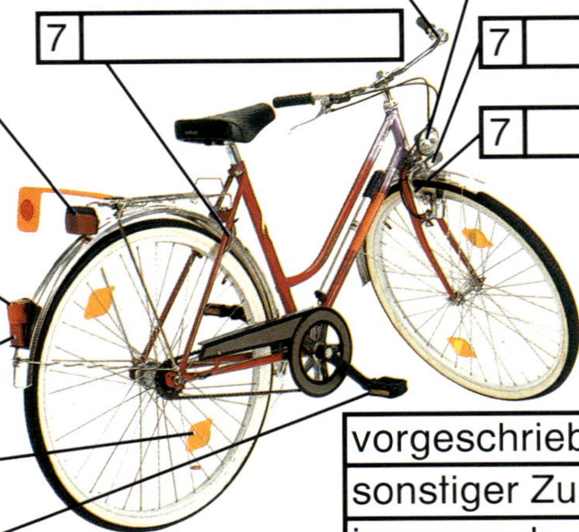

7 ______ 7 ______ 7 ______
7 ______ 7 ______
7 ______ 7 ______
7 ______
7 ______
7 ______

vorgeschriebene Teile:	
sonstiger Zustand:	
insgesamt:	

Theorie

5 ___

5 ___

5 ___

5 ___

5 ___

5 ___

5 ___

5 ___

insgesamt: ___

Praxis

45 ___

65 ___

2 Berechne die Punktzahl für jeden Teil und die Gesamtpunktzahl.

1 Welche Fahrleistungen würdest du bei einem Fahrrad-Führerschein verlangen? Entwickle deine eigene Punkteverteilung.

2 Uta hat 178 Punkte bekommen. Christin hat 29 Punkte mehr erhalten. Wie viele Punkte hat Christin insgesamt erreicht?

3 Martin hat 216 Punkte gesammelt. Hendrik hat 24 Punkte weniger. Welches Ergebnis hat Hendrik erzielt?

4 Wie groß ist der Unterschied?

a)

Miriam: 187 Punkte

Tobias: 213 Punkte

b)

Li: 212 Punkte

Felix: 194 Punkte

5 Jan hat für einen Fahrradhelm 37 €, für ein Tachometer 25 € und für ein Bügelschloss 19 € bezahlt.
Wie teuer ist das Zubehör insgesamt?

6

7 Die Schüler der Klasse 5a fuhren zum Abschluss ihres Fahrradprojektes bei einer Rallye 39 km. Berechne die neuen Tachostände.

Anna	Felix	Miriam	Mehmet	Gregor
326	293	528	401	82

Wiederholen und Üben

1

a) 325 + 178
156 + 254
339 + 450
567 + 135

b) 331 + 86
63 + 185
246 + 61
87 + 222

c) 405 + 97
262 + 158
334 + 468
19 + 393

d) 115 + 212 + 141
137 + 18 + 172
49 + 124 + 98
261 + 202 + 55

2 Addiere 2 oder mehrere Zahlen. Das Ergebnis soll kleiner als 500 sein.

a)

b)

c)

d)

e)

3

a) 473 – 257
308 – 123
234 – 19

b) 524 – 117
225 – 108
256 – 39

c) 310 – 155
246 – 85
329 – 139

d) 264 – 148
451 – 327
536 – 283

4 Bilde mit 2 Zahlen Aufgaben (+ oder –).
Das Ergebnis soll kleiner als 200 sein.

a)

b)

c)

d)

5 Tom möchte ein Rad für 349 € kaufen. Er hat schon 187 € gespart.
Wie viel Geld fehlt noch?

6 Vor einer Radtour zeigt der Tachostand 356 km. Es kommen 48 km dazu.
Wie viele km stehen jetzt auf dem Tachometer?

7

a) 655

	222
394	
	630
488	

b) 150

78	
	102
17	
	89

c) 444

112		76
98	200	
	91	105
29		15

d) 777

461	75	
	368	212
123		234
	9	208

Längen – Vom Meter zum Millimeter

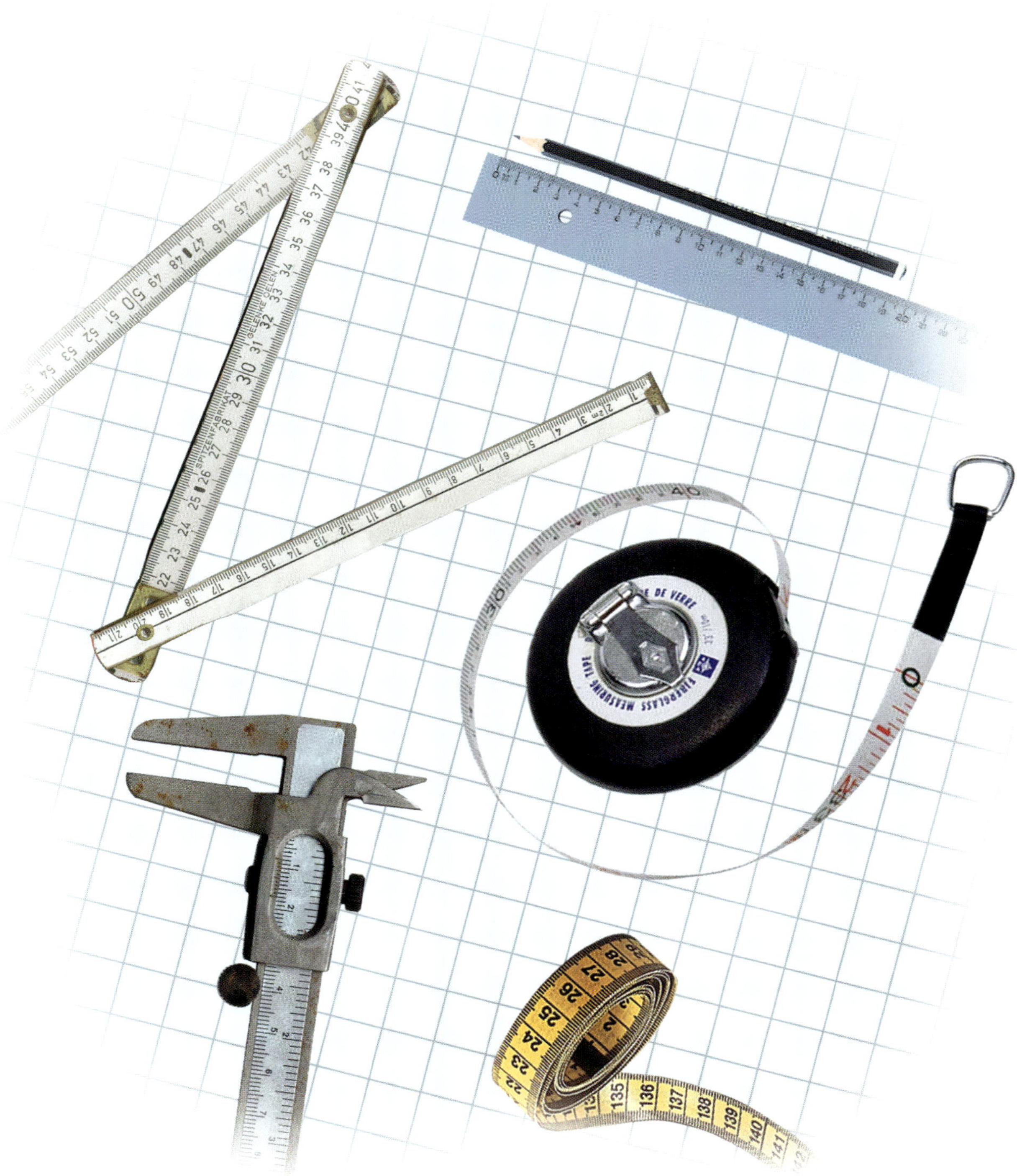

Meter und Zentimeter

1

a) Messt eure Körpergröße. Notiert die Ergebnisse in einer Tabelle.

b) Ein Schaubild kann Größen anschaulich darstellen. Schneidet Papiersäulen in den gemessenen Körpergrößen aus.

Name	Körpergröße
Anna	1 m 58 cm
Veronika	1 m 65 cm
Fatma	1 m 43 cm
Jens	1 m 72 cm
Nils	1 m 60 cm
Heinz	1 m 59 cm

2 Früher haben die Menschen mit Körpermaßen gemessen. Messt diese Längen an eurem eigenen Körper.

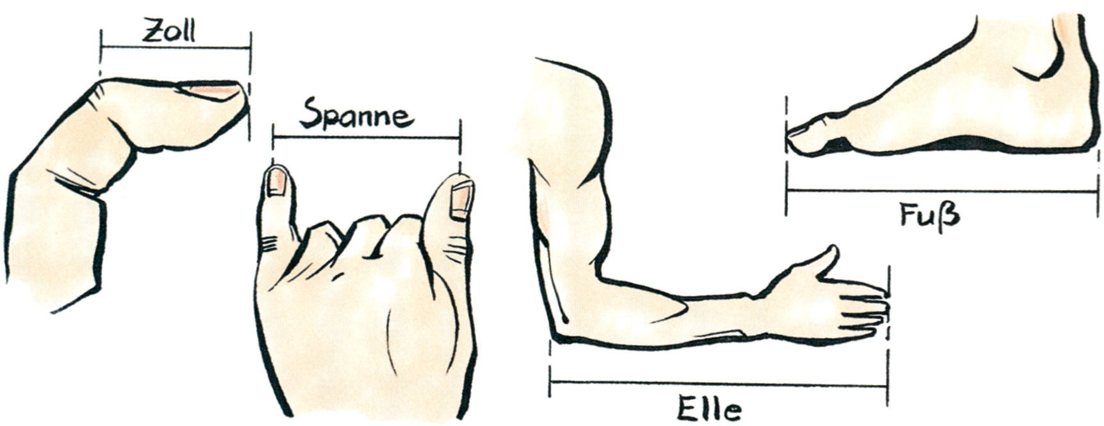

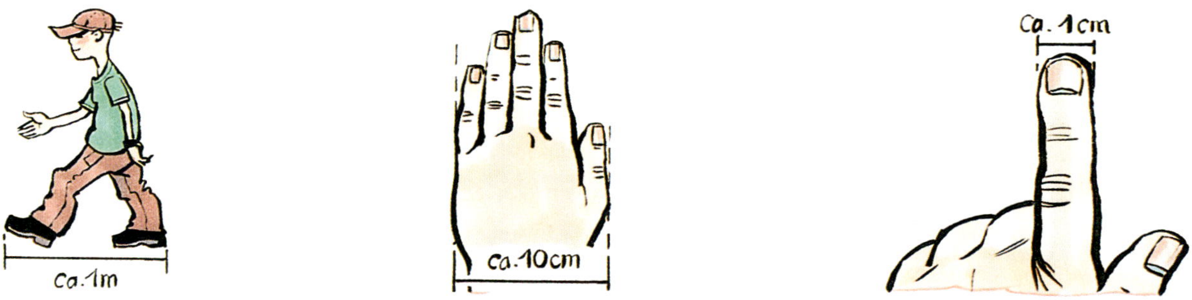

1 Ordne die passende Länge zu.

1 m = 100 cm

2 Wandle um in cm.

1 m 5 m 4 m 8 m 3 m 6 m 7 m 2 m

3 Wandle um in m.

200 cm 600 cm 100 cm 300 cm 700 cm 400 cm 500 cm 900 cm

4 Wie viel cm sind es?

3 m 10 cm = 310 cm

a) 3 m 10 cm	2 m 50 cm	5 m 35 cm	3 m 56 cm	7 m 19 cm
b) 7 m 30 cm	8 m 9 cm	2 m 99 cm	4 m 2 cm	9 m 1 cm

5 Schreibe in m und cm.

134 cm = 1m 34 cm

a) 134 cm	270 cm	425 cm	198 cm	640 cm	750 cm
b) 273 cm	902 cm	630 cm	101 cm	505 cm	23 cm

Verschiedene Schreibweisen für Längen

1 Welches Modellflugzeug hat die größte Spannweite?

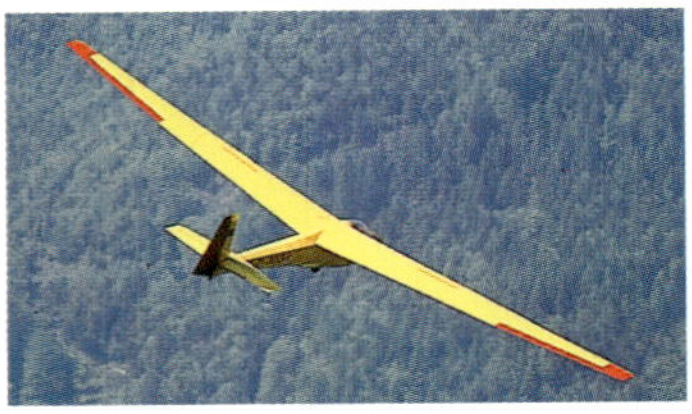

1 m 62 cm

1,65 m

161 cm

Das Komma trennt m und cm.
1 m 15 cm = 1,15 m

2 Übertrage die Tabelle in dein Heft und vervollständige sie.

Schreibweise	Segler A	Segler B	Segler C
m und cm	1 m 62 cm		
Zahl mit Komma		1,65 m	
cm			161 cm

3

a) 2,25 m = □ cm
1,76 m = □ cm
4,19 m = □ cm

b) 1,51 m = □ cm
8,50 m = □ cm
1,08 m = □ cm

c) 0,98 m = □ cm
2,07 m = □ cm
0,05 m = □ cm

4

a) 395 cm = □ m
467 cm = □ m
333 cm = □ m

b) 530 cm = □ m
797 cm = □ m
298 cm = □ m

c) 128 cm = □ m
666 cm = □ m
175 cm = □ m

5

a) 205 cm = □ m
12 cm = □ m
5 cm = □ m

b) 402 cm = □ m
18 cm = □ m
3 cm = □ m

108 cm = 1,08 m
82 cm = 0,82 m
7 cm = 0,07 m

6 Setze ein: > (größer); < (kleiner); = (gleich)

a) 340 cm □ 4 m
507 cm □ 5 m
30 cm □ 3 m

b) 5,60 m □ 565 cm
1,91 m □ 190 cm
4,82 m □ 482 cm

c) 310 cm □ 3 m
1,05 m □ 150 cm
500 cm □ 5 m

7 Ordne nach der Größe. Beginne mit der kleinsten Länge.

a) 347 cm
3,34 m
3 m 50 cm

b) 2,82 cm
279 cm
2 m 81 cm

c) 4,01 m
410 cm
4 m

d) 1,02 m
99 cm
1 m 1 cm

1 Wie weit ist Mark gesprungen?
Bestimme auch die Weiten der anderen Schülerinnen und Schüler.

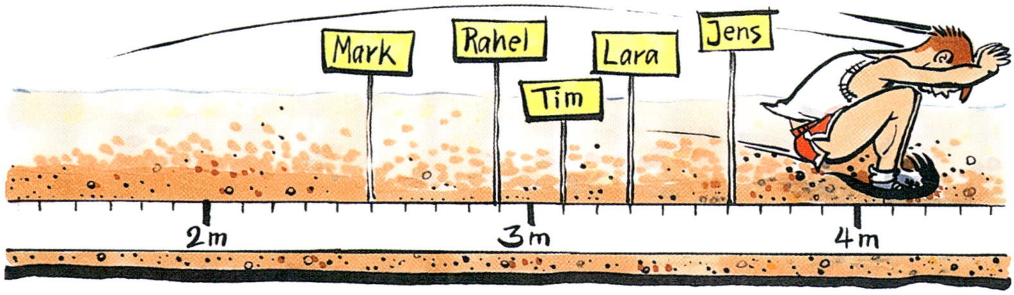

2 Übertrage die Tabelle in dein Heft und vervollständige sie.

2 m 35 cm	6 m 72 cm					3 m 2 cm
2,35 m		1,45 m	0,59 m			
235 cm				814 cm	608 cm	

3 Ergänze zu 1 m.

40 cm + **60 cm** = 1 m

a) 40 cm 70 cm 20 cm 85 cm 98 cm 79 cm 94 cm
b) 15 cm 67 cm 25 cm 14 cm 39 cm 12 cm 8 cm

4 Ergänze zu 2 m.
110 cm 1,35 m 1 m 20 cm 1,29 m 168 cm 0,95 m

5 Wandle um in cm und addiere.

300 cm + 2,65 m = 300 cm + 265 cm = 565 cm

a) 500 cm + 3,41 m
350 cm + 2,11 m

b) 0,35 m + 200 cm
1,70 m + 120 cm

c) 23 cm + 1 m
100 cm + 7,55 m

6

Name	Anna	Christoph	Murat	Rahima	Sebastian
im 4. Schuljahr	2,32 m	2,95 m	3,11 m	2,99 m	3,05 m
im 5. Schuljahr	2,92 m	3,15 m	3,62 m	3,58 m	4,07 m

a) Um wie viel cm konnte sich jedes Kind im Weitsprung verbessern?

b) Sebastian ist im 5. Schuljahr weiter als 4 m gesprungen.
Wie viel cm fehlen den anderen Kindern noch bis zu 4 m?

c) Jens meint: „Noch 40 cm weiter, dann habe ich genau 4 m erreicht."
Wie weit ist Jens gesprungen?

Zentimeter und Millimeter – Messen mit dem Lineal

1 Wie groß sind die Insekten?
Schätze.

Marienkäfer Kartoffelkäfer Mistkäfer Goldlaufkäfer

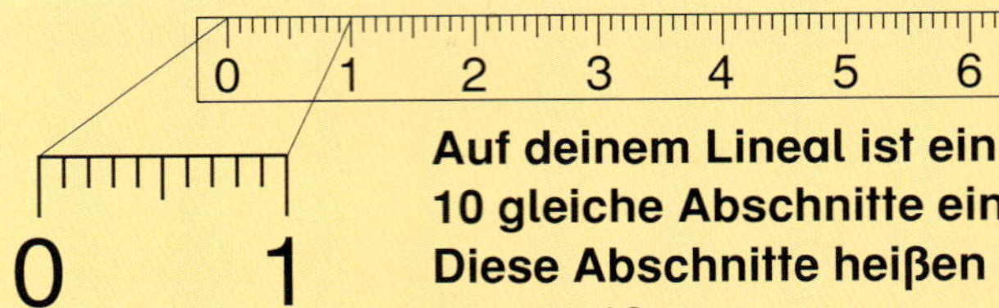

Auf deinem Lineal ist ein Zentimeter in 10 gleiche Abschnitte eingeteilt.
Diese Abschnitte heißen Millimeter (mm).
1 cm = 10 mm
10 mm = 1 cm

So misst du die Länge einer Strecke:

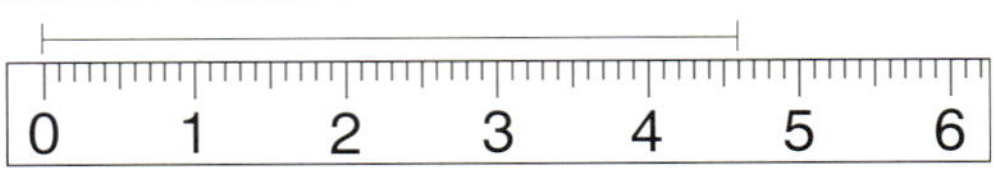

1. Schritt: 0-Punkt des Lineals an den Anfangspunkt der Strecke legen

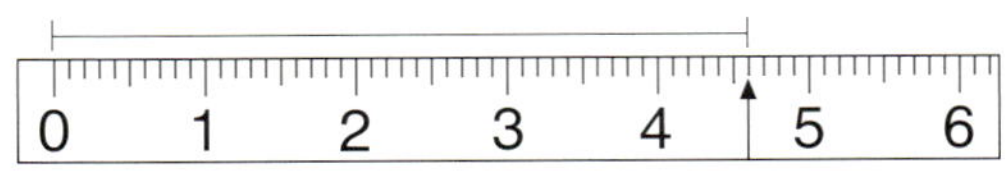

2. Schritt: Die Zahl am Ende der Strecke genau ablesen: 4 cm 6 mm

2 Miss die Länge der Käfer oben.
Schreibe in cm und mm in dein Heft.

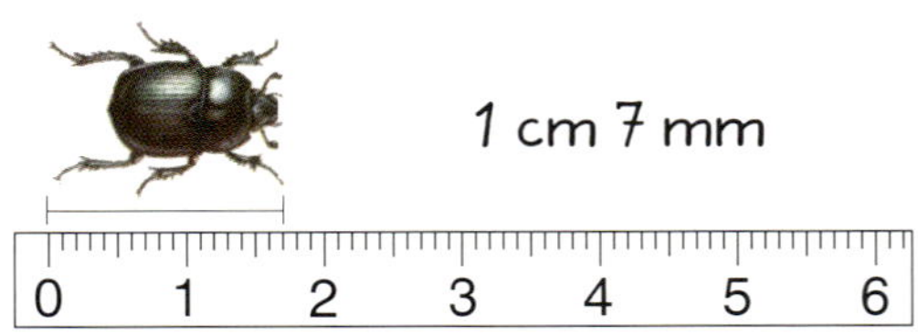

1 cm 7 mm

3 a) Suche Gegenstände, die kleiner sind als 1 cm. Dein Nachbar überprüft.
b) Welche Gegenstände sind kleiner als 1 mm?

4 Wie lang sind diese Strecken?

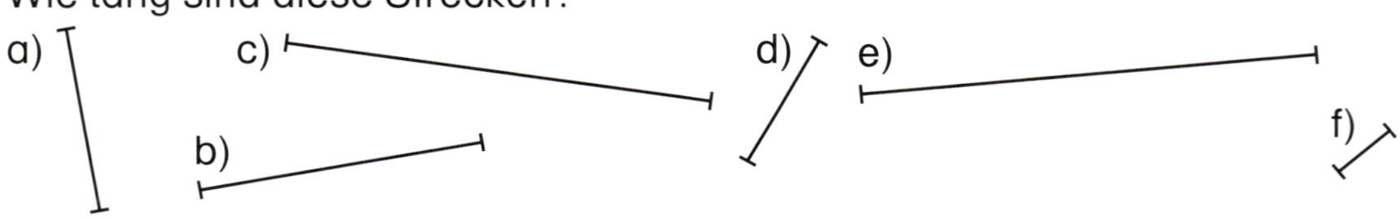

Das Komma trennt cm und mm.

1 cm 3 mm = 1,3 cm		**12 mm =**	**1,2 cm**
2 mm = 0,2 cm		**105 mm =**	**10,5 cm**

1 a) Übertrage die Tabelle in dein Heft und vervollständige sie.

4 cm 5 mm	2 cm 2 mm					
4,5 cm		1,3 cm		0,8 cm		
45 mm			51 mm		42 mm	6 mm

b) Zeichne die Strecken.

2 a) 4 cm 8 mm = □ cm
12 cm 6 mm = □ cm
39 cm 2 mm = □ cm

b) 3 cm 5 mm = □ cm
7 cm 1 mm = □ cm
18 cm 9 mm = □ cm

c) 22 cm 7 mm = □ cm
14 cm 4 mm = □ cm
40 cm 2 mm = □ cm

3 a) 1,3 cm = □ mm
4,6 cm = □ mm
0,4 cm = □ mm

b) 8,5 cm = □ mm
14,3 cm = □ mm
34,7 cm = □ mm

c) 3,8 cm = □ mm
2,7 cm = □ mm
0,5 cm = □ mm

4 a) 39 mm = □ cm
18 mm = □ cm
72 mm = □ cm
30 mm = □ cm

b) 48 mm = □ cm
99 mm = □ cm
273 mm = □ cm
5 mm = □ cm

c) 108 mm = □ cm
18 mm = □ cm
180 mm = □ cm
10 mm = □ cm

5 Setze ein: > (größer); < (kleiner); = (gleich)

a) 3,1 cm □ 31 mm
4,8 cm □ 49 mm
1,1 cm □ 11 mm

b) 2,6 cm □ 20 mm
1,5 cm □ 51 mm
2,1 cm □ 19 mm

c) 1,9 cm □ 19 mm
6,3 cm □ 58 mm
4,9 cm □ 71 mm

6 Welche der drei Schnecken hat den kürzesten Weg zurückgelegt?

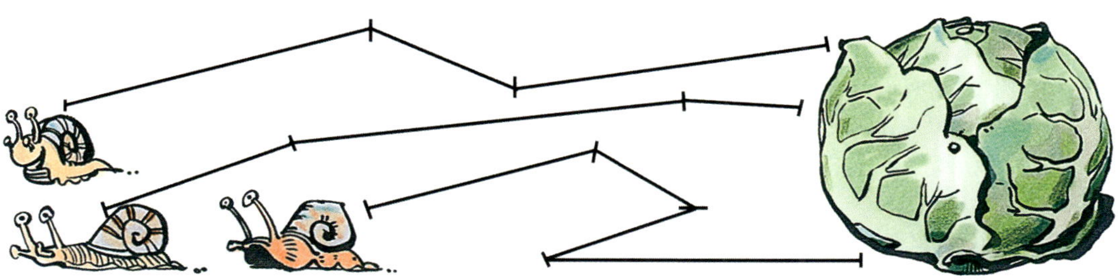

Wiederholen und Üben

1 Wie viel cm sind es?

1,50 m   3,56 m   6,35 m   0,65 m   1,09 m   0,06 m   10,05 m

2 Schreibe mit Komma in m.

200 cm   350 cm   556 cm   90 cm   85 cm   190 cm   4 cm

3 Welche Strecken sind gleich lang? Schätze und überprüfe durch Messen.

4 a) Übertrage die Tabelle in dein Heft und vervollständige sie.

3,5 cm				7 cm	0,9 cm
3 cm 5 mm		6 cm 7 mm			
35 mm	45 mm		120 mm		

b) Zeichne die Strecken in dein Heft.

5 Setze ein: > (größer); < (kleiner); = (gleich)

a)			b)			c)		
35 mm	☐	4 cm	100 cm	☐	1 m	4,3 cm	☐	5 mm
120 mm	☐	12 cm	150 cm	☐	1,09 m	7,5 cm	☐	80 mm
57 mm	☐	5 cm	90 cm	☐	1,20 m	4,50 m	☐	450 cm
205 mm	☐	25 cm	0,70 m	☐	170 cm	3,05 m	☐	299 cm

6 a) Wie viel m fehlen noch zur Siegerweite?

b) Wie viel m fehlen noch zum Schanzenrekord?

Sakawi	100 m
Hinz	85 m
Mayer	104 m
Nienstedt	112 m
Rattel	77 m
Ekstöm	94 m
Petovskaja	97 m

Siegerweite	120 m
Schanzenrekord	135 m

Ananas
90 Cent
Honigmelonen
90 Cent
Pfirsiche
Stck 30 Cent
Apfelsinen
Stck 40 Cent
Kiwis Stck
20 Cent
4 Brötchen
80 Cent
8 Rosen
4 €

Multiplizieren mit Zehnerzahlen

1

a) $2 \cdot 3$	b) $2 \cdot 4$	c) $4 \cdot 6$	d) $3 \cdot 5$	e) $4 \cdot 8$	f) $5 \cdot 7$
$2 \cdot 30$	$2 \cdot 40$	$4 \cdot 60$	$3 \cdot 50$	$4 \cdot 80$	$5 \cdot 70$

2

a) $2 \cdot 20$	b) $3 \cdot 30$	c) $4 \cdot 50$	d) $2 \cdot 60$	e) $5 \cdot 90$	f) $3 \cdot 70$
$5 \cdot 20$	$5 \cdot 30$	$7 \cdot 50$	$6 \cdot 60$	$2 \cdot 90$	$8 \cdot 70$
$7 \cdot 20$	$8 \cdot 30$	$9 \cdot 50$	$8 \cdot 60$	$8 \cdot 90$	$4 \cdot 70$
$6 \cdot 20$	$7 \cdot 30$	$5 \cdot 50$	$7 \cdot 60$	$6 \cdot 90$	$9 \cdot 70$

3 Wie viele Pflanzen sind es?

a) 5 Kisten b) 3 Kisten c) 4 Kisten d) 7 Kisten

4

a) $9 \cdot 20$	b) $5 \cdot 40$	c) $8 \cdot 20$	d) $6 \cdot 40$	e) $4 \cdot 40$	f) $9 \cdot 30$
$4 \cdot 80$	$6 \cdot 30$	$7 \cdot 80$	$5 \cdot 80$	$6 \cdot 70$	$2 \cdot 70$
$7 \cdot 40$	$2 \cdot 50$	$5 \cdot 60$	$2 \cdot 60$	$3 \cdot 80$	$8 \cdot 80$
$3 \cdot 90$	$3 \cdot 60$	$2 \cdot 80$	$7 \cdot 70$	$9 \cdot 90$	$7 \cdot 90$

5 Frau Reitz kauft für ihren Balkon 4 Kisten Geranien. Eine Kiste kostet 20 €.
Wie viel Euro zahlt Frau Reitz?

6 Herr Hofmeister kauft für den Garten 3 Kisten Stiefmütterchen.
In jeder Kiste sind 30 Stück.
Wie viele Stiefmütterchen kauft Herr Hofmeister?

1

4 · 2 € = ☐ €	4 · 20 € = ☐ €	4 · 200 € = ☐ €

2

a)	b)	c)	d)	e)
2 · 2	2 · 3	2 · 5	3 · 3	3 · 2
2 · 20	2 · 30	2 · 50	3 · 30	3 · 20
2 · 200	2 · 300	2 · 500	3 · 300	3 · 200

3

a)	b)	c)	d)	e)
4 · 30	7 · 80	50 · 6	6 · 100	400 · 1
7 · 20	9 · 50	40 · 4	2 · 400	200 · 3
8 · 70	3 · 60	80 · 9	3 · 100	300 · 3
5 · 50	6 · 90	30 · 8	1 · 900	500 · 2

4 Wie viel Euro müssen die Kunden bezahlen?

Übungen mit Platzhaltern

1 Wie viele Schalen werden bepflanzt?

2

a) $\square \cdot 2 = 12$
$\square \cdot 3 = 27$
$\square \cdot 5 = 30$
$\square \cdot 4 = 12$

b) $\square \cdot 2 = 14$
$\square \cdot 4 = 20$
$\square \cdot 6 = 30$
$\square \cdot 3 = 24$

c) $7 \cdot \square = 21$
$5 \cdot \square = 45$
$8 \cdot \square = 40$
$4 \cdot \square = 36$

d) $3 \cdot \square = 12$
$2 \cdot \square = 18$
$6 \cdot \square = 54$
$4 \cdot \square = 32$

3

a) $4 \cdot \square = 8$
$4 \cdot \square = 80$

b) $2 \cdot \square = 16$
$2 \cdot \square = 160$

c) $8 \cdot \square = 56$
$8 \cdot \square = 560$

d) $6 \cdot \square = 24$
$6 \cdot \square = 240$

4

a) $5 \cdot \square = 250$
$5 \cdot \square = 450$
$5 \cdot \square = 150$

b) $6 \cdot \square = 180$
$6 \cdot \square = 420$
$6 \cdot \square = 300$

c) $8 \cdot \square = 160$
$8 \cdot \square = 320$
$8 \cdot \square = 720$

d) $7 \cdot \square = 140$
$9 \cdot \square = 270$
$6 \cdot \square = 540$

5

a) $\square \cdot 50 = 200$
$\square \cdot 50 = 300$
$\square \cdot 50 = 150$
$\square \cdot 50 = 450$

b) $\square \cdot 40 = 160$
$\square \cdot 40 = 200$
$\square \cdot 40 = 320$
$\square \cdot 40 = 360$

c) $\square \cdot 30 = 270$
$\square \cdot 30 = 150$
$\square \cdot 30 = 210$
$\square \cdot 30 = 120$

d) $\square \cdot 80 = 480$
$\square \cdot 70 = 350$
$\square \cdot 90 = 810$
$\square \cdot 60 = 540$

6

a)

120		
6	·	
	·	40
2	·	
	·	30

b)

180		
	·	20
3	·	
	·	30
2	·	

c)

240		
	·	30
6	·	
	·	80
4	·	

d)

360		
6	·	
	·	40
4	·	
	·	60

Dividieren

1

Lea, Sarah und Jan haben bei der Kartoffelernte geholfen.
Wie viel Euro bekommt jeder?

2

a) 12 : 2	b) 18 : 3	c) 36 : 4	d) 36 : 6	e) 49 : 7
120 : 2	180 : 3	360 : 4	360 : 6	490 : 7

3 Rechne. Mache auch die Probe.

a) 120 : 4	b) 200 : 5	c) 450 : 5	d) 720 : 8
150 : 5	210 : 3	270 : 3	360 : 9
180 : 2	240 : 4	600 : 6	560 : 7
140 : 2	320 : 4	240 : 8	270 : 9

$240 : 3 = 80$
Probe:
$80 \cdot 3 = 240$

4

a) 160 : 2	b) 280 : 4	c) 120 : 6	d) 810 : 9
150 : 3	250 : 5	280 : 7	420 : 6
160 : 4	180 : 6	160 : 8	630 : 7
240 : 3	200 : 4	540 : 6	400 : 8

Halbschriftliches Multiplizieren

$4 \cdot 92 = 368$
$4 \cdot 90 = 360$
$4 \cdot 2 = 8$
$4 \cdot 92 = 368$

1

a)	b)	c)	d)	e)
2 · 14	3 · 13	4 · 12	2 · 41	4 · 42
2 · 22	3 · 21	4 · 22	3 · 23	3 · 51
2 · 33	3 · 32	4 · 21	2 · 32	2 · 64

2

a)

b)

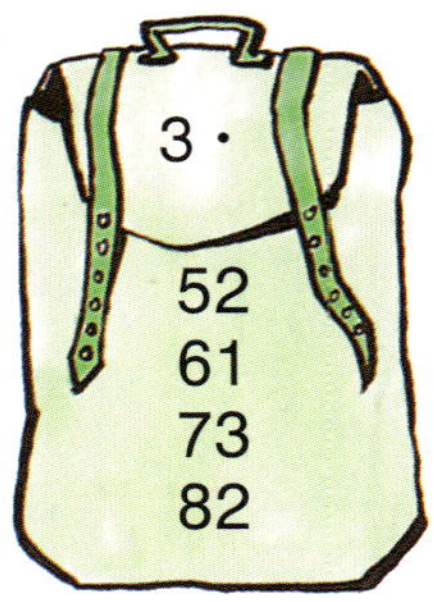

c)

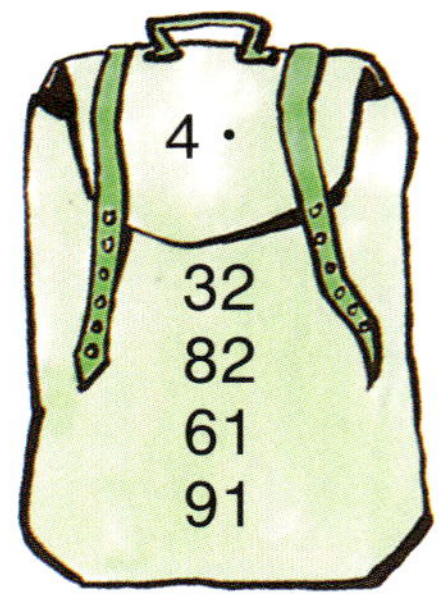

d)

3

a) Das Ferienheim Hochberg hat 12 Zimmer.
In jedem Zimmer stehen 4 Betten.
Wie viele Betten sind es insgesamt?

b) Im Wanderheim Dicke Eiche gibt es 13 Zimmer.
Jedes Zimmer hat 6 Betten.
Wie viele Betten gibt es insgesamt im Wanderheim?

$12 \cdot 4 =$
$10 \cdot 4 = 40$
$2 \cdot 4 = 8$
$12 \cdot 4 =$

4

a)	b)	c)	d)	e)
14 · 3	17 · 4	24 · 4	16 · 4	16 · 5
18 · 2	19 · 3	17 · 3	18 · 5	12 · 7

5 Rechne wie im Beispiel.

a)	b)	c)	d)
320 · 2	210 · 4	120 · 3	430 · 2
140 · 2	110 · 5	340 · 2	310 · 3
220 · 4	230 · 3	130 · 3	320 · 2
330 · 3	340 · 2	110 · 7	440 · 2

$320 \cdot 3 =$
$300 \cdot 3 = 900$
$20 \cdot 3 = 60$
$320 \cdot 3 = 960$

Schriftliches Multiplizieren ohne Übertrag

1

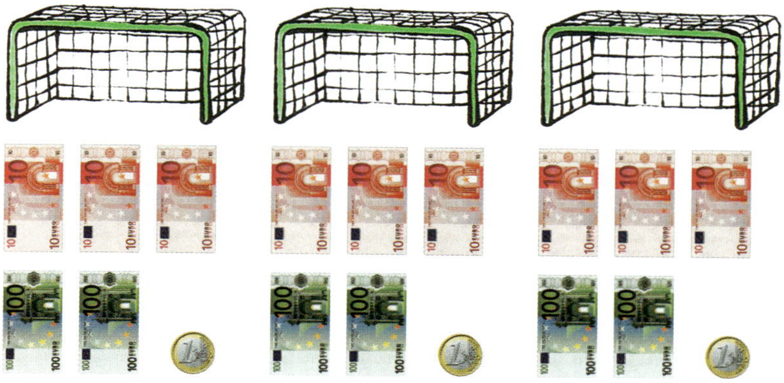

Die Schule am Mühlteich kauft 3 Streetball-Tore. Jedes Tor kostet 231 €. Wie viel € kosten die 3 Tore zusammen?

H	Z	E		
2	3	1	·	3
		3		

$3 \cdot 1$ E = 3 E (3 · 1 = 3)

H	Z	E		
2	3	1	·	3
	9	3		

$3 \cdot 3$ Z = 9 Z (3 · 3 = 9)

H	Z	E		
2	3	1	·	3
6	9	3		

$3 \cdot 2$ H = 6 H (3 · 2 = 6)

2 Rechne schriftlich.

a)	b)	c)	d)
141 · 2	213 · 3	212 · 4	222 · 2
132 · 2	321 · 3	121 · 4	323 · 3
242 · 2	322 · 3	333 · 3	211 · 4
334 · 2	132 · 3	332 · 3	344 · 2

141 · 2
 282

3

a)	b)	c)	d)	e)
203 · 3	301 · 2	440 · 2	230 · 2	302 · 2
104 · 2	201 · 4	310 · 3	330 · 3	130 · 3
402 · 2	304 · 2	220 · 4	120 · 4	240 · 2
103 · 3	303 · 3	320 · 3	140 · 2	202 · 4

4 Wie teuer sind die Anschaffungen?

Mühlenberg-Schule

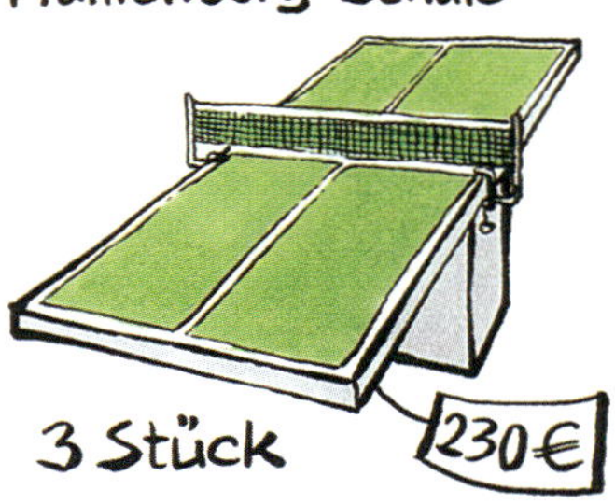

Tanneck-Schule

Burgtor-Schule

Schriftliches Multiplizieren mit Übertrag

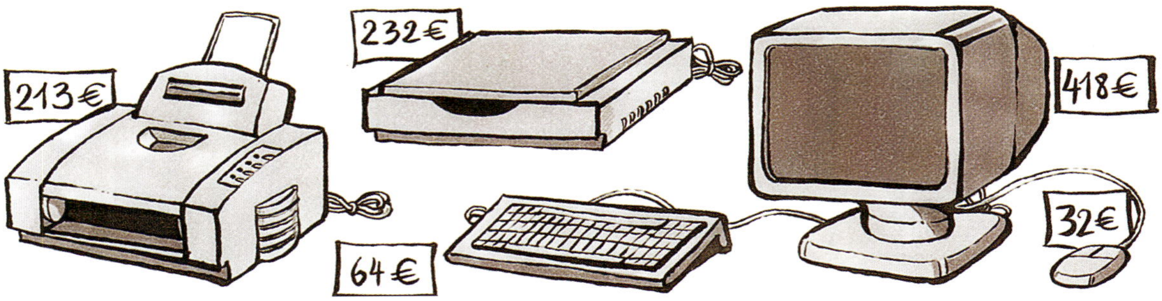

1 Die Schule am Steintor kauft 4 Drucker für den Computer-Raum.
Wie viel Euro kosten die 4 Drucker zusammen?

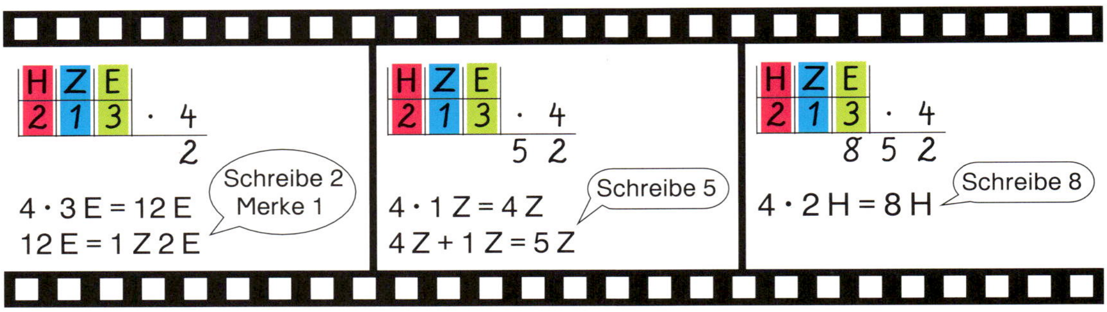

2

a)	b)	c)	d)	e)
24 · 3	28 · 3	124 · 3	163 · 2	162 · 4
24 · 4	17 · 4	214 · 4	141 · 3	128 · 3
28 · 2	19 · 5	138 · 2	132 · 4	374 · 2
48 · 2	27 · 2	113 · 5	131 · 5	117 · 5

3

a) · 2	b) · 4	c) · 5	d) · 6
138	127	117	114
216	182	131	121
339	219	161	171
447	242	118	118

4 Auch diese Aufgaben kannst du schriftlich rechnen.

a)	b)	c)	d)
83 · 2	71 · 7	62 · 3	43 · 3
92 · 3	82 · 4	91 · 5	81 · 9

72 · 4
288

5 Wie teuer sind die Anschaffungen?

a) 2 Tastaturen b) 4 Mäuse c) 4 Scanner d) 2 Monitore

1 Berechne die Einnahmen für die Verkäufe von Herrn Schulte.
a) Trekking-Star b) Mucki c) Packtaschen

2

a)	b)	c)	d)	e)
78 · 2	283 · 2	186 · 2	124 · 6	118 · 8
228 · 3	171 · 5	274 · 3	139 · 7	243 · 4
49 · 4	282 · 3	155 · 5	114 · 8	488 · 2
114 · 7	192 · 4	238 · 4	468 · 2	178 · 5

3 Bei Nullen musst du besonders aufpassen.

a)	b)
405 · 2	180 · 4
306 · 3	260 · 3
408 · 2	120 · 5
109 · 9	160 · 6

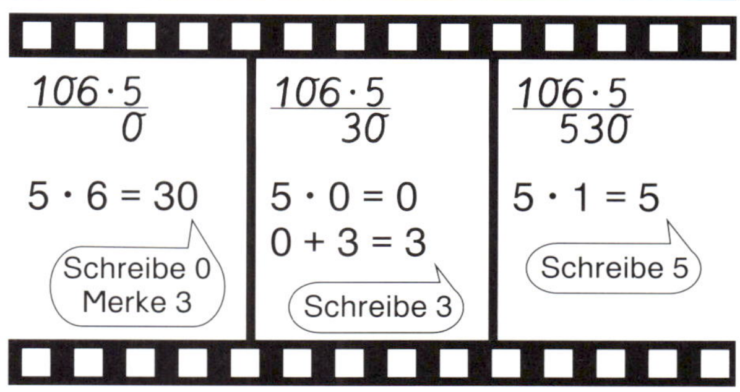

4

a)	b)	c)	d)	e)
217 · 4	259 · 3	107 · 8	247 · 3	269 · 3
112 · 5	148 · 4	144 · 5	170 · 5	86 · 6
108 · 9	55 · 4	190 · 4	89 · 9	176 · 4
218 · 3	136 · 5	87 · 8	105 · 6	129 · 2

5 Berechne die Einnahmen.

Mathewerkstatt: Rechenschieber

1 So baust du einen Rechenschieber:

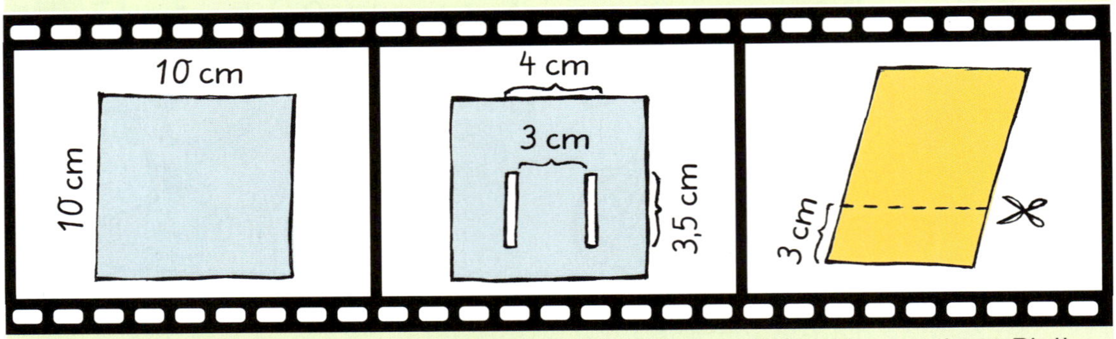

In ein Stück Pappe ... | ... schneidest du 2 Schlitze. | Schneide von einem Blatt Papier einen Streifen ab.

Teile den Streifen ein und schreibe 5 Zahlen auf die Felder. | Schiebe den Streifen durch die Schlitze. | Schreibe auf die Pappe eine Zahl, mit der multipliziert wird.

2 Verwende auch diese Streifen für den Rechenschieber in Aufgabe 1.

	96	407	480	187	368		
	94	348	409	470	359		
	87	218	374	436	487		

3 Baue auch diese Rechenschieber:

·2		87	309	290	476	198	
·3		98	187	209	248	160	
·5		77	103	141	190	138	

4

Diese Streifen kannst du für beide Rechenschieber verwenden.

a) 46 | 104 | 142 | 118 | 127

b) 63 | 114 | 135 | 131 | 126

Übungen zum schriftlichen Multiplizieren

Willkommen zum Schulfest

1.

2.

3.

a) 43 · 2
22 · 3
31 · 3
44 · 3
67 · 2
48 · 3

b) 124 · 2
231 · 3
211 · 4
113 · 3
212 · 4
123 · 3

c) 112 · 7
218 · 3
429 · 2
116 · 6
119 · 5
217 · 4

d) 242 · 4
161 · 6
143 · 3
121 · 5
231 · 4
152 · 3

4.

a) 84 · 5
46 · 9
78 · 7
83 · 8

b) 123 · 4
385 · 2
470 · 2
317 · 3

c) 489 · 2
134 · 5
152 · 4

d) 163 · 6
117 · 8
138 · 7

5.

In der Halle stehen die Stühle in 6 Reihen.
Jede Reihe hat 29 Plätze.
Wie viele Plätze sind es insgesamt?

6.

Die Zirkusgruppe tritt zweimal auf.
Jede Vorstellung hat 174 Besucher.
Wie viele Besucher sehen die Zirkusgruppe?

Von Lüneburg nach Sylt

Projekt

Die Klasse 6a wird von 9 Schülerinnen und Schülern besucht. Sie planen eine Klassenfahrt zur Insel Sylt. Sie möchten 6 Tage bleiben.

Hamburg
Hamburg 55 km
Lüneburg
Niebüll 178 km
Busfahrt für alle Personen: 450 €
Bahnfahrt pro Person: 36 €
Jugendherberge
1 Übernachtung mit Vollpension: 16 €
Campingplatz
6 Tage mit Verpflegung: 57 €
Was kostet es für die ganze Klasse?
· 6 Übernachtungen mit Vollpension in der Jugendherberge
· 6 Tage mit Verpflegung auf dem Campingplatz
Die Klassenfahrt soll möglichst preiswert sein.
Wie entscheidet sich die Klasse 6a?
Wie teuer wird es für jeden der Schüler und Schülerinnen?

Wiederholen und Üben

1

a) 7 · 40	b) 3 · 70	c) 9 · 30	d) 50 · 5	e) 60 · 9
5 · 60	9 · 80	7 · 40	70 · 2	50 · 8
8 · 50	6 · 20	8 · 60	80 · 4	30 · 6
6 · 90	7 · 70	6 · 80	90 · 3	70 · 4

2

a) 4 · □ = 200	b) 9 · □ = 360	c) □ · 4 = 160	d) □ · 5 = 300
8 · □ = 320	2 · □ = 180	□ · 6 = 360	□ · 4 = 240
5 · □ = 450	3 · □ = 240	□ · 9 = 720	□ · 7 = 560
7 · □ = 490	7 · □ = 420	□ · 3 = 270	□ · 6 = 420

3

a) 150 : 5	b) 490 : 7	c) 540 : 6	d) 400 : 8
180 : 3	180 : 6	600 : 6	120 : 6
120 : 2	250 : 5	630 : 7	240 : 3
180 : 9	720 : 8	560 : 7	350 : 5

4 Der Obsthändler verpackt 350 Apfelsinen in Netze. Es kommen immer 5 Apfelsinen in ein Netz.
Wie viele Netze werden gefüllt?

5 Es sind 300 Kiwis zu verpacken. Immer 6 Kiwis kommen in eine Packung.
Wie viele Packungen werden es?

6

a) 4 · 12	b) 3 · 11	c) 2 · 31	d) 3 · 130	e) 2 · 430
2 · 13	4 · 21	3 · 22	2 · 340	7 · 110
2 · 14	2 · 41	4 · 22	2 · 220	3 · 210
3 · 33	3 · 21	3 · 32	4 · 120	2 · 320

7 Im Lager des Supermarkts stehen 8 Kartons mit Ananas-Dosen. In jedem Karton sind 12 Dosen.
Wie viele Dosen Ananas lagern im Supermarkt?

8

a) 41 · 8	b) 112 · 8	c) 241 · 3	d) 384 · 2	e) 217 · 4
74 · 2	237 · 2	162 · 4	151 · 5	183 · 3
93 · 3	318 · 3	181 · 5	263 · 3	494 · 2
61 · 5	124 · 4	160 · 6	232 · 4	327 · 3

9

a) 78 · 2	b) 177 · 4	c) 186 · 4	d) 380 · 2	e) 214 · 2
56 · 3	268 · 3	267 · 3	234 · 3	197 · 4
89 · 2	114 · 8	106 · 9	388 · 2	205 · 4
49 · 4	256 · 3	239 · 4	109 · 6	316 · 3

Alles paletti

1 Ordne nach der Größe. Beginne mit der kleinsten Zahl.

471 628 392 156 913 801 730

2 Ergänze zum folgenden Hunderter.

340 670 210 460 880 150 520

3 Ergänze bis Tausend.

600 300 400 800 750 580 860

4 Runde auf volle Hunderter.

136 271 446 579 627 752 949

5

a)	b)	c)	d)
130 + 40	380 – 50	380 + 40	220 – 30
740 + 20	260 – 20	560 + 50	410 – 50
520 + 60	490 – 60	290 + 60	630 – 60
830 + 50	670 – 30	470 + 70	550 – 70

6 Bei einigen Aufgaben bleibt ein Rest.

a)	b)	c)	d)	e)	f)
45 : 5	83 : 9	36 : 4	19 : 3	26 : 5	71 : 8
32 : 4	55 : 6	29 : 7	13 : 5	36 : 6	61 : 9
63 : 7	20 : 9	46 : 5	64 : 8	48 : 9	24 : 6
81 : 9	35 : 5	42 : 6	78 : 9	22 : 4	26 : 4

7 Klaus hat schon 580 Punkte gesammelt. Er bekommt noch 140 Punkte dazu.
Wie viele Punkte fehlen zum Hauptpreis?

8

a)	b)	c)	d)	e)	f)
272	463	516	578	408	698
+ 317	+ 226	+ 367	– 329	– 45	– 109

9 Schreibe untereinander und rechne.

a)	b)	c)	d)
678 – 345	823 – 212	236 + 304	457 + 126 + 310
420 – 147	563 – 28	560 + 199	25 + 291 + 187
931 – 475	709 – 321	57 + 126	540 + 34 + 206
525 – 276	491 – 98	306 + 88	97 + 405 + 130

Alles paletti

1

a) 3,5 cm = □ mm
8,2 cm = □ mm
37,4 cm = □ mm
0,6 cm = □ mm

b) 27 mm = □ cm
95 mm = □ cm
143 mm = □ cm
3 mm = □ cm

c) 15,3 cm = □ mm
20,5 cm = □ mm
3,27 m = □ cm
5 m = □ cm

2

Übertrage die Tabelle in dein Heft.
Schreibe jede Länge in verschiedenen Schreibweisen.

2 m 65 cm				4 m 59 cm	
	3,42 m		4,08 m		
		398 cm			85 cm

3

Setze ein: > (größer); < (kleiner); = (gleich)

a) 65 mm □ 7 cm
140 mm □ 14 cm
42 mm □ 4 cm

b) 80 cm □ 1,40 m
100 cm □ 1 m
50 cm □ 1,50 m

c) 1,01 m □ 5 cm
3,20 m □ 320 cm
4,05 m □ 399 cm

4

a) 4 · 30
2 · 80
9 · 40
3 · 60

b) 8 · 50
5 · 40
3 · 70
10 · 20

c) 6 · 70
7 · 20
5 · 30
4 · 80

d) 3 · 40
1 · 90
6 · 50
4 · 60

5

a) 60 : 2
80 : 4
90 : 3
40 : 2

b) 240 : 6
450 : 5
300 : 10
150 : 3

c) 320 : 4
210 : 7
480 : 6
500 : 10

d) 250 : 5
540 : 6
270 : 9
420 : 7

6

Zeichne die Strecken in dein Heft.
6,3 cm 5,5 cm 3 cm 8 mm 45 mm 27 mm

7

Maren möchte zwei Bilder rahmen.
Für das erste Bild braucht sie 4 Leisten von je 20 cm Länge.
Für das zweite Bild braucht sie 4 Leisten von je 30 cm Länge.
Wie viel cm Leisten braucht Maren insgesamt?

8

Rechne schriftlich.

a) 23 · 4
46 · 3
63 · 6
53 · 5

b) 35 · 3
58 · 5
72 · 4
62 · 5

c) 123 · 3
201 · 4
343 · 2
440 · 2

d) 236 · 3
467 · 2
353 · 2
145 · 5

e) 245 · 3
368 · 2
179 · 4
228 · 3

Geometrische Figuren

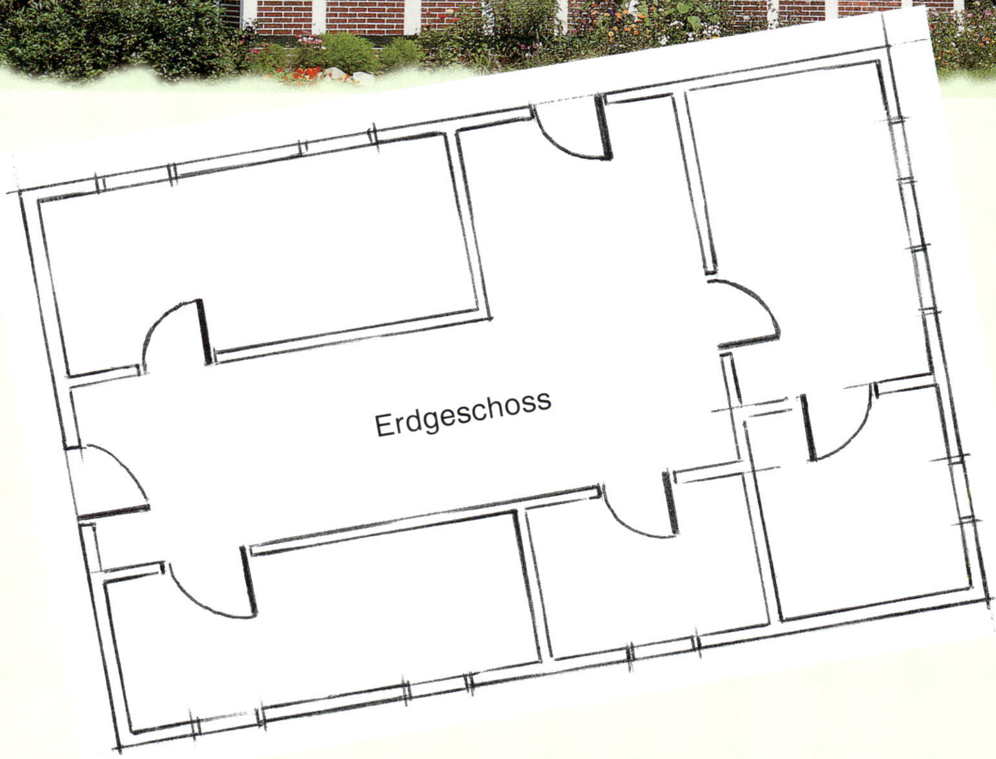

Mathewerkstatt: Mobile

2 Besorge dir kleine Gegenstände, die viereckig, rund oder dreieckig sind. Zeichne Vierecke, Dreiecke und Kreise durch Umfahren der Gegenstände auf Buntpapier, Tonpapier oder Moosgummi und schneide sie aus.

Bandornamente

1 Zeichne die Figuren in dein Heft und färbe sie ein.

a)

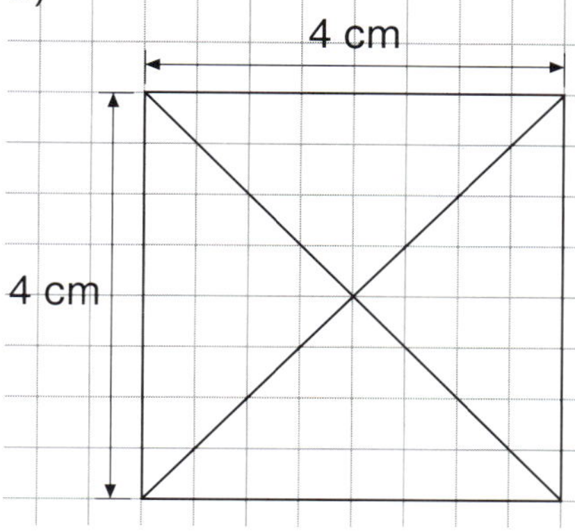

b)

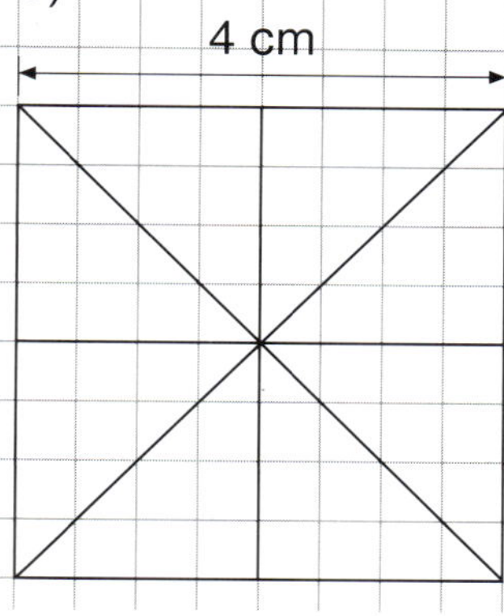

c)

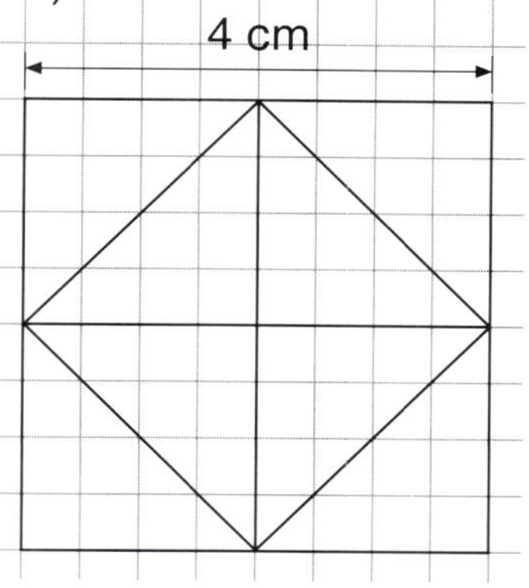

2 Wie geht es weiter?
Zeichne die Bandornamente in dein Heft und führe sie fort.

a)

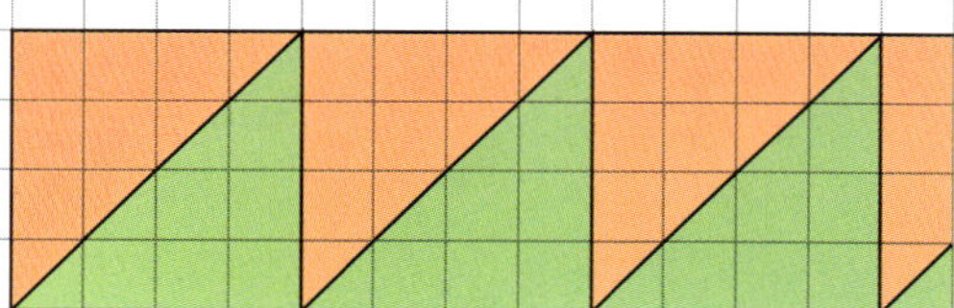

b)

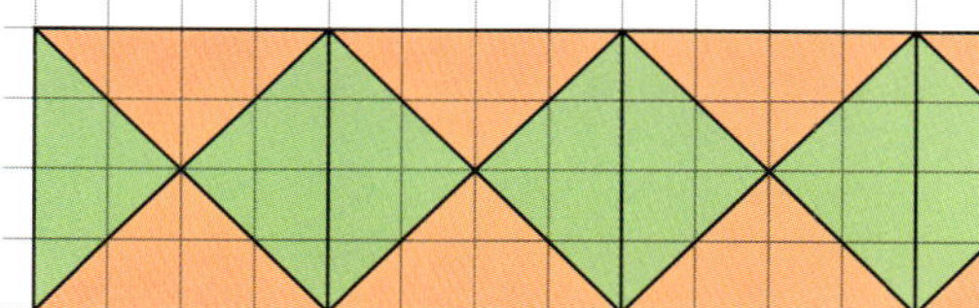

c)

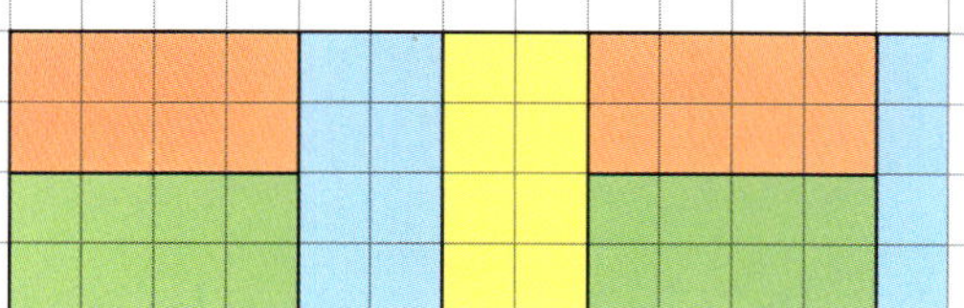

d)

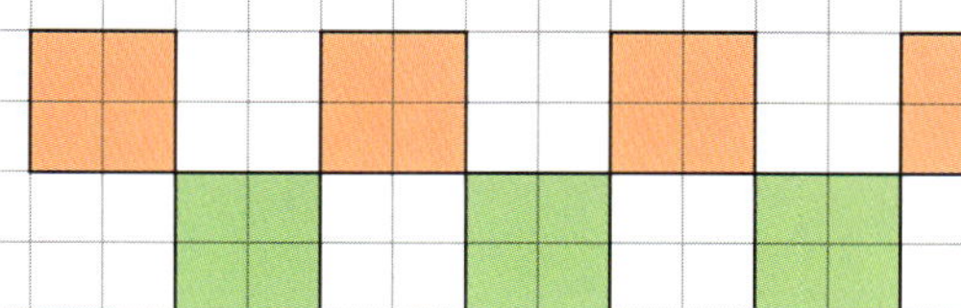

e)

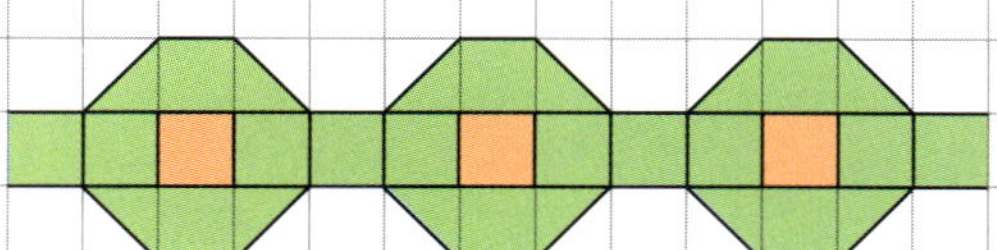

f)

g)

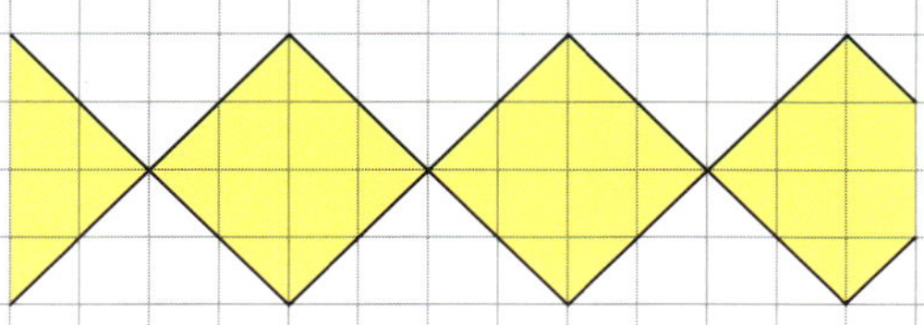

h)

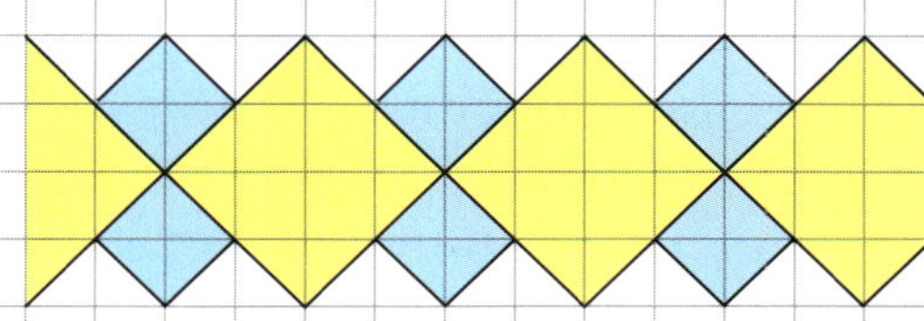

3 Erfinde selbst Bandornamente.

Lot, Wasserwaage und Faltwinkel

1 a) Nimm ein Lot und halte es an den Türrahmen.
b) Was ist in deiner Umgebung lotrecht?

2 Fülle eine Plastikflasche mit Wasser und verschließe sie. Bringe sie in verschiedene Lagen und beobachte den Wasserspiegel.

a) Wie kannst du deine *Wasserwaage* eichen?
b) Kannst du mit deiner Wasserwaage überprüfen, ob der Tisch waagerecht ist?

Merke

Das Lot zeigt immer zum Erdmittelpunkt.
Der Wasserspiegel ist waagerecht.

3 a) Nimm ein Stück Papier und falte einen rechten Winkel.

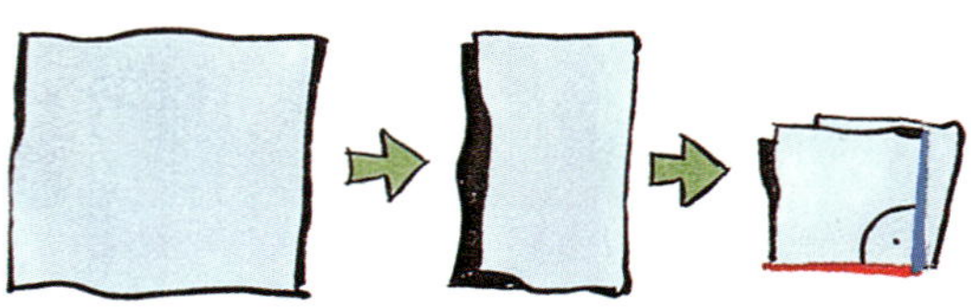

Merke

Die blaue Faltlinie und die rote Faltlinie sind senkrecht zueinander. Sie bilden einen rechten Winkel.

b) Suche in deinem Klassenzimmer Gegenstände mit rechtem Winkel. Überprüfe mit deinem Faltwinkel.

Rechter Winkel

1 Zeige mit dem Faltwinkel rechte Winkel an deinem Geodreieck.

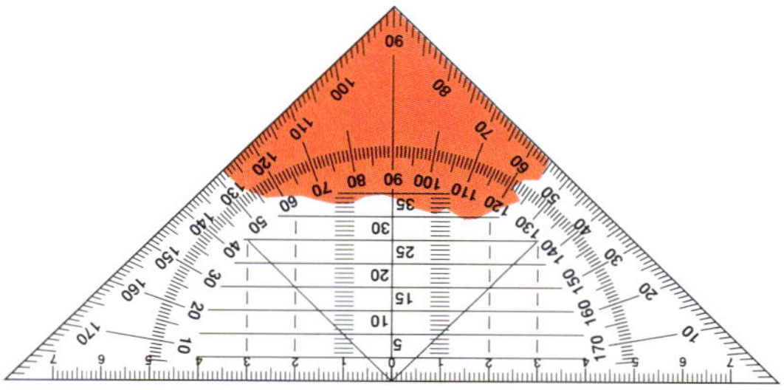

2 a) Prüfe mit dem Geodreieck, welche Figuren rechte Winkel haben.

1. Möglichkeit

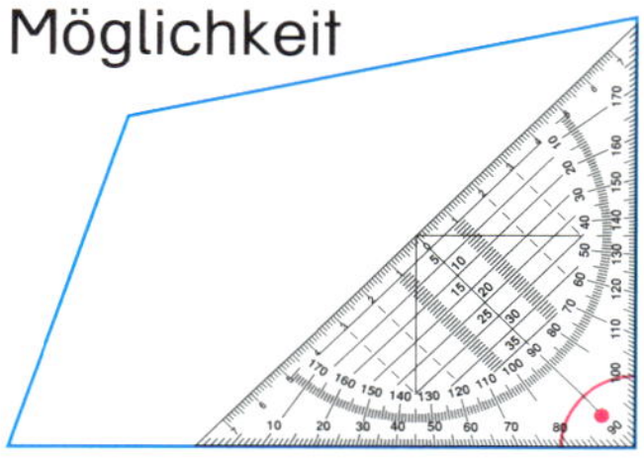

2. Möglichkeit

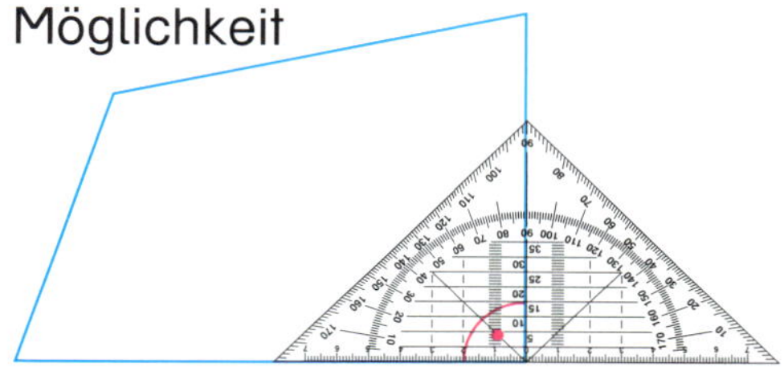

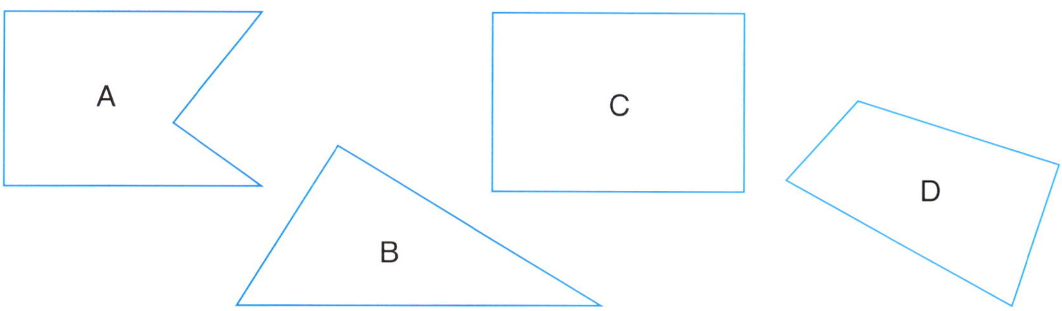

b) Wie viele rechte Winkel hat jede Figur?

So zeichnest du mit dem Geodreieck rechte Winkel.

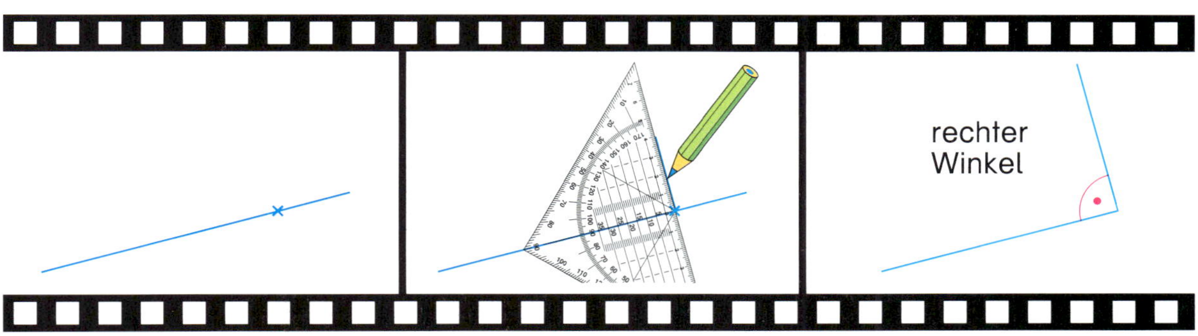

3 Zeichne rechte Winkel auf unliniertes Papier.

Zeichnen mit dem Geodreieck

1 Zeichne auf unliniertes Papier mit dem Geodreieck.

a) Treppe

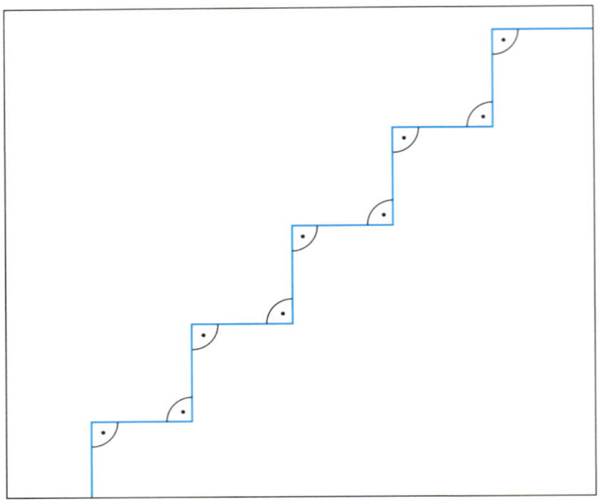

b) Koffer

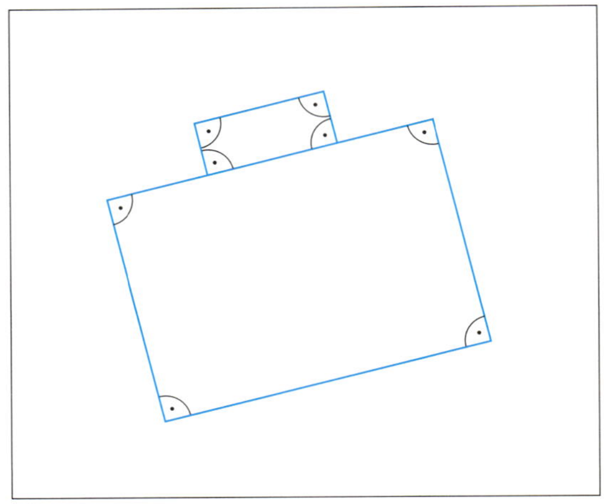

c) Irrgarten

d) Roboter

2

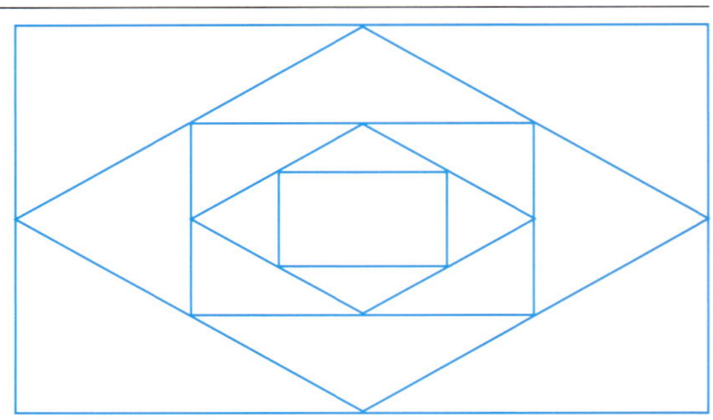

Zeichne die Muster in dein Heft. Färbe sie. Erfinde selbst Muster.

Rechtecke zeichnen

1 Welche Merkmale gelten sowohl für das Rechteck als auch für das Quadrat? Welche Merkmale gelten nur für das Quadrat?

Quadrat	Rechteck

vier Seiten

vier rechte Winkel

vier Ecken

Die gegenüberliegenden Seiten sind gleich lang.

Alle Seiten sind gleich lang.

Das Quadrat ist ein besonderes Rechteck.
Alle 4 Seiten sind gleich lang.

2 Zeichne ein Rechteck mit den Seitenlängen a = 4 cm und b = 3 cm.

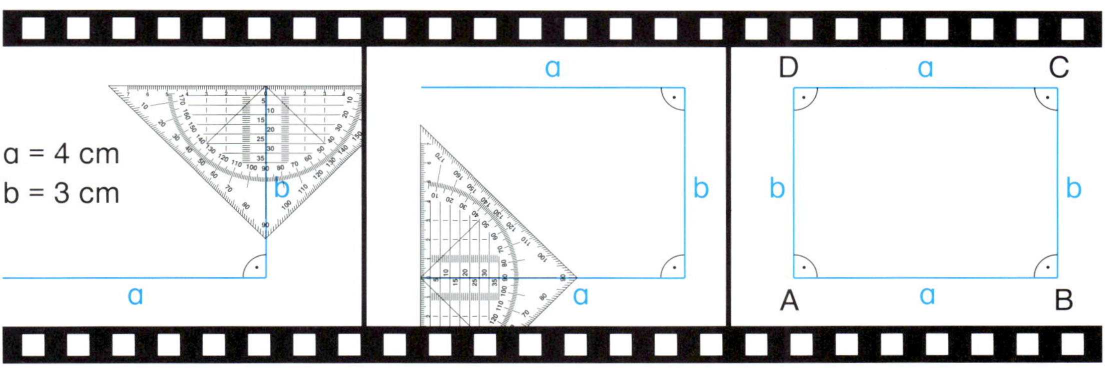

3 Zeichne das Rechteck.

a) a = 7 cm
b = 6 cm

b) a = 5 cm
b = 2 cm

c) a = 3 cm
b = 5 cm

d) a = 6 cm
b = 3 cm

e) a = 7 cm
b = 4,5 cm

4 Zeichne das Quadrat.

a) a = 4 cm b) a = 6 cm c) a = 5 cm d) a = 7 cm e) a = 4,5 cm

Parallele Linien

1

a) Nimm ein Blatt Papier.
Falte es so, dass mehrere rechte Winkel entstehen.

b) Was fällt dir an den Faltlinien auf?

Parallele Linien treffen sich nicht.
Der Abstand paralleler Linien ist überall gleich groß.

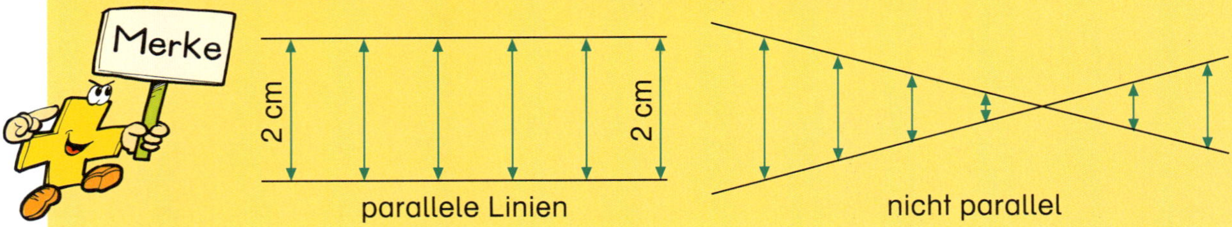

2 a) Wo findest du in deiner Umwelt parallele Linien?

b) Zeichne auf Karopapier zwei Linien, die sich nicht treffen und überall einen Abstand von 2 cm haben.

3 Zeichne auf Karopapier zwei parallele Linien im Abstand von

a) 1 cm b) 1,5 cm c) 3 cm

4 Zeichne nach Augenmaß auf weißes Papier zwei parallele Linien.

5 Zeichne auf weißes Papier eine rote gerade Linie. Dann zeichne drei gerade Linien, die zu der roten senkrecht sind. Was fällt dir auf?

1 Wo findest du auf deinem Geodreieck parallele Linien?
Welchen Abstand haben die parallelen Linien auf dem Geodreieck?

So kannst du mit dem Geodreieck parallele Linien zeichnen.

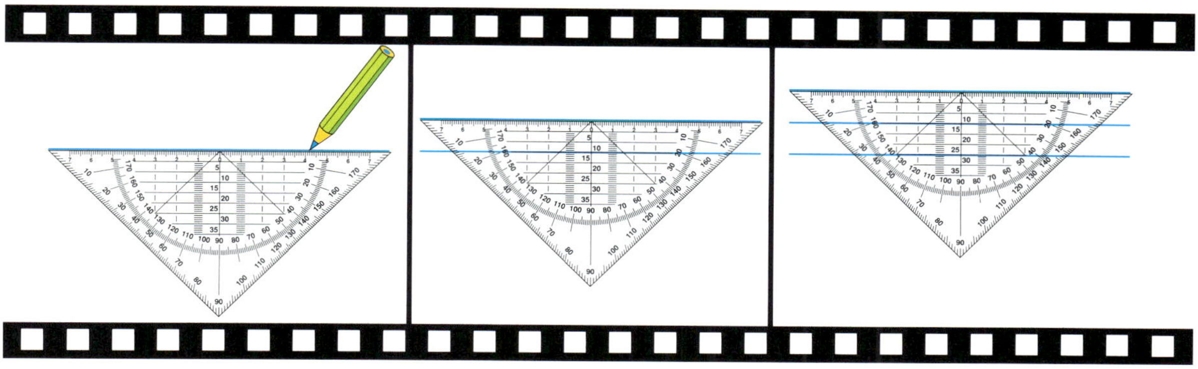

2 Zeichne drei parallele Linien im Abstand von jeweils
a) 1 cm b) 2 cm c) 3 cm

3 Zeichne ein Quadrat mit 4 cm langen Seiten.
Zeichne in das Quadrat Muster mit parallelen Linien.

a) 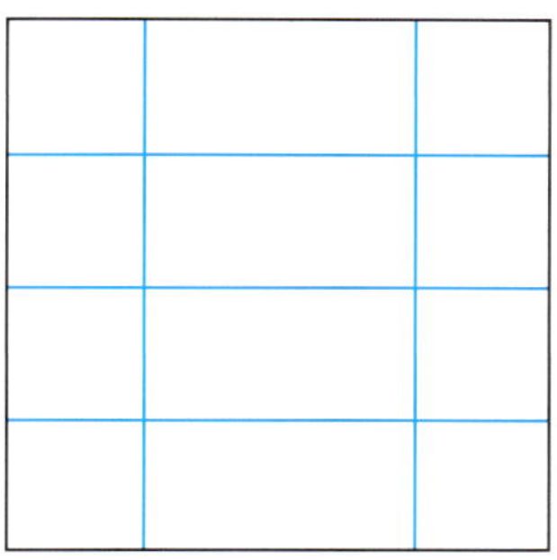

b) 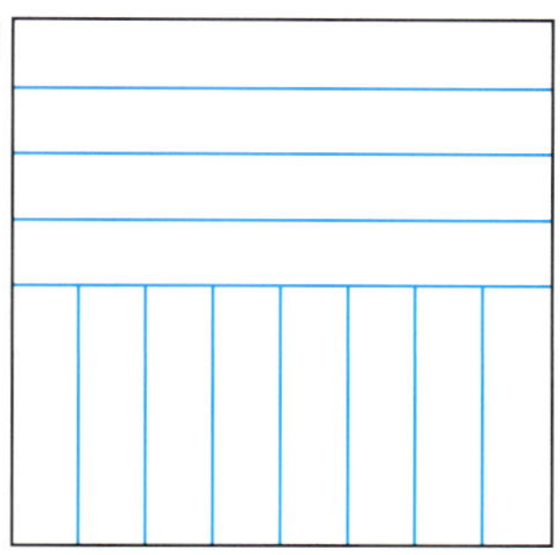

c) 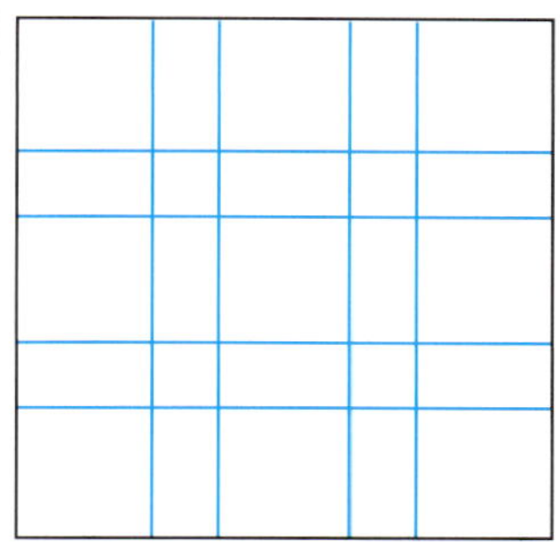

d) 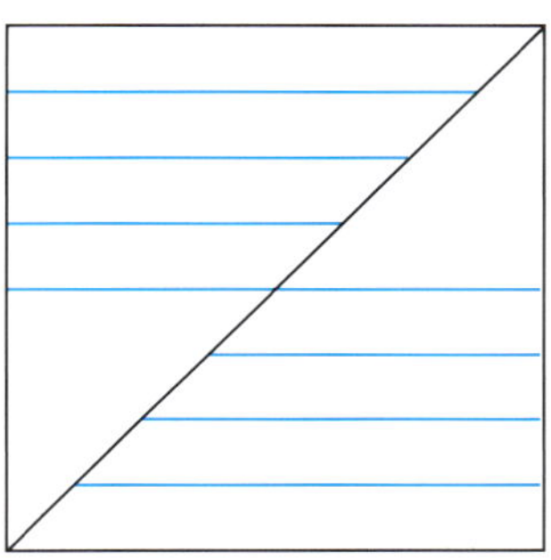

e) 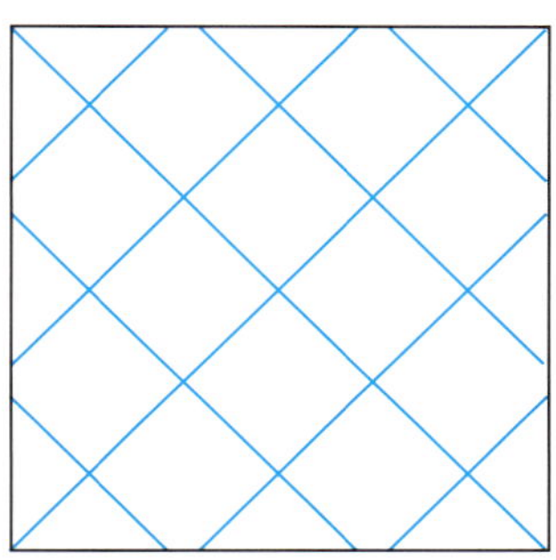

f) 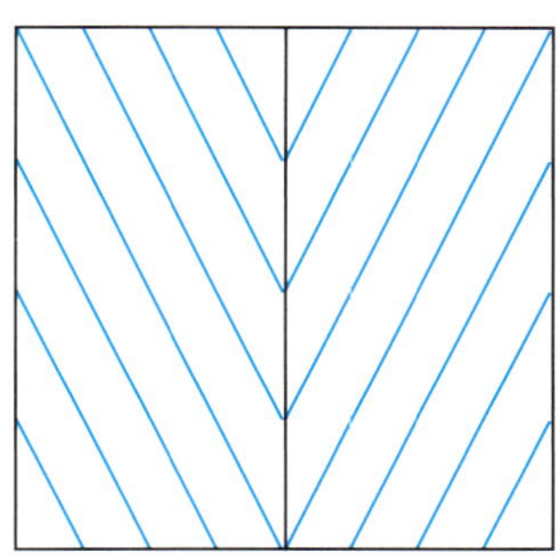

4 Erfinde selbst Muster mit parallelen Linien.

Optische Täuschungen

1 Welche Linien sind parallel zueinander?

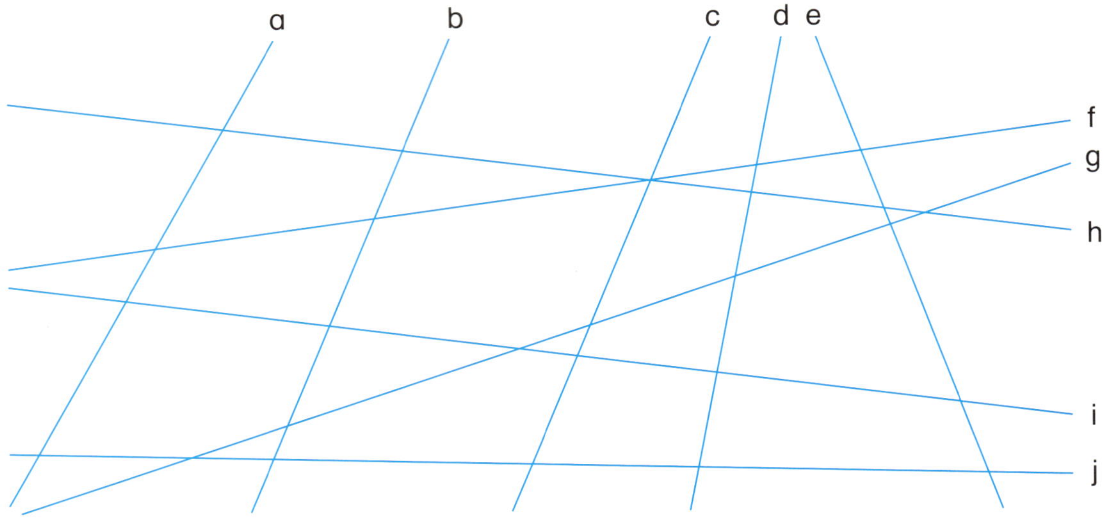

2 Verlaufen die Linien parallel?
Prüfe mit dem Geodreieck.

a)

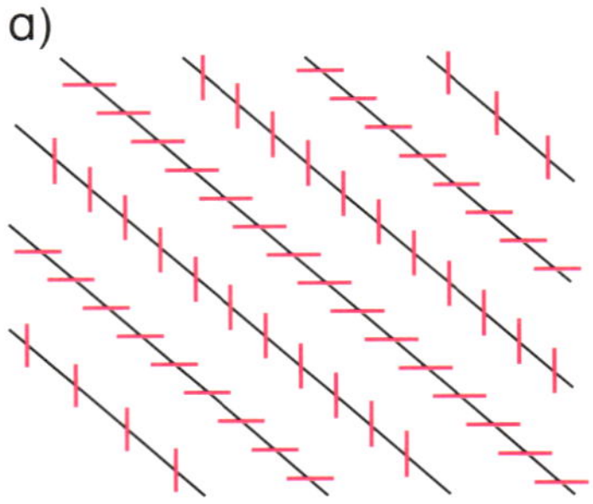

b)

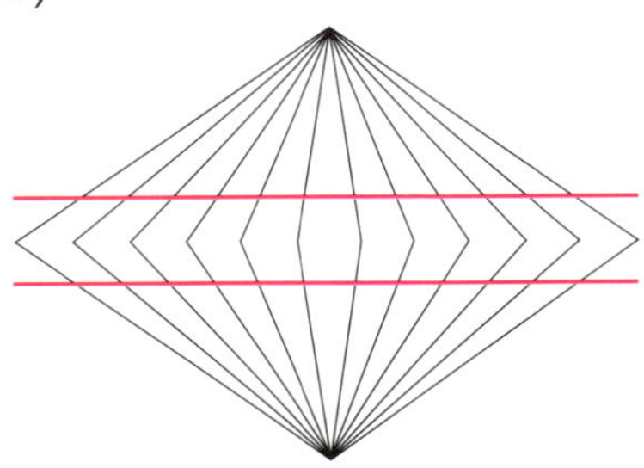

c)

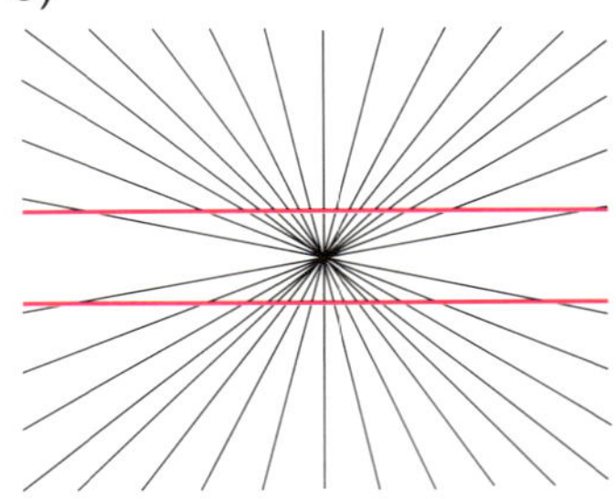

3 Sind die roten Linien tatsächlich gekrümmt?
Sind die Vierecke tatsächlich Quadrate?
Prüfe nach.

a)

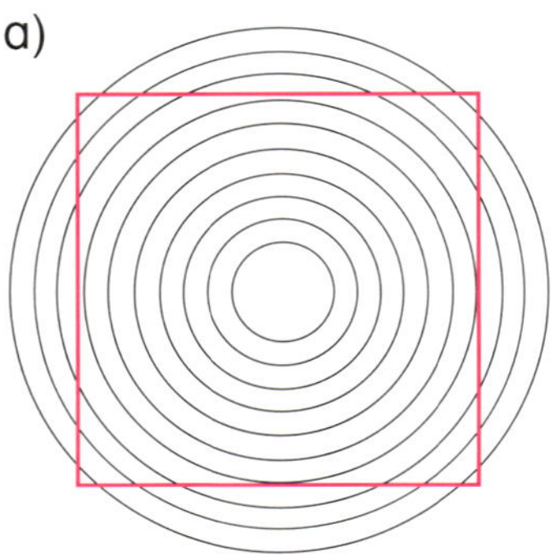

b)

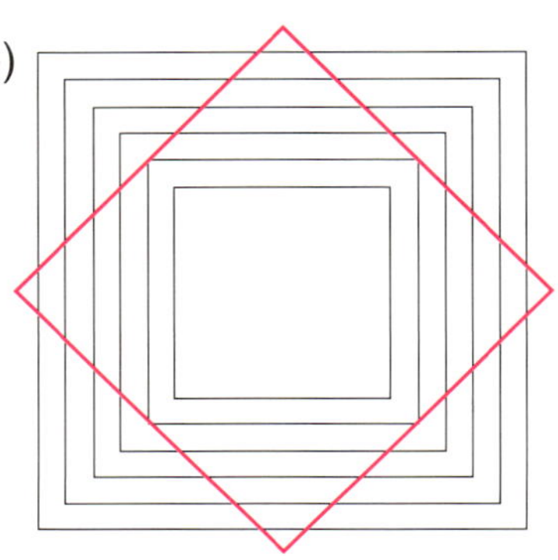

c)

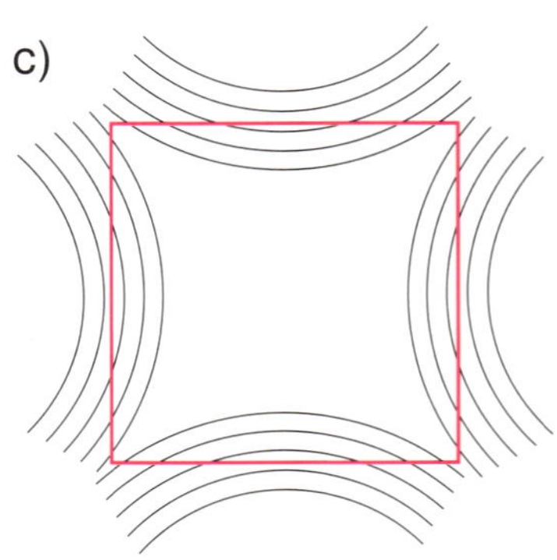

Kreis und Kreismuster

1 Zeichnet auf dem Schulhof einen Kreis mit einem langen Seil und Kreide.

So zeichnest du mit dem Zirkel einen Kreis mit dem Radius r = 4 cm.

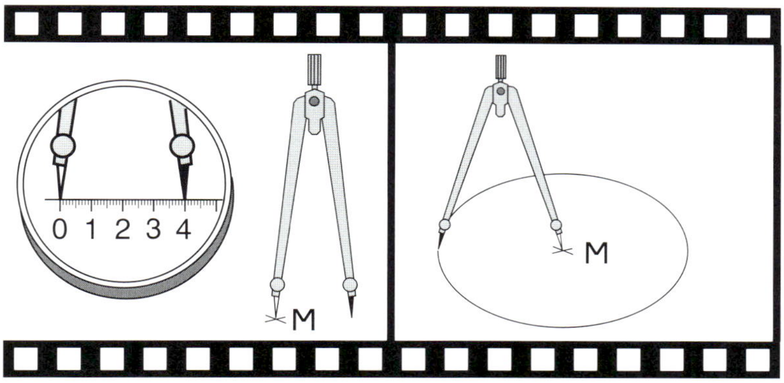

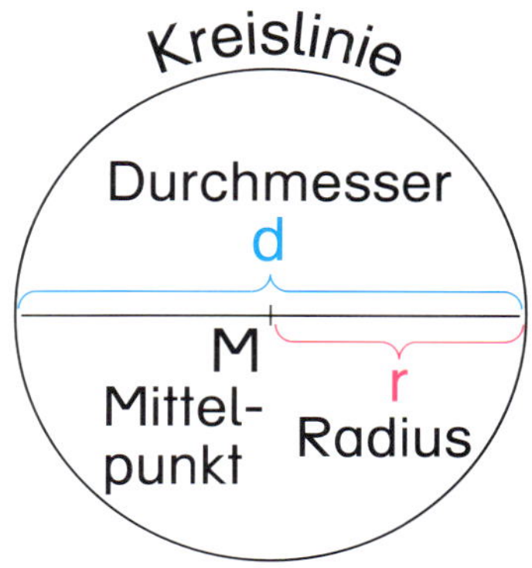

2 Zeichne die Kreismuster in dein Heft.

a)

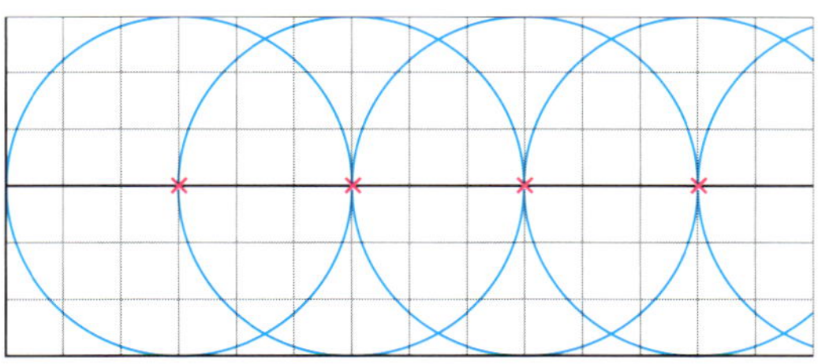

b)

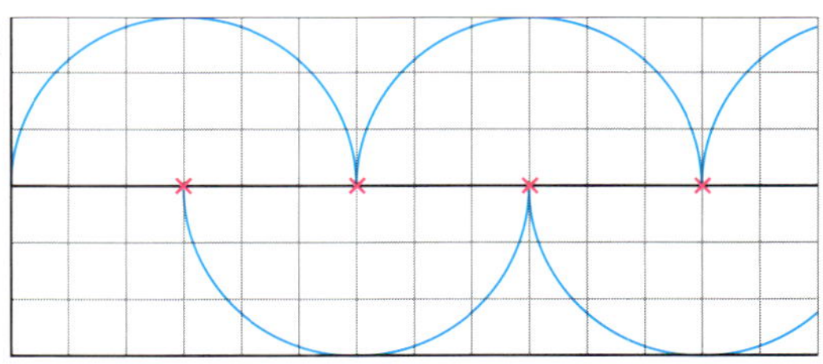

3 Zeichne Kreismuster.

a)

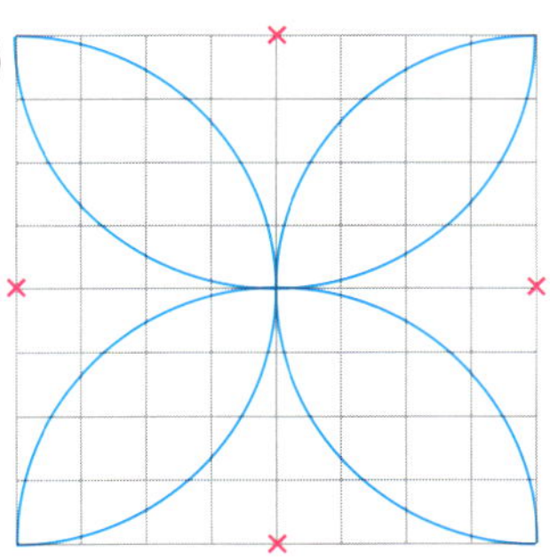

b)

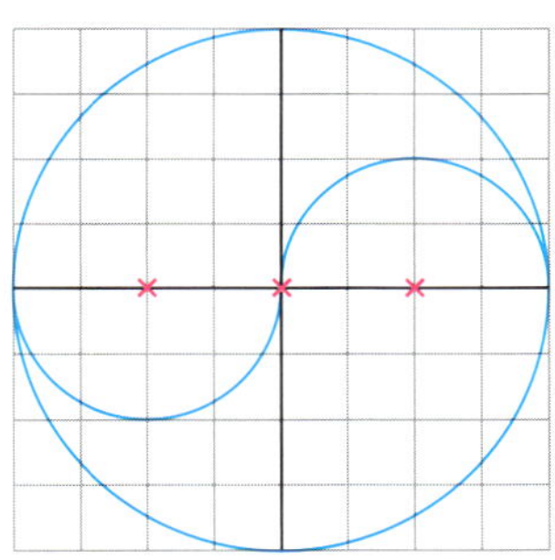

c)

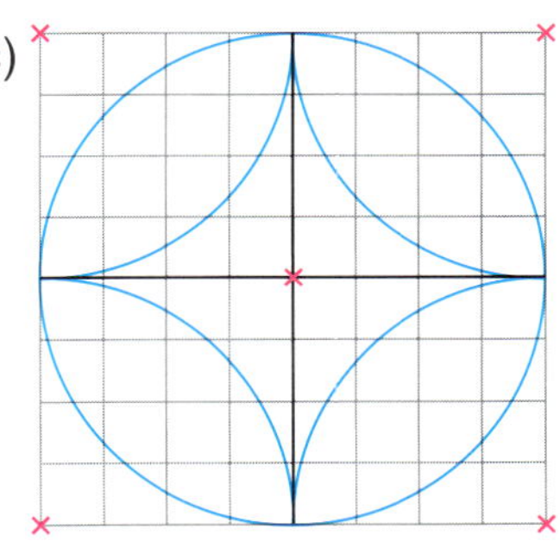

Symmetrische Figuren

1 Was fällt dir an diesen Figuren auf?

2 a) Welche Figuren entstehen?

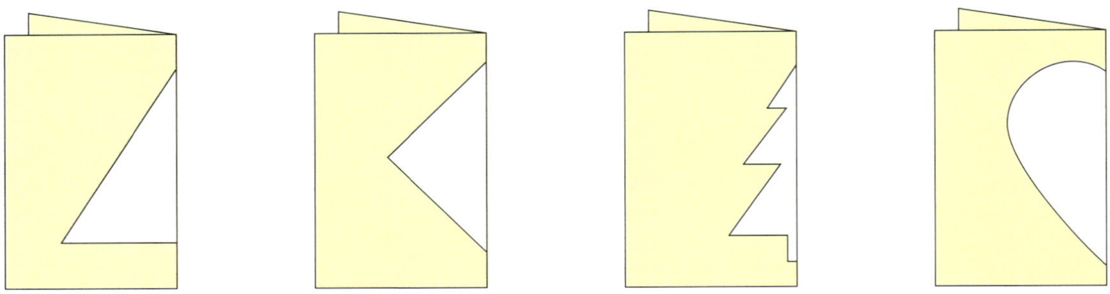

b) Stelle selbst Figuren her.

3 Welche Dinge erkennst du?
Stelle einen Spiegel auf die rote Linie (Spiegelachse).
Prüfe mit einem Spiegel.

4 Sind alle roten Linien Spiegelachsen?

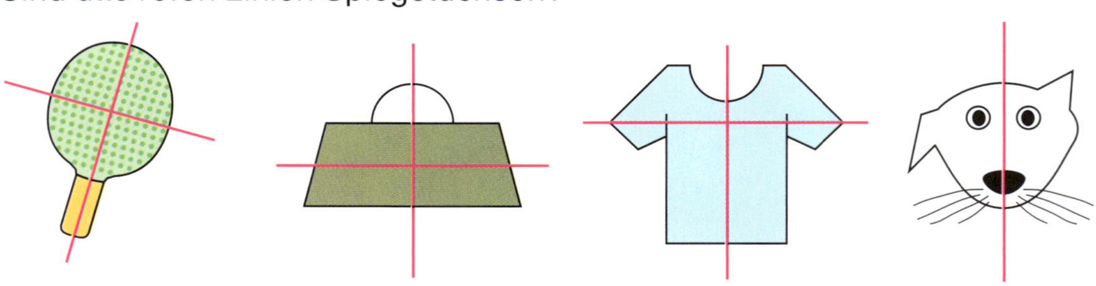

1 Welche Verkehrszeichen haben Spiegelachsen?

a) b) c) d) e)

2 Übertrage die Buchstaben in dein Heft. Zeichne die Spiegelachsen ein.

3 Übertrage in dein Heft. Stelle den Spiegel auf die rote Linie. Ergänze.

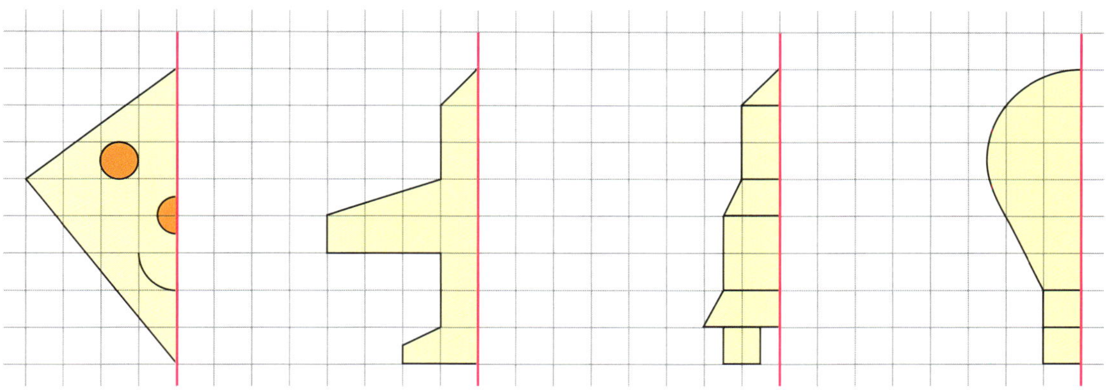

4 a) Wie viele Spiegelachsen hat ein Rechteck?
Zeichne ein Rechteck mit den Seiten a = 6 cm und b = 4 cm.
Trage alle Spiegelachsen ein.

b) Wie viele Spiegelachsen hat ein Quadrat?
Zeichne ein Quadrat mit der Seitenlänge a = 4 cm.
Trage alle Spiegelachsen ein.

Wiederholen und Üben

1 Übertrage die Muster in dein Heft und setze sie fort.

a)

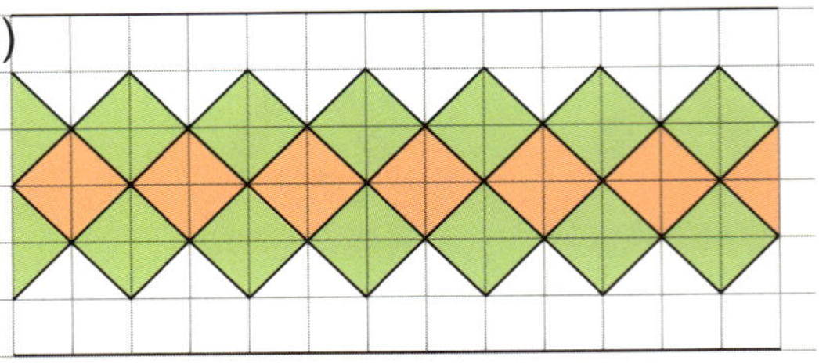

b)

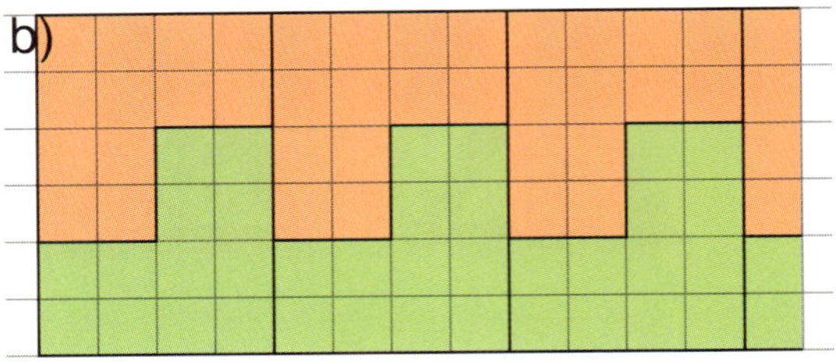

2 Zeichne Muster mit dem Geodreieck.

a)

b)

c)

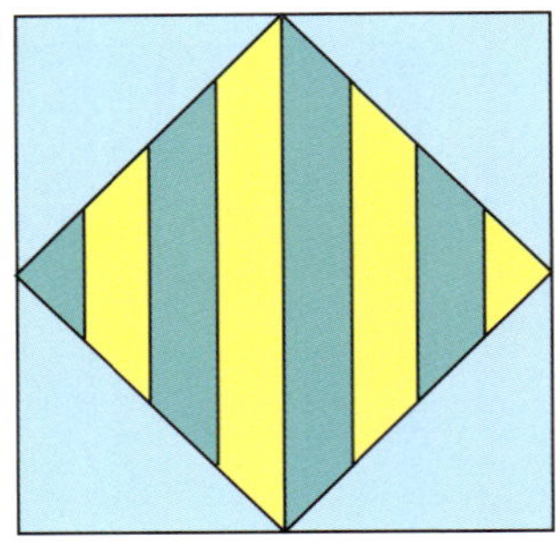

3 Übertrage die Punkte in dein Heft.
Verbinde sie zu einer Figur.
Welche Linien sind parallel?
Zeichne sie in deiner Lieblingsfarbe.

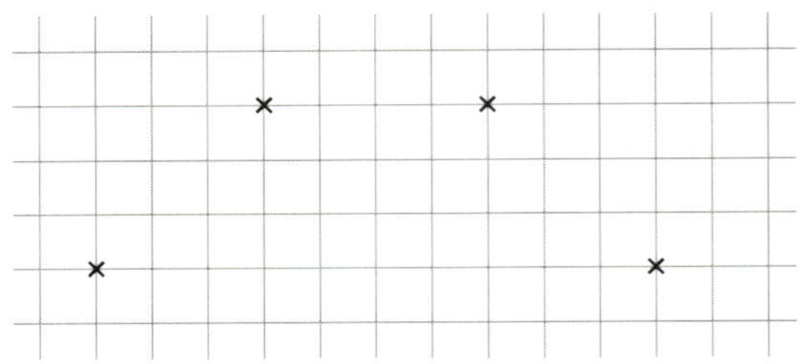

4 Zeichne folgende Rechtecke und Quadrate.

a) a = 5 cm
b = 3 cm

b) a = 7 cm
b = 5 cm

c) a = 6 cm
b = 4 cm

d) a = 4 cm

e) a = 7 cm

5 Übertrage in dein Heft.
Stelle den Spiegel auf die rote Linie (Spiegelachse).

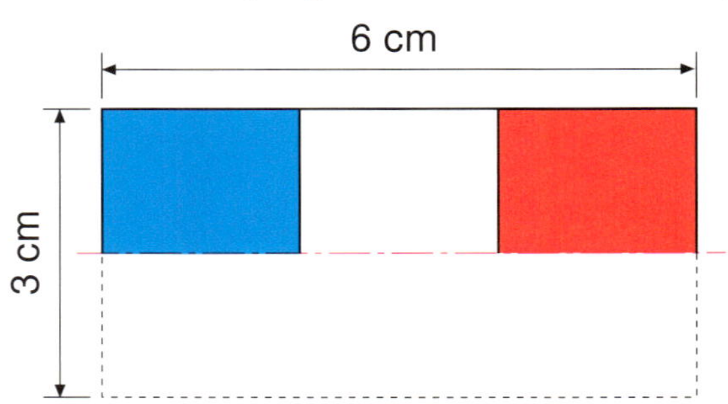

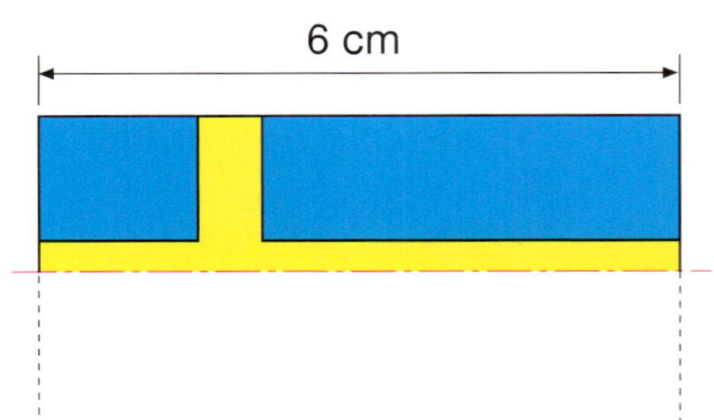

Geld

5 EURO
2 EURO
1 EURO
50 EURO
100 EURO
200 EURO
10 EURO CENT
10 EURO
20 EURO CENT
50 EURO CENT
1 EURO CENT
5 EURO CENT
2 EURO CENT
20 EURO
500 EURO

Euro

1 Wie viel Euro sind es?

a)

b)

c)

2 Lege mit Geld. Wie viel Euro sind es zusammen?

a)	b)	c)
400 € + 30 €	500 € + 70 €	600 € + 10 € + 5 €
100 € + 80 €	200 € + 30 €	300 € + 40 € + 7 €
600 € + 50 €	100 € + 20 €	400 € + 60 € + 8 €
300 € + 90 €	900 € + 10 €	500 € + 30 € + 9 €

3 Zerlege die Geldbeträge.

846 € = 800 € + 40 € + 6 €

a)	b)	c)	d)	e)
250 €	670 €	846 €	344 €	407 €
480 €	520 €	415 €	708 €	804 €
210 €	330 €	158 €	780 €	430 €

4 Lege mit möglichst wenig Geldscheinen und Münzen.

265 €   348 €   191 €   502 €   880 €   225 €   707 €

5

a)
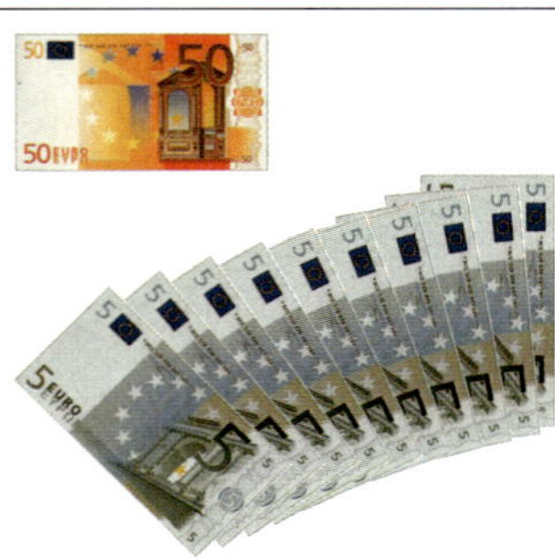

50 € = ☐ · 5 €

b)
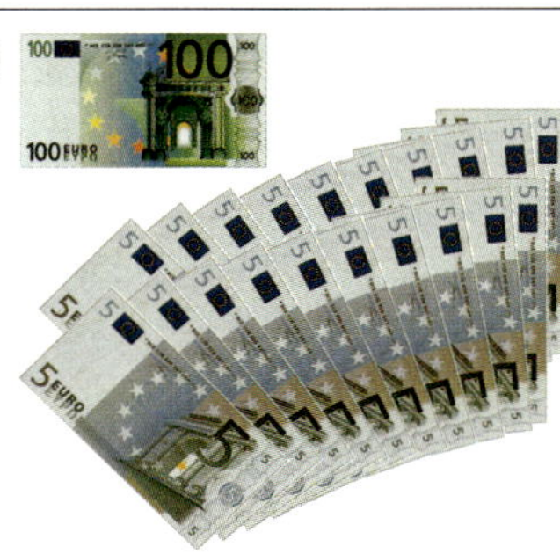

100 € = ☐ · 5 €

c)

200 € = ☐ · 10 €

6

a)	b)	c)
200 € = ☐ · 20 €	100 € = ☐ · 10 €	20 € = ☐ · 2 €
200 € = ☐ · 50 €	100 € = ☐ · 2 €	20 € = ☐ · 5 €
200 € = ☐ · 2 €	50 € = ☐ · 2 €	20 € = ☐ · 10 €

Addieren und Subtrahieren von Geldbeträgen

1 Was kostet es zusammen?

a)

b)

c)

2

a) 54 € + 10 €
32 € + 20 €
48 € + 50 €
36 € + 40 €

b) 42 € + 13 €
76 € + 21 €
54 € + 44 €
65 € + 32 €

c) 220 € + 50 €
410 € + 60 €
230 € + 40 €
340 € + 20 €

d) 620 € + 130 €
710 € + 280 €
140 € + 430 €
220 € + 550 €

3 Wie viel € bekommen die Kunden zurück?

a)

b)

c)

4

a) 50 € − 13 €
50 € − 17 €
50 € − 14 €
50 € − 15 €

b) 50 € − 43 €
50 € − 27 €
50 € − 35 €
50 € − 24 €

c) 100 € − 80 €
100 € − 45 €
100 € − 73 €
100 € − 64 €

d) 200 € − 83 €
200 € − 56 €
500 € − 98 €
500 € − 91 €

5 Svenja spart für ein Trekking-Rad. Es kostet 280 €.
Sie hat schon 130 € gespart.
Wie viel € fehlen ihr noch?

6

a) 30 € + ☐ € = 80 €
37 € + ☐ € = 50 €
68 € + ☐ € = 90 €
56 € + ☐ € = 70 €

b) 140 € + ☐ € = 200 €
380 € + ☐ € = 400 €
270 € + ☐ € = 500 €
180 € + ☐ € = 300 €

c) 310 € − ☐ € = 200 €
430 € − ☐ € = 100 €
870 € − ☐ € = 500 €
720 € − ☐ € = 400 €

Rechnen mit Euro und Cent

1 Wie viel Euro und Cent sind es?

a) 

b) 

c) 

1 Euro = 100 Cent **1 € = 100 Cent**

2 Wandle um in Cent: 2 € 4 € 3 € 8 € 9 €

3 Wandle um in Euro: 500 Cent 700 Cent 100 Cent 300 Cent 800 Cent

4 Wie viel Cent sind es?

3 € 20 Cent = 320 Cent

3 € 20 Cent 2 € 70 Cent 7 € 3 Cent
6 € 50 Cent 2 € 5 Cent 9 € 13 Cent 5 € 98 Cent 4 € 6 Cent

5 Wie viel Euro und Cent sind es?

870 Cent = 8 € 70 Cent

870 Cent 710 Cent 701 Cent 256 Cent
195 Cent 306 Cent 360 Cent 635 Cent 484 Cent 207 Cent

6 Uwe hat diese Münzen in der Tasche.
Wie viel Geld hat er insgesamt?

7 Bezahle mit einem 1-€-Stück. Wie viel Cent bekommst du zurück?

a) 

b) 

c) 

8

a)	b)	c)	d)
1 € – 40 Cent	1 € – 35 Cent	1 € – 42 Cent	1 € – 74 Cent
1 € – 20 Cent	1 € – 25 Cent	1 € – 18 Cent	1 € – 86 Cent
1 € – 70 Cent	1 € – 65 Cent	1 € – 37 Cent	1 € – 63 Cent

Kommaschreibweise bei Euro und Cent

1 Wer hat den größten Geldbetrag?

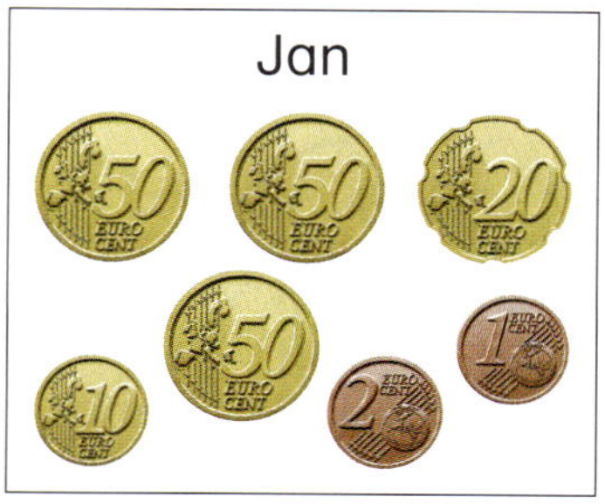

183 Cent

1 € 85 Cent

1,82 €

Das Komma trennt Euro und Cent.
2,37 € = 2 € 37 Cent **0,35 € = 35 Cent** **0,07 € = 7 Cent**

2 Wie viel Euro und Cent sind es?
3,50 € 1,60 € 2,28 € 7,08 € 7,80 € 0,89 € 0,05 €

3 Schreibe mit Komma.

a)	b)	c)	d)	e)
725 Cent	460 Cent	804 Cent	47 Cent	8 Cent
632 Cent	850 Cent	307 Cent	82 Cent	5 Cent
456 Cent	270 Cent	109 Cent	15 Cent	7 Cent
128 Cent	550 Cent	904 Cent	99 Cent	1 Cent

4 Schreibe die Geldbeträge mit Komma.

a)	b)	c)	d)
5 € 16 Cent	12 € 65 Cent	62 € 40 Cent	3 € 7 Cent
9 € 25 Cent	17 € 58 Cent	57 € 80 Cent	4 € 6 Cent
3 € 37 Cent	56 € 39 Cent	32 € 60 Cent	8 € 2 Cent
2 € 57 Cent	77 € 33 Cent	95 € 10 Cent	1 € 1 Cent

5 Setze ein: > (größer); < (kleiner); = (gleich)

a)	b)	c)
7,82 € ☐ 728 Cent	4 € 81 Cent ☐ 487 Cent	3 € 7 Cent ☐ 3,70 €
6,75 € ☐ 675 Cent	5 € 8 Cent ☐ 580 Cent	2 € 30 Cent ☐ 2,30 €
3,17 € ☐ 370 Cent	6 € 32 Cent ☐ 623 Cent	5 € 60 Cent ☐ 5,06 €
5,04 € ☐ 504 Cent	1 € 30 Cent ☐ 103 Cent	7 € 10 Cent ☐ 7,10 €

6 Ordne nach der Größe. Beginne mit dem kleinsten Geldbetrag.

a)	b)	c)	d)
328 Cent	643 Cent	412 Cent	881 Cent
3,24 €	6,48 €	4,21 €	8,18 €
3 € 42 Cent	6 € 34 Cent	4 € 20 Cent	8 € 80 Cent

Addieren und Subtrahieren von Geldbeträgen mit Komma

1

2

a) 2,40 € + 1,30 €
4,30 € + 6,50 €
7,60 € + 2,20 €

b) 3,20 € + 4,60 €
7,40 € + 1,50 €
8,10 € + 1,60 €

c) 16,30 € + 2,50 €
52,40 € + 3,40 €
12,60 € + 1,20 €

3

Anna hat 7,80 € in ihrer Geldbörse. Sie kauft ein Stück Torte für 2 €.
Wie viel € behält sie übrig?

4

a) 8,60 € – 2 €
7,80 € – 3 €
4,30 € – 2 €

b) 9,80 € – 3,50 €
8,70 € – 2,60 €
6,40 € – 4,30 €

c) 7,70 € – 3,40 €
9,60 € – 2,50 €
8,80 € – 3,60 €

5

Wie viel € bekommen die Gäste zurück?

6

a) 5 € – 4,20 €
2 € – 1,40 €
3 € – 2,70 €

b) 6 € – 2,70 €
8 € – 1,60 €
9 € – 4,80 €

c) 1 € – 0,25 €
2 € – 0,75 €
3 € – 0,65 €

Schriftliches Addieren und Subtrahieren

1

Komma unter Komma

Aufgabe: 4,42 € + 2,81 €

```
  4,42 €
+ 2,81 €
  1
  7,23 €
```

2

a) 2,54 € + 3,35 € b) 4,35 € + 2,43 € c) 7,24 € + 1,68 € d) 5,48 € + 3,27 € e) 4,85 € + 2,38 €

3 Schreibe untereinander und addiere.

a) 3,48 € + 1,21 €
4,77 € + 4,29 €
5,34 € + 0,85 €

b) 6,35 € + 2,49 €
3,68 € + 4,07 €
5,92 € + 0,74 €

c) 17,25 € + 22,67 €
28,36 € + 34,07 €
37,69 € + 62,38 €

4 Der Markthändler hat die Preise für die Einkäufe von Frau Behnke aufgeschrieben.
Was hat Frau Behnke gekauft?
Wie viel € muss sie bezahlen?

```
  1,65 €
  1,75 €
+ 1,35 €
```

5 Herr Arp kauft 1 kg Birnen, 1 kg Äpfel und einen Salat.
Was kostet es zusammen?

6

a) 7,25 € − 1,04 € b) 8,72 € − 3,41 € c) 9,42 € − 6,15 € d) 8,18 € − 2,35 € e) 6,37 € − 1,59 €

7 Schreibe untereinander und subtrahiere.

a) 7,28 € − 1,14 €
3,65 € − 2,43 €
9,74 € − 6,22 €

b) 6,24 € − 3,07 €
7,83 € − 0,97 €
9,36 € − 2,74 €

c) 37,26 € − 24,58 €
46,38 € − 2,35 €
24,15 € − 11,07 €

Multiplizieren

1 Wie viel Euro sind es zusammen? Lege mit Rechengeld.

a) 

$3 \cdot 24$ € = ☐ €

b) 

$3 \cdot 33$ € = ☐ €

c) 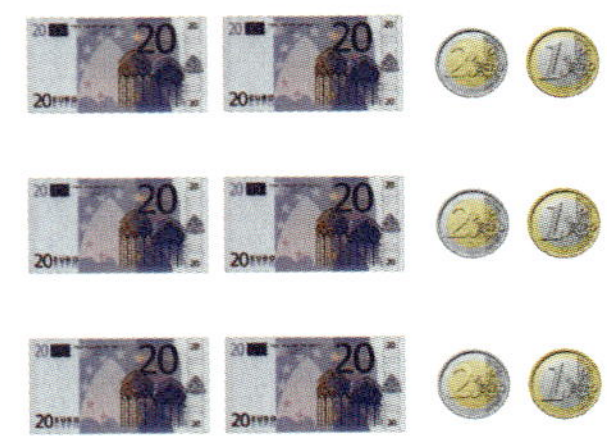

$3 \cdot 43$ € = ☐ €

2

a) $3 \cdot 30$ €
$5 \cdot 30$ €
$6 \cdot 20$ €

b) $6 \cdot 14$ €
$4 \cdot 18$ €
$5 \cdot 13$ €

c) $6 \cdot 41$ €
$4 \cdot 22$ €
$3 \cdot 73$ €

d) $2 \cdot 54$ €
$6 \cdot 81$ €
$3 \cdot 92$ €

e) $7 \cdot 62$ €
$3 \cdot 94$ €
$5 \cdot 66$ €

3 Frau Behl kauft für ihr Büro 4 neue Lampen. Eine Lampe kostet 34 €.
Wie viel Euro zahlt Frau Behl?

4 Wie viel Euro kostet es?

a) 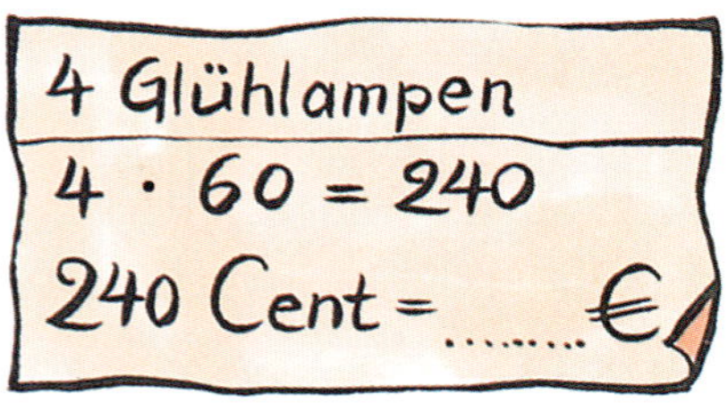

b) 

c) 

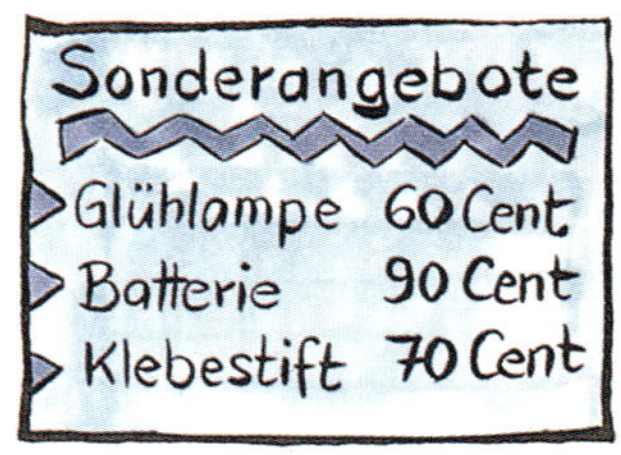

5 Gib das Ergebnis in Euro an.

a) $5 \cdot 80$ Cent
$7 \cdot 30$ Cent
$6 \cdot 50$ Cent

b) $8 \cdot 40$ Cent
$3 \cdot 70$ Cent
$9 \cdot 20$ Cent

c) $7 \cdot 80$ Cent
$3 \cdot 40$ Cent
$2 \cdot 70$ Cent

d) $4 \cdot 70$ Cent
$9 \cdot 90$ Cent
$5 \cdot 60$ Cent

e) $5 \cdot 20$ Cent
$6 \cdot 80$ Cent
$3 \cdot 90$ Cent

6

Dividieren

1

2

a) 42 € : 7
45 € : 9
36 € : 4
18 € : 2

b) 64 € : 8
27 € : 3
28 € : 7
36 € : 6

c) 54 € : 6
81 € : 9
35 € : 5
72 € : 8

d) 25 € : 5
24 € : 4
18 € : 3
42 € : 7

3

a) 63 € : 7
630 € : 7

b) 12 € : 3
120 € : 3

c) 15 € : 5
150 € : 5

d) 56 € : 8
560 € : 8

4 Herr Wilde kauft 5 Eierlöffel für 45 Cent. Wie viel kostet ein Eierlöffel?

5

a) 18 Cent : 6
180 Cent : 6

b) 27 Cent : 3
270 Cent : 3

c) 12 Cent : 3
120 Cent : 3

d) 16 Cent : 4
160 Cent : 4

6 Wie viel Euro kostet ein Stück?

7 Wandle zuerst um in Cent. Gib das Ergebnis auch in Euro an.

a) 2,10 € : 3
2,40 € : 8
3,50 € : 7
6,30 € : 9

b) 6,40 € : 8
2,70 € : 3
3,60 € : 4
4,90 € : 7

c) 1,00 € : 5
7,20 € : 9
8,10 € : 9
1,50 € : 3

d) 0,80 € : 4
0,60 € : 2
0,90 € : 3
0,80 € : 2

Sparen und Kaufen

219 €
195 €
89 €
185 €
1
Bett und Schreibtisch.
2
Schreibtisch und Kleiderschrank.
3
Schreibtisch und Regal.
4
Bett, Schreibtisch und Regal.
5
Bett und Regal – da bleibt noch viel übrig.
500 €
6
Ob alles zusammen weniger als 700 € kostet?
7
Der Schrank hat früher 59 € mehr gekostet.

Wiederholen und Üben

1 Wie viele 50-€-Scheine bekommst du für: 100 € 200 € 500 €

2
a) 470 € + 230 €
540 € + 420 €
360 € + 130 €

b) 320 € + 560 €
410 € + 340 €
720 € + 270 €

c) 780 € – 220 €
940 € – 710 €
850 € – 240 €

3 Schreibe mit Komma.

a) 3 € 48 Cent 4 € 72 Cent 9 € 7 Cent 20 € 80 Cent 13 € 9 Cent
b) 1 € 65 Cent 6 € 80 Cent 4 € 8 Cent 57 € 13 Cent 13 € 7 Cent

4 Ordne nach der Größe. Beginne mit dem kleinsten Geldbetrag.

a) 4 € 72 Cent
4,27 €
407 Cent

b) 5 € 38 Cent
5,83 €
580 Cent

c) 6 € 40 Cent
6,54 €
645 Cent

d) 3 € 60 Cent
3,76 €
367 Cent

5
a) 4,60 € + 2,30 €
3,10 € + 5,40 €

b) 7,20 € + 0,70 €
2,60 € + 1,10 €

c) 5,00 € – 0,70 €
8,00 € – 0,20 €

6 Rechne schriftlich.

a) 7,23 € + 1,45 €
2,77 € + 5,12 €
5,66 € + 2,29 €
4,74 € + 5,58 €

b) 6,45 € – 2,32 €
8,47 € – 3,25 €
7,65 € – 2,38 €
9,16 € – 3,69 €

c) 8,29 € + 1,04 €
7,65 € + 4,28 €
6,43 € – 1,28 €
5,63 € – 2,88 €

7
a) 4 · 20 €
6 · 30 €
5 · 40 €
8 · 70 €

b) 3 · 16 €
6 · 13 €
7 · 14 €
5 · 18 €

c) 8 · 41 €
4 · 31 €
9 · 51 €
6 · 71 €

d) 3 · 56 €
8 · 83 €
4 · 38 €
7 · 24 €

e) 9 · 28 €
6 · 74 €
7 · 59 €
4 · 67 €

8 Rechne aus und schreibe das Ergebnis in Euro.

a) 3 · 60 Cent
4 · 30 Cent

b) 5 · 70 Cent
9 · 80 Cent

c) 7 · 40 Cent
3 · 50 Cent

d) 8 · 80 Cent
6 · 30 Cent

e) 9 · 90 Cent
4 · 60 Cent

9 Wie viel kostet eine Frucht?

Zeit

1 Januar

Silke 22.1.

2 Februar

Ali 4.2.

3 März

4 April

Paula 12.4.

5 Mai

Holger 10.5.
Jörn 25.5.
Benita 31.5.

6 Juni

Sven 8.6.

7 Juli

Kerstin 1.7.
Maria 2.7.

8 August

Robert 30.8.

9 September

10 Oktober

Boris 18.10.

11 November

Ulla 24.11.

12 Dezember

Der Kalender

	Januar	Februar	März	April	Mai	Juni
Montag	4 11 18 25	1 8 15 22 29	7 14 21 28	4 11 18 25	2 9 16 23 30	6 13 20 27
Dienstag	5 12 19 26	2 9 16 23	1 8 15 22 29	5 12 19 26	3 10 17 24 31	7 14 21 28
Mittwoch	6 13 20 27	3 10 17 24	2 9 16 23 30	6 13 20 27	4 11 18 25	1 8 15 22 29
Donnerstag	7 14 21 28	4 11 18 25	3 10 17 24 31	7 14 21 28	5 12 19 26	2 9 16 23 30
Freitag	1 8 15 22 29	5 12 19 26	4 11 18 25	1 8 15 22 29	6 13 20 27	3 10 17 24
Samstag	2 9 16 23 30	6 13 20 27	5 12 19 26	2 9 16 23 30	7 14 21 28	4 11 18 25
Sonntag	3 10 17 24 31	7 14 21 28	6 13 20 27	3 10 17 24	1 8 15 22 29	5 12 19 26

1 Wie viel Tage hat ein Jahr?
Im Kalender oben hat das Jahr einen Tag mehr.
Wie heißt ein solches Jahr?

2 a) Wie viel Tage hat der Januar, wie viel Tage hat der August?
b) Wie heißt der kürzeste Monat?

3 Wie heißt der 3. Monat im Jahr, wie heißt der 7. Monat?

4 Gib jedes Datum in Kurzform an.
a) 2. November 3. April 22. Januar
b) 24. Dezember 27. Februar 1. Mai

5 Schreibe den Monat aus.
25. 1. 30. 4. 11. 6. 27. 9. 11. 11.

6 a) Wie heißen die vier Jahreszeiten?
b) Zu welcher Jahreszeit gehört der August, zu welcher der Oktober?

Juli	August	September	Oktober	November	Dezember	
4 11 18 25	1 8 15 22 29	5 12 19 26	3 10 17 24 31	7 14 21 28	5 12 19 26	Montag
5 12 19 26	2 9 16 23 30	6 13 20 27	4 11 18 25	1 8 15 22 29	6 13 20 27	Dienstag
6 13 20 27	3 10 17 24 31	7 14 21 28	5 12 19 26	2 9 16 23 30	7 14 21 28	Mittwoch
7 14 21 28	4 11 18 25	1 8 15 22 29	6 13 20 27	3 10 17 24	1 8 15 22 29	Donnerstag
1 8 15 22 29	5 12 19 26	2 9 16 23 30	7 14 21 28	4 11 18 25	2 9 16 23 30	Freitag
2 9 16 23 30	6 13 20 27	3 10 17 24	1 8 15 22 29	5 12 19 26	3 10 17 24 31	Samstag
3 10 17 24 31	7 14 21 28	4 11 18 25	2 9 16 23 30	6 13 20 27	4 11 18 25	Sonntag

1 Jahr = 12 Monate **1 Woche = 7 Tage**

1 Frank liegt seit genau einer Woche im Krankenhaus.

a) Wann hat Frank sich das Bein gebrochen?

b) In 2 Wochen kommt Frank aus dem Krankenhaus. Welches Datum ist dann?

c) In 3 Wochen gibt es Sommerferien. Wie viele Tage sind es noch bis dahin? Welches Datum ist dann?

2 Wie viel Wochen sind: 7 Tage 14 Tage 28 Tage 35 Tage

3 Wie viel Tage sind es?

2 Wochen = 14 Tage
2 Wochen 3 Tage = 17 Tage

a) 2 Wochen
3 Wochen

b) 7 Wochen
4 Wochen

c) 4 Wochen 2 Tage

4 Wie viel Wochen und Tage sind es?

7 Tage = 1 Woche
19 Tage = 2 Wochen 5 Tage

a) 7 Tage
14 Tage

b) 9 Tage
10 Tage

c) 36 Tage

d) 32 Tage

5 Wie viel Monate sind: 1 Jahr 2 Jahre 4 Jahre 5 Jahre

6 a) 12 Monate = ☐ Jahr
36 Monate = ☐ Jahre

b) 14 Monate = ☐ Jahr ☐ Monate
27 Monate = ☐ Jahre ☐ Monate

Die Uhr

1 Immer zwei Uhren zeigen dieselbe Uhrzeit. Ordne zu.

(a) (b) (c) (d) (e) (f)

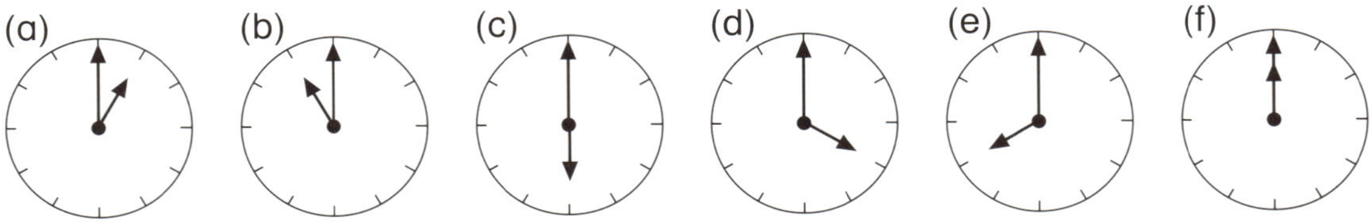

(1)	(2)	(3)	(4)	(5)	(6)
06:00	04:00	12:00	08:00	01:00	11:00

2 Ordne die Uhrzeiten zu.

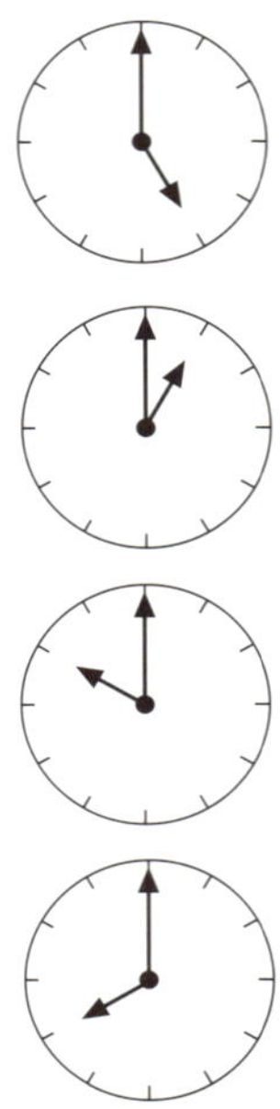

1 Nadja möchte die Sendung *Abenteuer Wildnis* sehen.
Wie lange muß sie noch warten?

2 Erkläre.

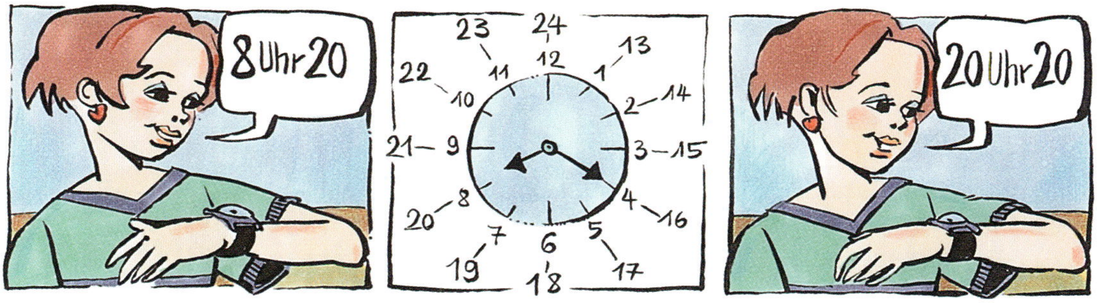

1 Tag = 24 Stunden

3 Schreibe immer zwei Uhrzeiten auf.

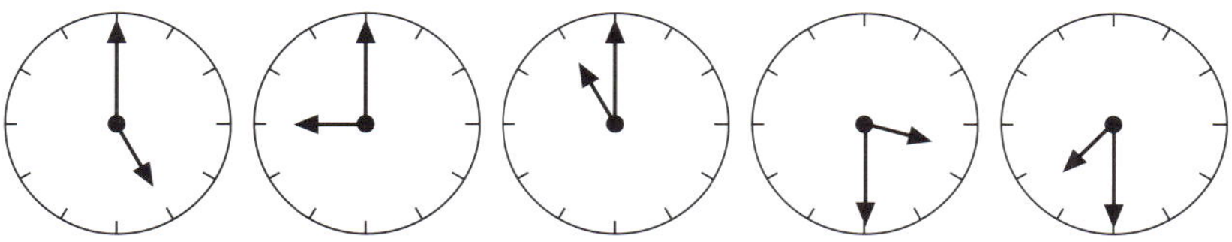

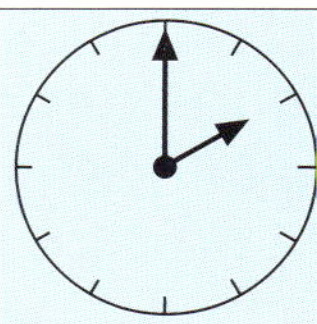

2 Uhr
14 Uhr

4 Stelle die Uhrzeiten auf der Zeigeruhr ein.

08:00	14:30	07:00	20:15	09:30	18:30

5 Stelle die Uhrzeiten der Fernsehsendungen auf der Zeigeruhr ein.

Stunde, Minute, Sekunde

1 Wie viel Minuten war Melanie im Schwimmbad?

Eine Stunde hat 60 Minuten. **1 h = 60 min**

2 Wie lange braucht der große Zeiger der Uhr für einen ganzen Umlauf?

3 Wandle um in Minuten: 1 h 2 h 4 h 5 h 10 h

4 Wie viel Stunden sind: 60 min 180 min 360 min 120 min

5 Wie viel Minuten sind vergangen?

6 Wenn man Zeiten ganz genau angeben will, verwendet man Uhren mit Sekundenanzeige. Wo hast du solche Uhren schon gesehen?

Eine Minute hat 60 Sekunden.
1 min = 60 s

7 a) Wandle um in Sekunden: 2 min 5 min 9 min 10 min
b) Wandle um in Minuten: 60 s 120 s 180 s 240 s

Zeitpunkte und Zeitspannen

1

a) Wann begann die Wanderung?
b) Wohin gehen die Wanderer wohl?

2 a) Wer ist am längsten unterwegs? Ordne nach der Dauer des Schulwegs.
b) Wann kommen die Kinder in der Schule an?

3 a) Um wie viel Uhr beginnt für dich die Schule?
b) Wann gehst du morgens aus dem Haus?
c) Wie lange dauert dein Schulweg?

4 Wann kommt der Bus an?

Abfahrt	9.00 Uhr	10.10 Uhr	11.15 Uhr	17.45 Uhr
Fahrzeit	40 min	20 min	30 min	30 min

5 a) 40 min + ▢ min = 1 h
10 min + ▢ min = 1 h

b) 35 min + ▢ min = 1 h
15 min + ▢ min = 1 h

6 Katrin fährt mit dem Bus zur Schule. Ihr Schulweg dauert 50 Minuten.
Sie sagt „Ich bin fast eine Stunde unterwegs."
Stimmt das?

Wandertag

1 Die Klasse 6 plant einen Ausflug zur Burg Löwenstein.

Zeitplan	
Treffen vor der Schule	8.00 Uhr
Abfahrt mit dem Bus	8.15 Uhr
Ankunft bei der Mühle	9.00 Uhr
Ankunft am Bärenturm	11.30 Uhr
Ankunft auf der Burg	12.15 Uhr
Beginn des Rückwegs von der Burg	13.30 Uhr
Ankunft am Bus	16.30 Uhr
Ankunft an der Schule	17.15 Uhr

Fahrzeit bis zur Mühle	□ min
Von der Mühle bis zum Bärenturm	□ h □ min
Vom Bärenturm bis zur Burg	□ min
Aufenthalt auf der Burg	□ h □ min
Rückweg bis zum Bus	□ h

a) Wie lange soll der Ausflug dauern?

b) Berechne die fehlenden Zeiten.

2 Nach der verspäteten Ankunft bei der Mühle verschieben sich die anderen Zeiten. Schreibe den neuen Zeitplan auf.

Flüge in den Weltraum

1961
Der russische Kosmonaut Jurij Gagarin fliegt als erster Mensch in's All.
Der Flug dauerte 1 h 48 min.

16.7.1969
Start der amerikanischen Apollo 11 mit einer Mondlandefähre an Bord, vier Tage später Landung auf dem Mond.

21.7.1969 um 3.56 Uhr betritt Neill Armstrong als erster Mensch den Mond. Er beendet den Spaziergang um 6.45 Uhr.

1 a) Wie viel Jahre vor deiner Geburt gelangte erstmals ein Mensch in das Weltall?

b) Wie viel Jahre sind seit damals vergangen?

2 Wie viel Minuten dauerte der Flug Jurij Gagarins?

3 Wie lange dauerte es vom Flug Jurij Gagarins bis zum ersten Mondspaziergang?

4 Übertrage die Tabelle zum Flug von Apollo 11 in dein Heft.
Ergänze die fehlenden Angaben.

Starttag:		
Tag der Landung:		
Beginn des Mondspaziergangs:		___ Uhr
Ende des Mondspaziergangs:		___ Uhr
Dauer des Spaziergangs:	___ h	___ min

Wiederholen und Üben

1 Stefanie ist 11 Jahre und 9 Monate alt.
Ihre Freundin Sandra ist ein halbes Jahr älter.
Wie viele Jahre und Monate ist Sandra alt?

2 a) 24 Monate = □ Jahre
36 Monate = □ Jahre

b) 60 Monate = □ Jahre
72 Monate = □ Jahre

3 Wie viel Tage sind: 2 Wochen 4 Wochen 6 Wochen 3 Wochen

4 a) 21 Tage = □ Wochen
35 Tage = □ Wochen

b) 20 Tage = □ Wochen □ Tage
50 Tage = □ Wochen □ Tage

5 Schreibe immer zwei Uhrzeiten auf.

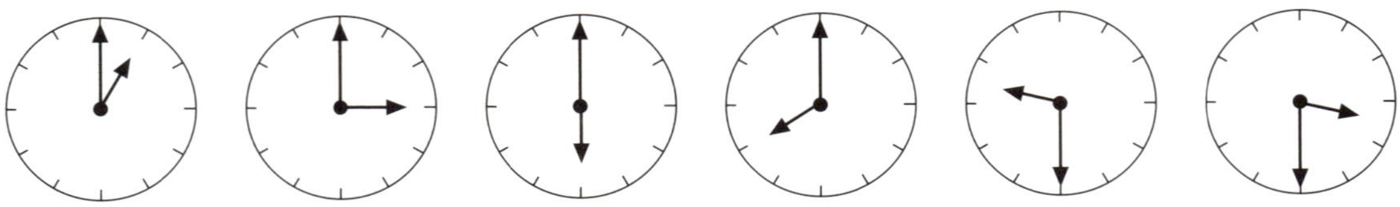

6

7 Die Übertragung des Bundesligaspiels beginnt um 17 Uhr 30.
Lukas schaut um 17 Uhr 10 auf die Uhr.
Wie lange dauert es noch, bis das Spiel beginnt?

8 Wann kommt der Zug an?

Abfahrt	7.00 Uhr	8.30 Uhr	9.10 Uhr	17.20 Uhr	19.15 Uhr
Fahrzeit	40 min	20 min	50 min	18 min	40 min
Ankunft					

9 a) 30 min + □ min = 1 h
45 min + □ min = 1 h

b) 20 min + □ min = 1 h
25 min + □ min = 1 h

Alles paletti

1 Schreibe untereinander und berechne.

a)	b)	c)	d)	e)
245 + 607	460 + 342	604 – 145	457 – 208	564 + 297
851 + 79	763 + 109	780 – 345	503 – 234	609 + 105
405 + 447	387 + 503	950 – 670	324 – 68	751 – 358
390 + 237	77 + 458	487 – 96	742 – 666	815 – 458

2 Ergänze bis 1000: 600 100 850 900 410 780 530

3 Runde auf Hunderter: 161 724 583 337 609 898

4 Wandle um:

a) 3 Wochen = □ Tage
2 Wochen = □ Tage
4 Wochen = □ Tage
6 Wochen = □ Tage

b) 35 Tage = □ Wochen
28 Tage = □ Wochen
7 Tage = □ Woche
14 Tage = □ Wochen

c) 2 Wochen 2 Tage = □ Tage
1 Woche 5 Tage = □ Tage
3 Wochen 4 Tage = □ Tage
4 Wochen 1 Tag = □ Tage

d) 16 Tage = □ Wochen □ Tage
25 Tage = □ Wochen □ Tage
27 Tage = □ Wochen □ Tage
30 Tage = □ Wochen □ Tage

5 Wandle um:

a) 2 h = □ min
5 h = □ min
3 h = □ min
6 h = □ min

b) 180 min = □ h
240 min = □ h
60 min = □ h
300 min = □ h

c) 3 h 10 min = □ min
1 h 25 min = □ min
2 h 30 min = □ min
5 h 5 min = □ min

6 Sabine geht mit ihren Freunden ins Kino. Eine Kinokarte kostet 6 €.

a) Wie viel € kosten die Karten zusammen?

b) Sabine bezahlt an der Kasse mit einem 50-€-Schein. Wie viel Geld bekommt Sabine zurück?

7 Wandle um:

a) 6 m = □ cm
4 m = □ cm
9 m = □ cm
7 m = □ cm

b) 300 cm = □ m
800 cm = □ m
200 cm = □ m
500 cm = □ m

c) 1,60 m = □ cm
3,75 m = □ cm
5,03 m = □ cm
2,28 m = □ cm

d) 250 cm = □ m
370 cm = □ m
195 cm = □ m
408 cm = □ m

Alles paletti

1

a) 5 · 60	b) 7 · 40	c) 3 · 30	d) 20 · 6	e) 50 · 5	f) 40 · 3
4 · 20	3 · 70	6 · 50	70 · 2	40 · 8	90 · 9
3 · 80	2 · 90	1 · 70	90 · 8	80 · 9	70 · 5
2 · 60	6 · 80	4 · 40	30 · 4	70 · 7	90 · 6

2

a) 90 : 3	b) 120 : 3	c) 240 : 6	d) 160 : 8	e) 360 : 6	f) 250 : 5
60 : 2	150 : 5	300 : 5	270 : 9	400 : 8	560 : 8
80 : 4	180 : 6	360 : 4	150 : 3	120 : 4	240 : 3
60 : 3	140 : 7	180 : 9	420 : 6	140 : 2	490 : 7

3 Schreibe mit Komma als €.

a) 2 € 35 Cent	b) 3 € 48 Cent	c) 478 Cent	d) 386 Cent	e) 934 Cent
7 € 10 Cent	1 € 1 Cent	164 Cent	90 Cent	25 Cent
9 € 79 Cent	5 € 50 Cent	450 Cent	600 Cent	204 Cent
8 € 51 Cent	6 € 66 Cent	290 Cent	805 Cent	70 Cent

4

a) 69 · 6	b) 78 · 5	c) 44 · 8	d) 125 · 3	e) 263 · 2	f) 447 · 2
57 · 3	55 · 8	29 · 6	215 · 3	142 · 4	352 · 3
82 · 4	41 · 6	74 · 5	137 · 2	131 · 5	271 · 2
99 · 2	64 · 4	69 · 7	112 · 5	271 · 3	164 · 5

5 Timo und Jan fahren die gleiche Strecke mit dem Fahrrad.
Timo braucht 1 Stunde und 35 Minuten, Jan braucht 82 Minuten.
Wer von beiden hat weniger Zeit gebraucht?

6

a) 4 € + □ € = 10 €	b) 25 € + □ € = 50 €	c) 9,50 € + □ € = 10 €
2 € + □ € = 10 €	38 € + □ € = 50 €	7,50 € + □ € = 10 €
3 € + □ € = 10 €	74 € + □ € = 100 €	49,50 € + □ € = 50 €
5 € + □ € = 5 €	62 € + □ € = 100 €	43,70 € + □ € = 50 €

7 Berechne und schreibe in Euro.

a) 3 · 50 Cent	b) 9 · 50 Cent	c) 7 · 70 Cent	d) 8 · 90 Cent
5 · 80 Cent	7 · 40 Cent	2 · 50 Cent	6 · 50 Cent
4 · 60 Cent	2 · 90 Cent	3 · 80 Cent	3 · 90 Cent
8 · 20 Cent	6 · 30 Cent	9 · 70 Cent	5 · 50 Cent

8 Wandle zuerst um in Cent. Gib das Ergebnis auch in € an.

a) 1,50 € : 3	b) 2,50 € : 5	c) 2,40 € : 4	d) 3,60 € : 6
1,20 € : 4	1,60 € : 2	3,00 € : 5	1,40 € : 2
1,80 € : 2	1,50 € : 5	4,50 € : 9	2,80 € : 7
1,60 € : 4	1,80 € : 9	7,20 € : 8	3,50 € : 5

Alles paletti

1 Zeichne das Muster in dein Heft und setze es fort.

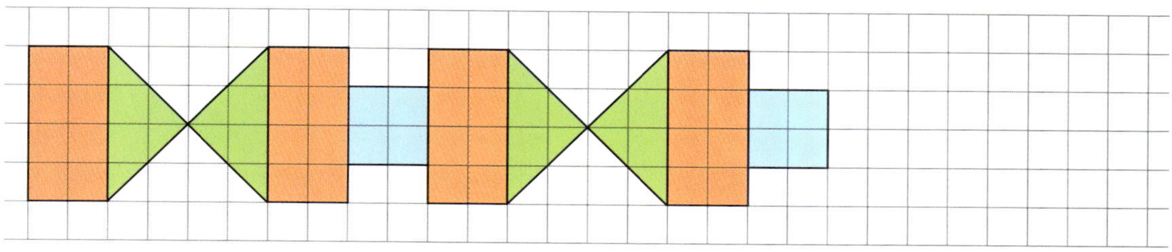

2 Zeichne Rechtecke und Quadrate.

a) a = 4 cm b = 3 cm	b) a = 5 cm b = 2 cm	c) a = 6,5 cm b = 4,5 cm	d) a = 75 mm b = 38 mm
e) a = 6 cm	f) a = 7 cm	g) a = 7,5 cm	h) a = 42 mm

3 Übertrage die Punkte in dein Heft.
Verbinde sie zu einer Figur.
Welche Linien sind parallel?
Zeichne parallele Linien in derselben Farbe.

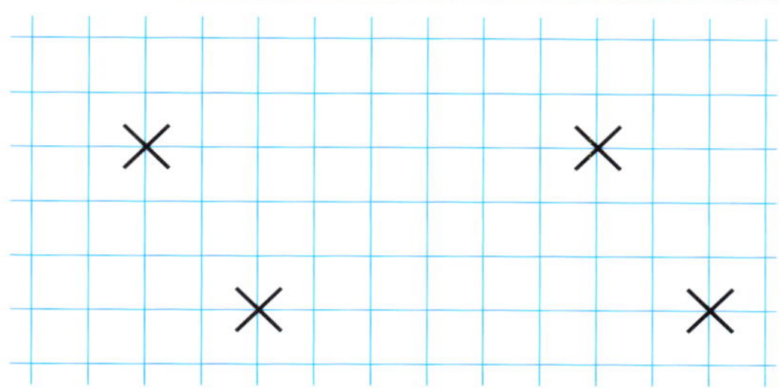

4 Übertrage die Figuren in dein Heft und zeichne sie zu Ende.
Beachte die Spiegelachsen.

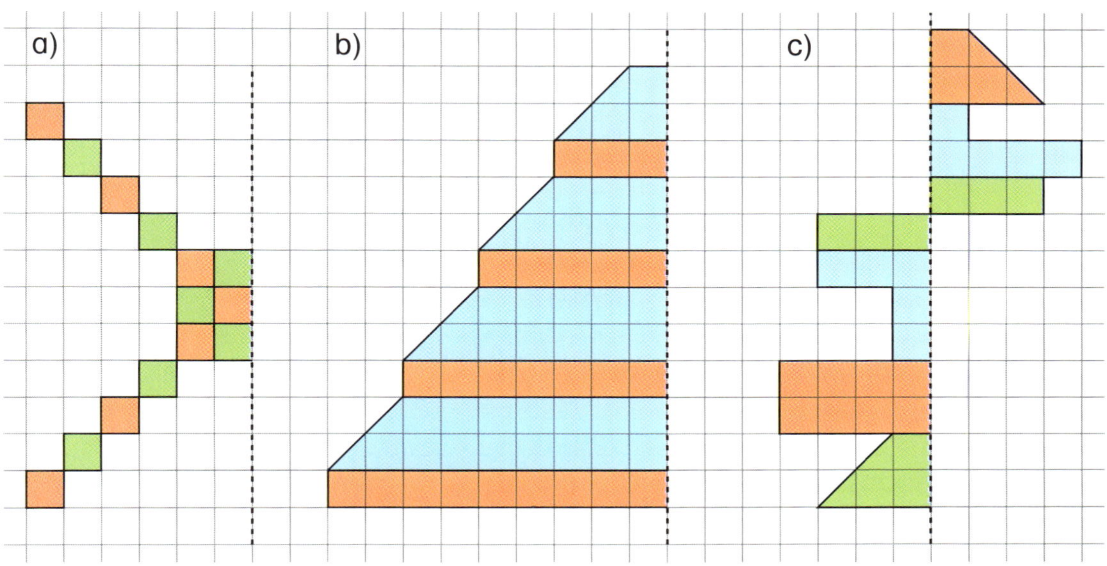

Alles paletti

1 Schreibe immer zwei Uhrzeiten auf.

a) b) c) d) e)

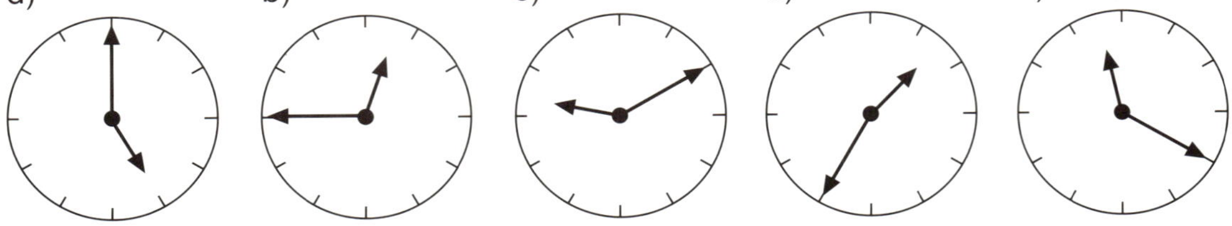

2 Lea möchte ihre Tante vom Bahnhof abholen. Der Zug kommt um 11.50 Uhr an.
Wie lange muss Lea noch warten?

3 a) Wo kauft Klaus am günstigsten ein?
b) Wie viel € beträgt der Unterschied?

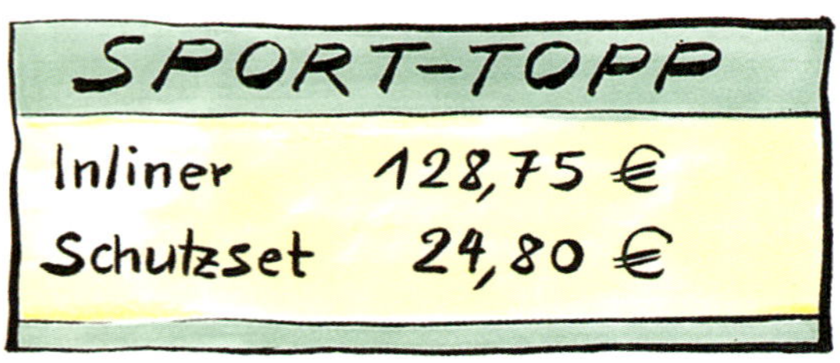

4

a) 7,56 € + 1,55 €
3,08 € + 6,78 €
4,95 € + 4,25 €
1,88 € + 0,69 €

b) 36,75 € + 42,57 €
54,05 € + 27,43 €
49,33 € + 10,50 €
70,42 € + 18,04 €

c) 24,38 € + 17,57 €
33,65 € + 29,39 €
44,76 € + 16,38 €
50,72 € + 31,09 €

d) 24,68 € – 12,52 €
36,74 € – 24,53 €
88,77 € – 53,64 €
61,56 € – 40,42 €

e) 10,67 € – 3,25 €
24,52 € – 12,59 €
48,04 € – 31,67 €
72,50 € – 23,10 €

f) 79,06 € – 38,54 €
51,87 € – 10,99 €
43,21 € – 35,75 €
93,45 € – 27,08 €

5

Duisburg Hbf	Köln Hbf
ab 10.15	
ab 10.31	
ab 11.08	

Die Züge brauchen 35 Minuten bis nach Köln.
Um wie viel Uhr kommen die Züge an?

Zahlen bis 10 000

Große Zahlen darstellen

1 Ordne den Bildern zu:
Einer **(E)**; Zehner **(Z)**; Hunderter **(H)**; Tausender **(T)**; Zehntausender **(ZT)**

a) 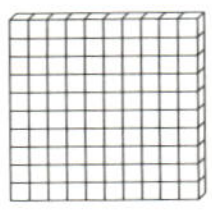

b) 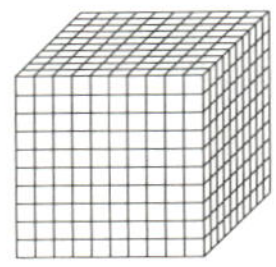

c) 

d) 

e) 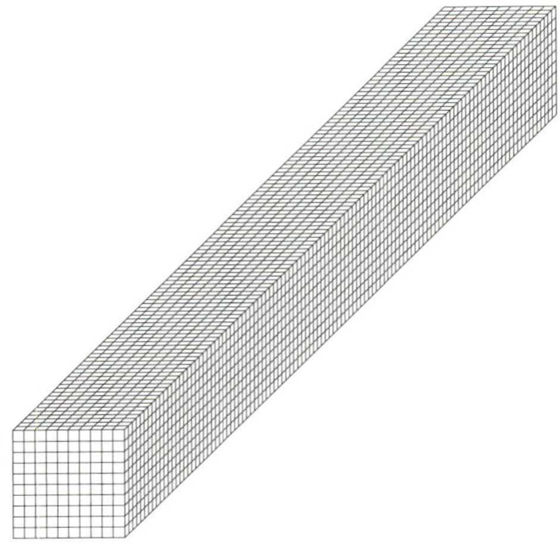

2 Lege mit Rechenblöcken.

Wie viele Einer passen in einen Zehner? 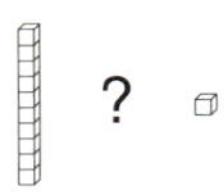 1 Z = ☐ E	Wie viele Zehner passen in einen Hunderter? 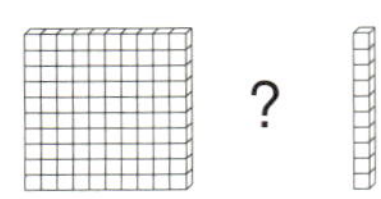 1 H = ☐ Z
Wie viele Hunderter passen in einen Tausender? 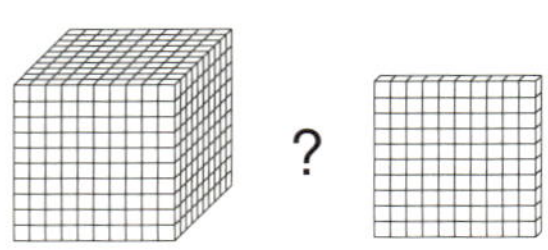 1 T = ☐ H	Wie viele Tausender passen in einen Zehntausender? 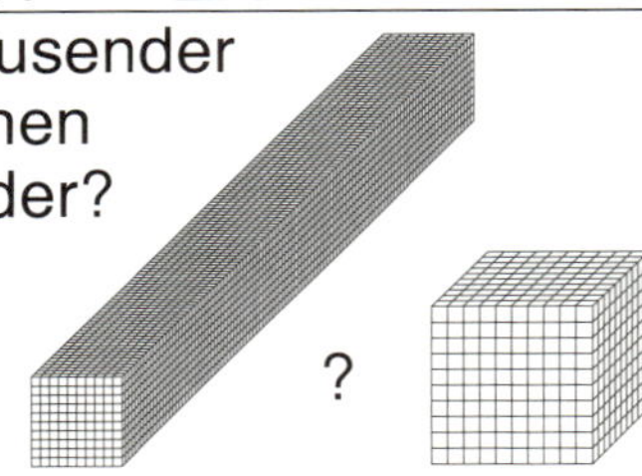 1 ZT = ☐ T

Zehntausender	**Tausender**	**Hunderter**	**Zehner**	**Einer**

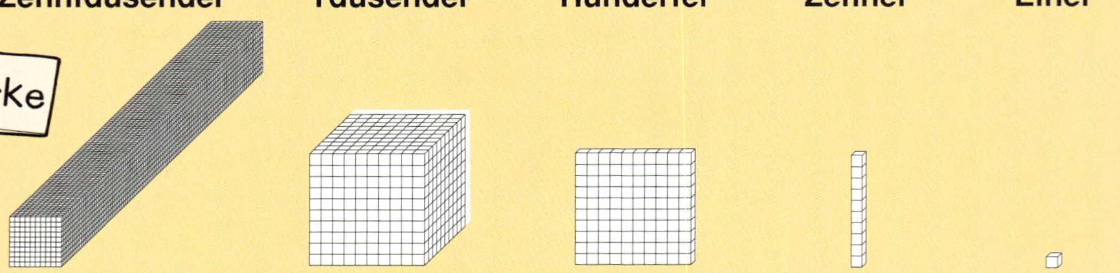

1 ZT	**= 10 T**	**= 100 H**	**= 1000 Z**	**= 10 000 E**

1 Wie heißen die Zahlen?
Schreibe die Zahlen wie im Beispiel.

a) 3T 4H 3Z 6E = 3 436

a)
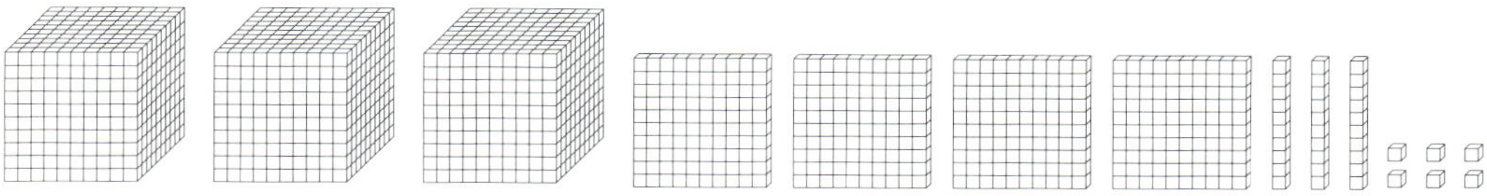

b)
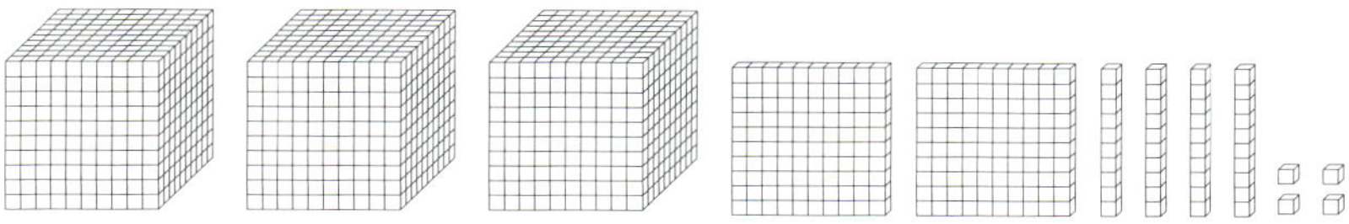

c)
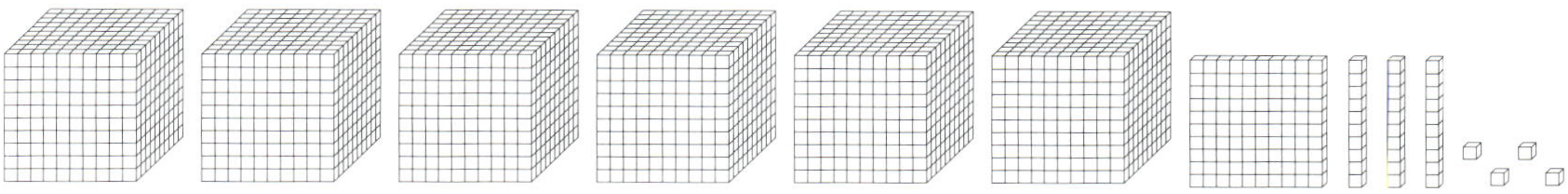

d)
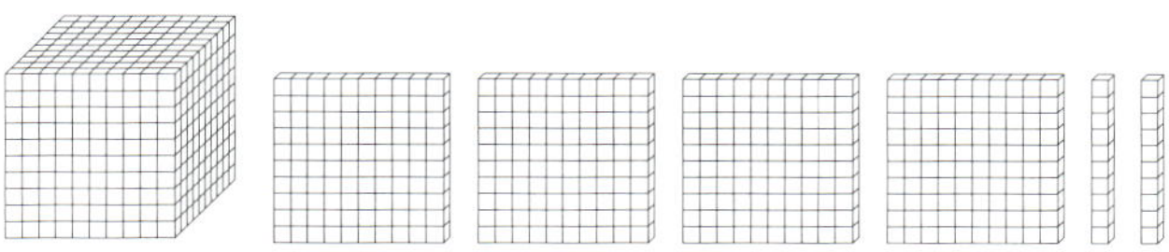

e)
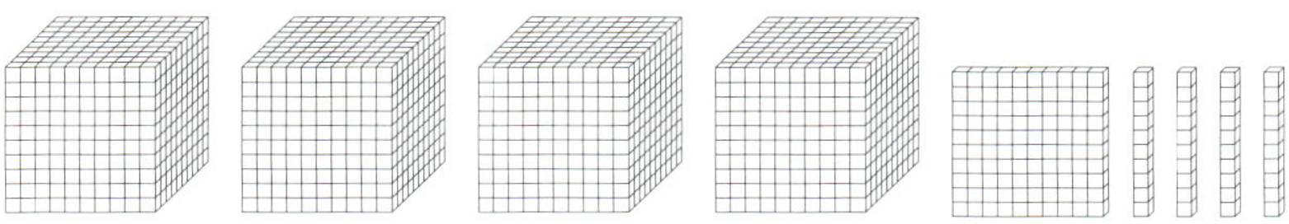

2 Lege die Zahlen mit Rechenblöcken.
Zeichne und schreibe sie danach in dein Heft wie im Beispiel.

a)
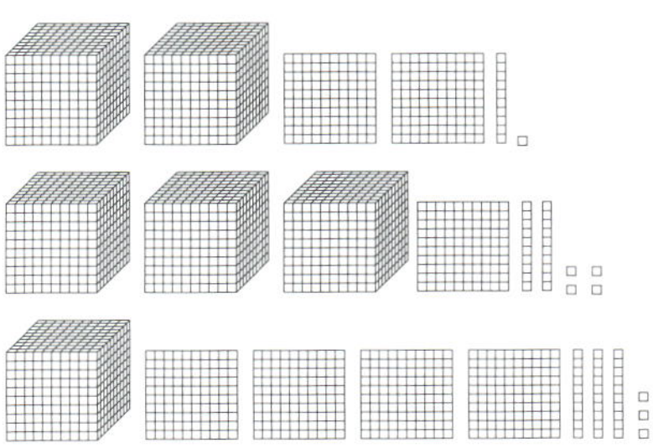

b)
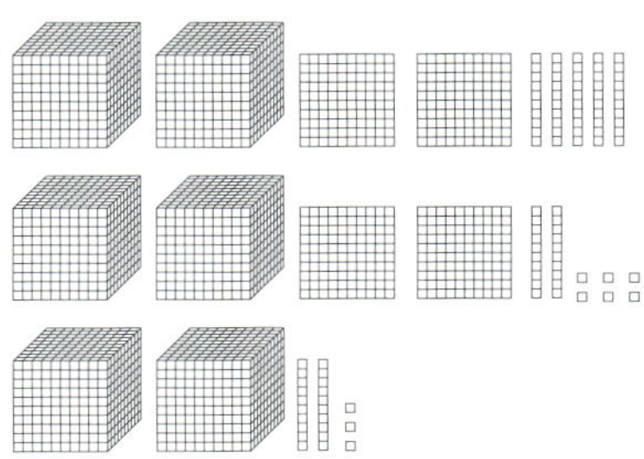

c)
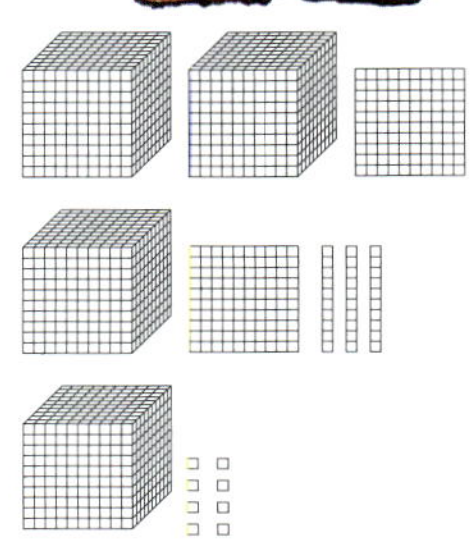

3 Lege die Zahlen mit Rechenblöcken.
Schreibe die Zahlen danach wie in Aufgabe 1 in dein Heft.

a) 2 300	b) 4 800	c) 7 000	d) 7 280	e) 3 200
5 400	4 300	1 060	5 600	4 700
510	602	3 040	5 000	2 417

Mathewerkstatt: Zahlenstreifen

1 Mit Zahlenstreifen kannst du große Zahlen lesen und in Tausender, Hunderter, Zehner und Einer unterteilen. So erhältst du die Streifen:

Schneide Streifen von einem Blatt Papier ab.

Falte die Streifen dreimal nacheinander in der Mitte.

Falte wieder auf. Du erhältst eine Einteilung in 8 Teile.

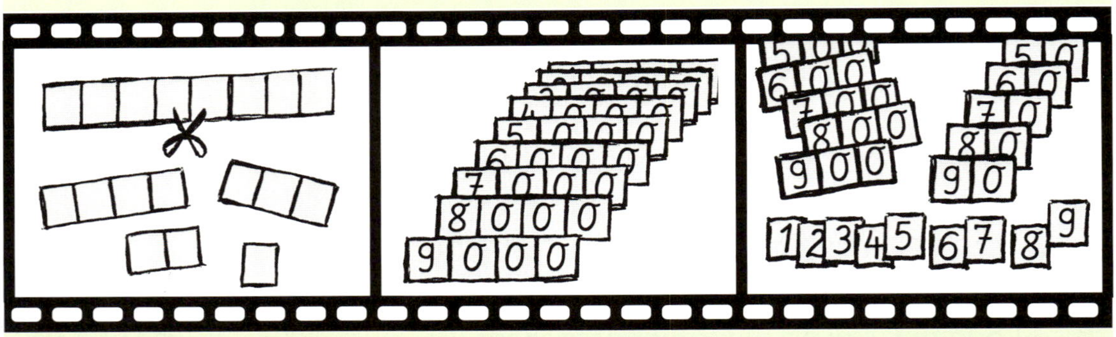

Schneide Streifen für die Tausender, Hunderter, Zehner, Einer ab, von jeder Sorte 9.

Schreibe auf die 9 Tausenderstreifen alle Tausender.

Verfahre entsprechend mit den Hundertern, Zehnern und Einern.

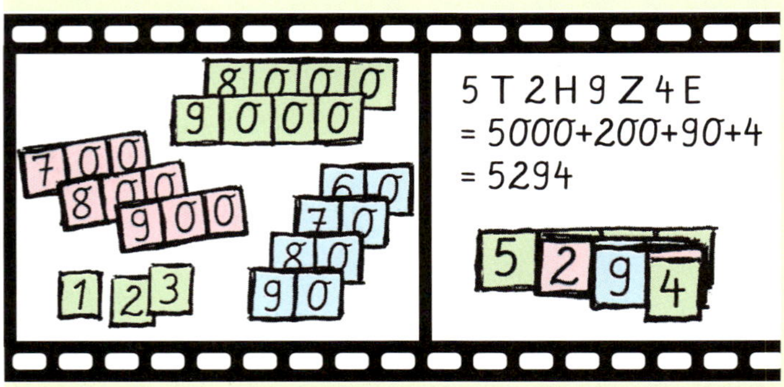

Färbe die Streifen: Tausender grün, Hunderter blau, Zehner rot, Einer grün.

Jetzt kannst du jede Zahl legen.

2 Zerlege die Zahlen in Tausender, Hunderter, Zehner und Einer.

a)	b)	c)	d)
7416	8192	9751	4020
4252	2790	4519	9007
3618	1327	2149	8280

Stellenwerttafel

1 Trage in eine Stellenwerttafel ein.

T	H	Z	E	Zahl
5	4	1	3	5413
7	8	9	0	7890

a) 5T 4H 1Z 3E
8T 7H 4Z 6E
2T 6H 1Z 5E

b) 5T 9H 2Z 1E
4T 1H 8Z 3E
1T 3H 3Z 4E

c) 7T 8H 9Z
1T 4H 1Z
4T 1H 1Z

d) 2T 3H 5E
7T 9H 8E
9T 9H 1E

e) 2T 4Z 1E
3T 5H 2E
9T 1H 6Z

f) 4T 3H 7Z
8T 6Z 2E
5H 9Z 1E

2 Lies die Zahlen laut vor. Trage sie dann in eine Stellenwerttafel ein.

a) 2724
6120
1704

b) 5917
9091
3512

c) 8010
956
1024

d) 4015
3561
616

e) 7707
2006
9020

3 **Zahlen aus dem Koffer**
Bilde mindestens sechs verschiedene Zahlen.
Trage sie in eine Stellenwerttafel ein.

a)

b)

	Zahl	T	H	Z	E
a)	3164	3	1	6	4

Zahlen vergleichen und ordnen

1

Sandra hilft mit den Rechenblöcken beim Vergleichen der Zahlen.

2 Schreibe die Zahlen und setze ein: > (größer); < (kleiner); = (gleich)

a) 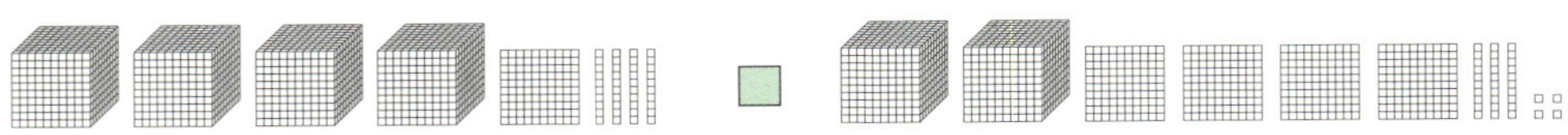

b) 

c) 

d) 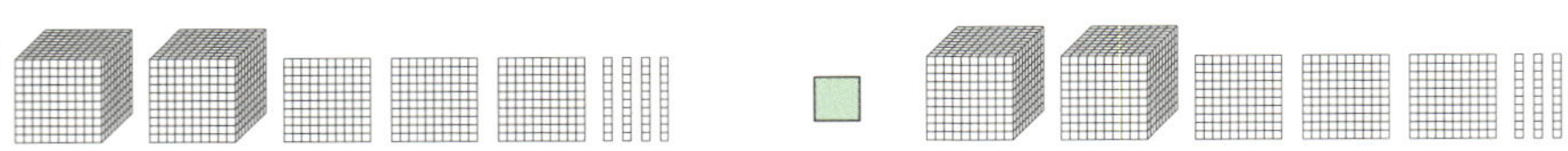

3 Setze ein: > (größer); < (kleiner); = (gleich)

a)	b)	c)	d)
4 990 ☐ 7 110	2 580 ☐ 1 638	3 174 ☐ 2 947	3 240 ☐ 3 204
4 091 ☐ 3 985	4 182 ☐ 4 182	2 466 ☐ 2 456	1 968 ☐ 1 970
7 200 ☐ 6 896	3 750 ☐ 3 590	5 214 ☐ 5 451	1 450 ☐ 1 045
3 949 ☐ 4 171	1 111 ☐ 999	6 912 ☐ 6 920	4 030 ☐ 4 028

4 Vergleiche immer 2 Zahlen.
Setze ein: > (größer); < (kleiner); = (gleich)

a) 3 250 ☐ 1 523
1 523 ☐ 2 503
3 250 ☐ 2 503

a) 3 250, 2 503, 1 523

b) 2 776, 6 727, 7 266

c) 4 253, 5 243, 3 542

1 Ordne die Zahlen nach der Größe.
Beginne mit der größten Zahl.

a)

T	H	Z	E
4	1	0	6
1	4	0	6
4	1	6	0

b)

T	H	Z	E
4	0	3	3
4	3	0	0
3	4	3	3

c)

T	H	Z	E
7	5	6	9
6	1	9	9
6	9	5	7

T	H	Z	E
3	1	4	0
2	2	3	0
3	2	3	0

3 230 > 3 140 > 2 230

2 Ordne die Zahlen nach der Größe. Beginne mit der kleinsten Zahl.

a) 3 796, 2 970, 3 510

b) 2 299, 1 983, 2 311

c) 6 254, 6 340, 5 967

d) 2 801, 2 190, 2 900

e) 7 199, 5 711, 5 070

3 Ordne nach der Größe. Beginne mit der größten Zahl.

4 **Große Zahl gewinnt.**

- Würfelt abwechselnd mit einem Würfel.
- Jeder trägt nach seinem Wurf die Augenzahl in seine Stellenwerttafel ein.
- Wer nach vier Würfen die größte Zahl hat, ist Sieger und erhält einen Punkt.

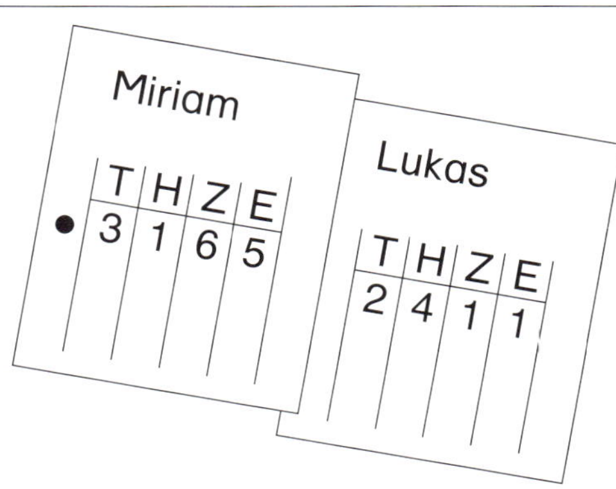

5 Spielt auch **Kleine Zahl gewinnt:**
Wer nach 4 Würfen die kleinste Zahl hat, ist Sieger.

Übungen am Zahlenstrahl

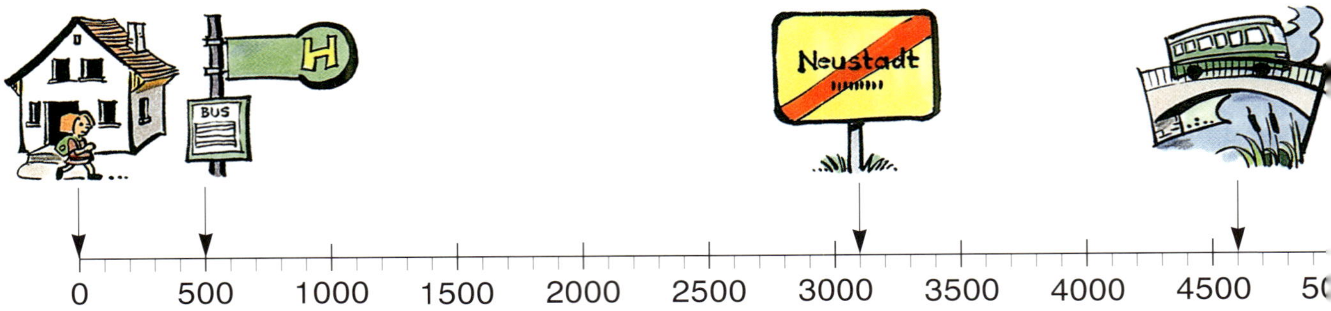

1 Beschreibe Petras Schulweg.

2 Zeige auf Petras Schulweg folgende Stellen.

a) 2 000, 4 000, 6 000, 8 000, 10 000

b) 1 500, 5 500, 7 500, 8 200, 8 600

c) 6 300, 3 700, 9 900, 2 600, 700

d) 6 400, 1 200, 1 800, 7 600, 4 300

3 Wie heißen die Zahlen bei den Fahnen?

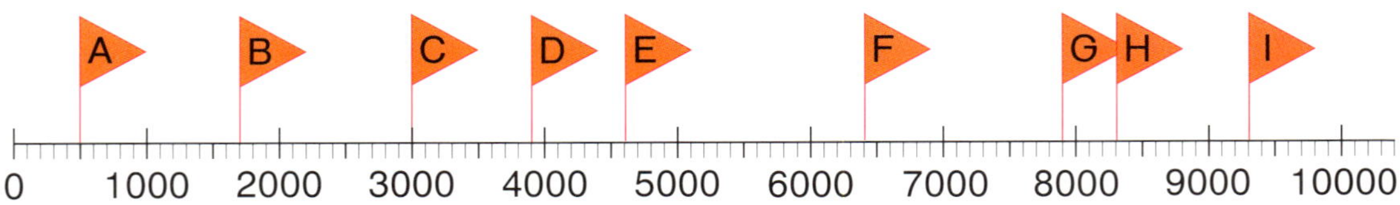

4 Schreibe zu jeder Zahl die Nachbartausender auf.

2 000 | 2 200 | 3 000

a) 2 200, 4 600, 3 700, 8 100, 4 800, 5 900

b) 5 910, 1 799, 3 142, 4 071, 2 815, 3 450

5 Wie heißen die Zahlen bei den Fahnen?
Zwischen welchen Hundertern liegen sie?

5 100 | 5 180 | 5 200

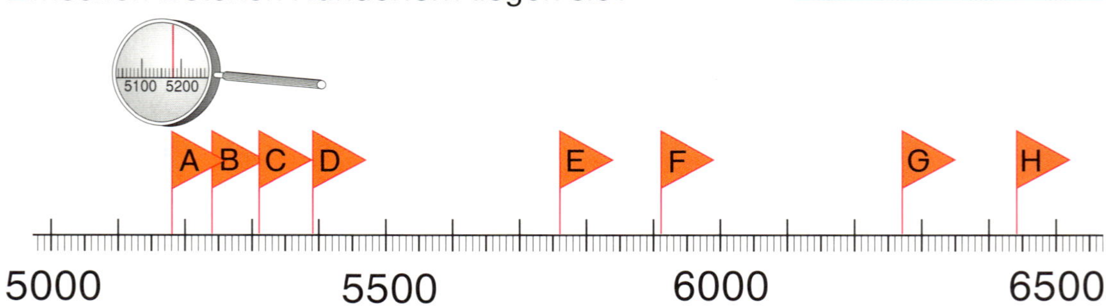

6 Schreibe zu jeder Zahl die Nachbarhunderter auf.

a) 5 160, 5 380, 5 770, 6 010, 7 330, 8 290, 4 340

b) 3 450, 2 831, 1 599, 3 990, 4 610, 7 580, 2 145

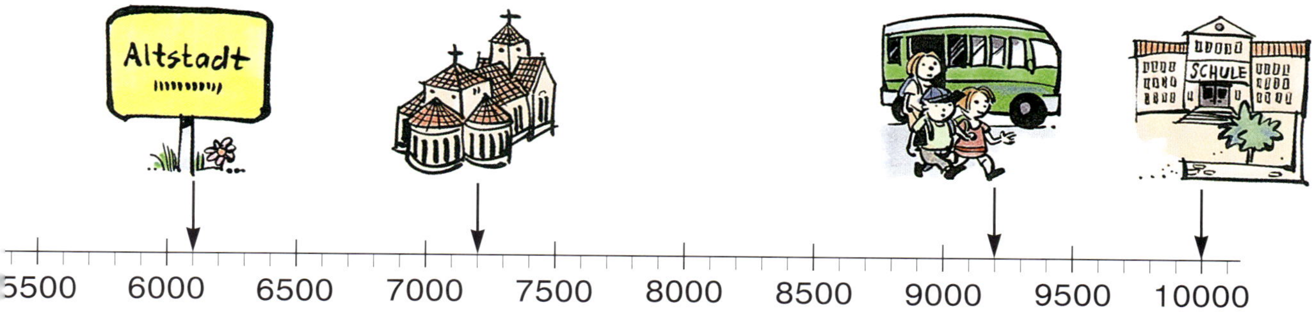

1 Vervollständige die Zahlenreihen.

a)	5400	5500								6300
b)	2700	2800								3600
c)	8500	8400								7600
d)	10000	9900								9100
e)					6600	6700				7100

2 Ergänze die fehlenden Zahlen der Reihen.

a) 2 400 2 500 □ □ □ □ 3 000
3 450 3 550 □ □ □ □ 4 050
1 600 1 800 □ □ □ □ 2 800
2 900 3 100 □ □ □ □ 4 100

b) 7 100 7 110 □ □ □ □ 7 160
3 460 3 470 □ □ □ □ 3 520
1 485 1 495 □ □ □ □ 1 545
3 950 3 960 □ □ □ □ 4 010

3 Setze die Zahlenreihen fort.

a)	4 500	5 000								9 000
b)	3 250	3 300								3 700
c)	9 200	8 700								4 700
d)	7 150	7 100								6 700

4 a) 7 300 6 800 □ □ □ □ 4 300
3 150 3 100 □ □ □ □ 2 850

b) 3 510 3 610 □ □ □ □ 4 110
4 350 4 250 □ □ □ □ 3 750

5 Setze Vorgänger und Nachfolger ein.

2875	2876	2877

a) 8127, 4274, 3261, 2788, 1453, 3819
b) 2082, 3569, 8911, 4399, 2700, 9999

Zehntausenderfeld

1 Welche Zahlen haben die Mäuse gefressen?
Schreibe sie der Größe nach in dein Heft.

Runden

1 a) Welches ist die genaue Besucherzahl von Donnerstag?
b) Ist die genaue Zahl für Rundfunkhörer wichtig?
c) Welche Zahl kannst du dir besser merken:
die genaue Zahl oder die gerundete Zahl?
d) Welche Besucherzahl nennt der Kinobesitzer wohl für Freitag?
Welche Zahl nennt er für Samstag?

Merke

Runden auf Tausender: 4 328 ≈ 4 000	**7 684 ≈ 8 000**
Runden auf Hunderter: 4 328 ≈ 4 300	**7 684 ≈ 7 700**
Abrunden bei 0, 1, 2, 3, 4	**Aufrunden bei 5, 6, 7, 8, 9**

2 Runde auf Tausender.

a)	b)	c)	d)	e)
2 200	3 190	4 902	8 275	1 711
3 800	1 270	1 884	7 309	3 199
1 300	4 490	2 229	3 071	2 501
6 500	5 740	3 610	4 830	9 770

3 Der neue Kinofilm läuft auch in anderen Kinos an.
Runde die Besucherzahlen auf Hunderter.

Addieren und Subtrahieren

1

a) 700 + 200
400 + 400
900 + 300
600 + 500

b) 3 000 + 2 000
1 000 + 3 000
4 000 + 3 000
5 000 + 4 000

c) 4 000 + 200
2 000 + 700
1 000 + 500
4 000 + 400

d) 4 100 + 700
1 600 + 200
2 500 + 5 000
3 800 + 2 000

2

a) 2 100 + □ = 3 100
1 700 + □ = 4 700
3 400 + □ = 5 400
4 800 + □ = 8 800

b) 1 800 + □ = 2 000
3 700 + □ = 4 000
6 200 + □ = 7 000
2 100 + □ = 3 000

c) 1 500 + □ = 3 000
2 500 + □ = 5 000
5 000 + □ = 7 500
3 200 + □ = 4 600

3

a) 1 800 – 700
7 800 – 600
4 400 – 200
8 600 – 500

b) 3 500 – 600
5 200 – 400
6 700 – 900
2 300 – 500

c) 7 300 – 4 000
2 500 – 2 000
7 900 – 3 000
6 200 – 5 000

d) 5 000 – 2 300
3 000 – 1 800
6 000 – 2 600
8 000 – 6 700

4

a)

b)

c)

5

a) 2 300 + 40
6 500 + 80
1 400 + 70
4 800 + 10

b) 7 900 + 90
5 600 + 30
8 100 + 70
9 400 + 50

c) 4 000 – 10
5 000 – 30
8 000 – 70
9 000 – 80

d) 5 600 – 50
3 800 – 70
7 200 – 80
4 300 – 60

6

a)	3 300	+	400	2 000	60	250	1 100	700	2 200	50
b)	2 800	–	500	2 000	300	50	1 800	600	1 300	10
c)	4 600	+	40	1 400	500	1 200	800	70	2 300	1 500
d)	3 400	–	200	2 400	600	1 100	80	2 500	500	30

7

a) 9 800 – □ = 8 800
4 600 – □ = 1 600
5 100 – □ = 2 100
7 200 – □ = 4 200

b) 8 000 – □ = 7 700
4 000 – □ = 3 600
7 000 – □ = 6 400
3 000 – □ = 2 100

c) 4 300 – □ = 3 100
6 700 – □ = 5 300
4 500 – □ = 2 100
9 600 – □ = 4 500

Schriftliches Addieren

1

a) 3 570 + 1 420
1 240 + 2 310
2 420 + 1 170
1 850 + 3 140
1 040 + 1 920

b) 2 470 + 1 340
4 380 + 2 150
7 620 + 1 560
3 710 + 3 840
4 130 + 3 250

c) 2 495 + 4 360
4 249 + 3 618
1 756 + 4 631
5 372 + 2 574
6 137 + 2 415

```
  1426
+ 3835
   1 1
  ----
  5261
```

2 Bilde Additionsaufgaben.

a)

b)

c)

d)

3

a) 3 842 + 1 357
2 733 + 3 247
4 729 + 2 154
1 125 + 3 748

b) 3 277 + 149
4 235 + 2 181
648 + 9 271
5 009 + 2 774

c) 3 058 + 4 893
749 + 5 027
2 501 + 927
1 084 + 3 893

d) 3 829 + 2 319
1 993 + 1 742
2 402 + 725
2 521 + 5 277

4 Addiere 2 Zahlen. Das Ergebnis soll kleiner als 5 800 sein.
Überschlage zuerst.

a)

b)

c)

d)

5 Schreibe untereinander und addiere.

a) 1 248 + 1 429 + 3 211
3 146 + 2 633 + 2 318
4 212 + 2 815 + 758
2 194 + 451 + 297

b) 1 289 + 457 + 2 421
3 288 + 1 497 + 2 379
4 258 + 1 478 + 896
2 857 + 1 800 + 732

```
  1324
  2631
+  719
   1 1
  ----
  4674
```

6 Eine Theatergruppe hat ihr Stück mehrmals aufgeführt.
Die Einnahmen sind: 2 381 €, 2 575 €, 2 039 € und 1 863 €.
Wie hoch sind alle Einnahmen zusammen?

Schriftliches Subtrahieren

1 a) 4 590 – 1 150
3 750 – 1 420
5 480 – 3 170
2 670 – 1 340

b) 5 480 – 2 630
4 620 – 1 280
3 950 – 2 490
6 240 – 2 610

c) 4 589 – 2 194
6 374 – 3 621
3 833 – 2 417
2 463 – 1 542

```
  3286
- 1627
  1  1
  ----
  1659
```

2 Rechne immer 4 Aufgaben.

a)

b)

c)

d)

3 a) 4 572 – 1 243
5 772 – 335
6 296 – 4 139
7 653 – 5 008

b) 6 392 – 4 235
5 847 – 2 190
3 111 – 285
6 004 – 2 804

c) 2 418 – 1 509
6 415 – 2 530
7 147 – 689
5 001 – 2 880

d) 6 217 – 1 508
2 461 – 994
9 815 – 1 931
1 946 – 1 757

4 Die Zahlen in jedem Stockwerk ergeben zusammen die Zahl im Dach.
Ergänze die fehlenden Zahlen.

a)

5 870	
2 140	
4 650	
3 520	
1 040	

b)

9 560	
	7 240
	3 310
	8 130
	1 420

c)

6 894	
2 451	
	1 562
4 471	
	3 273

d)

7 158	
4 813	
	6 534
1 139	
	2615

5 Eine Musikgruppe hat bei einem Konzert 4 857 € eingenommen.
Für die Saalmiete muss die Gruppe 1 185 € bezahlen.
Wie viel Geld bleibt übrig?

6 Entscheide bei jeder Aufgabe, ob du im Kopf oder schriftlich rechnest.

a) 5 000 – 4 000
6 000 – 1 500
7 050 – 2 000
3 410 – 200

b) 9 500 – 1 700
6 450 – 310
4 131 – 1 270
6 710 – 1 010

c) 6 348 – 1 308
4 005 – 200
7 997 – 1 000
9 040 – 30

d) 6 666 – 2 100
5 908 – 108
7 744 – 4 477
2 001 – 3

Vermischte Übungen

1 Der Vergnügungspark Kunterbunt ist neu eröffnet worden.
Schau dir rechts die Besucherzahlen der ersten drei Tage an.

a) Am Mittwoch kamen 445 Besucher mehr als am Dienstag.
Wie viele Besucher waren es am Mittwoch?

b) Wie viele Besucher kamen am Dienstag weniger als am Eröffnungstag?

c) Wie viele Besucher kamen am Mittwoch mehr als am Eröffnungstag?

2 Runde die Besucherzahlen für jeden der drei Tage auf Hunderter.

3 a) Am Dienstag machte die Wasserbahn 164 Fahrten mehr als am Montag.

b) Am Mittwoch wurde die Bahn weniger benutzt. Es waren genau 88 Fahrten weniger als am 1. Tag.

c) Wie oft fuhr die Wasserbahn in den ersten drei Tagen?

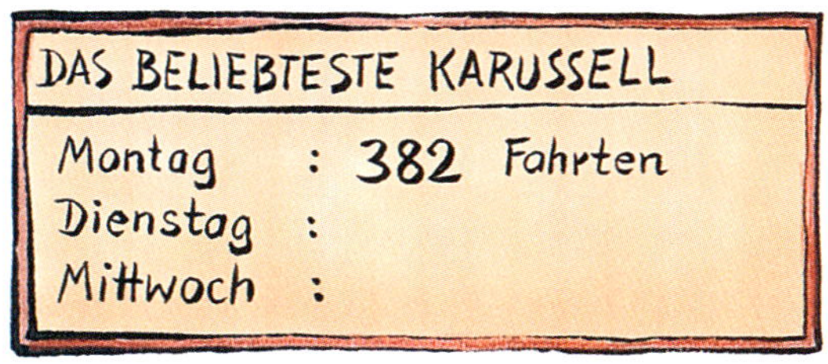

4 a)

b)

5 Durch die drei Ausgänge verlassen 9 459 Besucher den Vergnügungspark.
Wie viele Besucher benutzen den Westausgang?

Nord-Ausgang	Süd-Ausgang	West-Ausgang
3 182	2 975	

Kilometer

1 Kilometer = 1000 Meter   1 km = 1000 m

1 Wandle um in m.
1 km   8 km   5 km   2 km   6 km   4 km   7 km

2 Wandle um in km.
4 000 m   6 000 m   1 000 m   3 000 m   7 000 m   2 000 m   5 000 m

3 Schreibe in km und m.   *1 378 m = 1 km 378 m*

a) 1 534 m   2 370 m   1 425 m   3 198 m
b) 2 073 m   1 902 m   3 030 m   1 001 m   2 640 m   1 750 m
c) 1 900 m   6 029 m   2 503 m   5 356 m   1 505 m   1 203 m

4 Wie viel m sind es?   *2 km 316 m = 2 316 m*

a) 3 km 400 m   1 km 500 m   4 km 250 m
b) 4 km 130 m   3 km 101 m   2 km 95 m   3 km 190 m   1 km 10 m
c) 5 km 670 m   2 km 136 m   3 km 40 m   4 km 25 m   2 km 1 m

5 Wie viel fehlt an 1 km?   *500 m + 500 m = 1 km*

a)

200 m		1 km
600 m		
300 m		
900 m		
700 m		

b)

920 m		1 km
	890 m	
960 m		
	870 m	
910 m		

c)

450 m		1 km
10 m		
	908 m	
	975 m	
390 m		

Das Komma trennt km und m. **1 km 275 m = 1,275 km**

1 Übertrage die Tabelle in dein Heft und vervollständige sie.

1 km 500 m	2 km 570 m			3 km 2 m
1,5 km		0,580 km		
1 500 m			1 005 m	

2

a) 2,125 km = □ m
1,051 km = □ m
0,811 km = □ m
1,405 km = □ m

b) 2 151 m = □ km
1 805 m = □ km
3 150 m = □ km
2 006 m = □ km

c) 1 305 m = □ km
2 000 m = □ km
3 030 m = □ km
729 m = □ km

3

Deutschland:	Zugspitze	2 963 m ≈ 3 000 m
Europa:	Montblanc	4 807 m ≈ □ m
Asien:	Mount Everest	8 848 m ≈ □ m
Afrika:	Kibo/Kilimandscharo	5 895 m ≈ □ m
Amerika:	Mount McKinley	6 193 m ≈ □ m
Australien:	Mount Koscinsko	2 237 m ≈ □ m

Übertrage die Namen und Höhen der Berge in dein Heft.

a) Welcher ist der höchste Berg der Welt?

b) Berechne den Höhenunterschied des Montblanc zur Zugspitze.

c) Berechne auch den Höhenunterschied der anderen Berge zur Zugspitze.

d) Runde die Berghöhen auf Hunderter.

Mount Everest

4 Zeichne ein Säulendiagramm der gerundeten Berghöhen auf Millimeterpapier.
Für 1 000 m nimm 10 mm.
Was fällt dir auf?

Wiederholen und Üben

1 Setze ein: > (größer); < (kleiner); = (gleich)

a)			b)			c)			d)		
4823	☐	4923	3752	☐	4730	8519	☐	8491	3105	☐	3501
6771	☐	7661	8222	☐	7990	5092	☐	4992	4780	☐	4708
1000	☐	1999	3570	☐	3570	7804	☐	7840	2999	☐	3111
3000	☐	2999	2419	☐	2421	2007	☐	3006	1779	☐	1813

2 Rechne schriftlich.

a)	b)	c)	d)
1736 + 2164	4782 + 2519	4768 – 2318	9549 – 4247
3278 + 2331	2173 + 5645	6649 – 1345	5617 – 5385
4537 + 1363	5872 + 1457	4492 – 2236	5884 – 3592
5251 + 1515	3757 + 4243	4523 – 3419	2459 – 2184

3 2425, 1873, 7261, 3277, 7993, 5117, 3824, 4871, 4499, 893

a) Runde die Zahlen auf Hunderter.

b) Runde die Zahlen auf Tausender.

4 Vervollständige die Zahlenreihen.

a)

2350	2400	☐	☐	☐	☐	2650
7110	7130	☐	☐	☐	☐	7230
2250	2500	☐	☐	☐	☐	3750
4200	4100	☐	☐	☐	☐	3600

b)

1600	2000	☐	☐	☐	☐	4000
3462	3464	☐	☐	☐	☐	3474
5120	5118	☐	☐	☐	☐	5108
7620	7610	☐	☐	☐	☐	7560

5

a)	1200	+	500	4000	70	250	2300	800	3200	50
b)	3600	–	300	2000	600	50	1600	500	1200	20

6

a)	b)	c)
402 + 8971 + 782	8761 – 4142	9732 + 42 + 83
7810 + 1791 + 21	5873 – 272	5892 + 289 + 77
2659 + 427 + 1925	9999 – 3333	7110 + 463 + 97
7712 + 75 + 816	8170 – 1530	2197 + 34 + 279

7 Wandle um in km.

2500 m 4600 m 3710 m 1050 m 2709 m 815 m 2350 m

8 Ergänze zu 1 km: 950 m 880 m 760 m 679 m 210 m

9

a)	b)	c)
3 km 750 m = ☐ km	2,160 km = ☐ m	4760 m = ☐ km
2 km 235 m = ☐ km	5,455 km = ☐ m	1509 m = ☐ km
5 km 55 m = ☐ km	0,016 km = ☐ m	710 m = ☐ km
8 km 7 m = ☐ km	2,809 km = ☐ m	3090 m = ☐ km

Gewicht

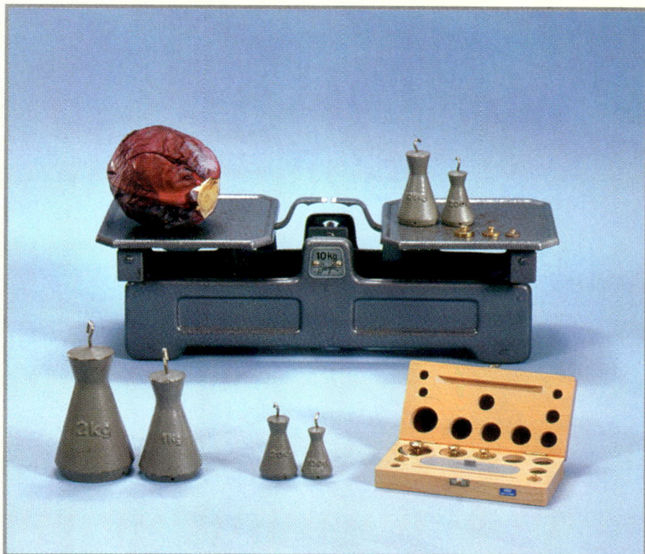

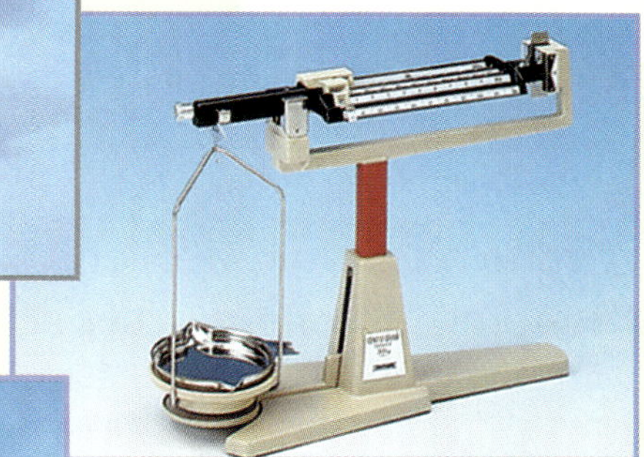

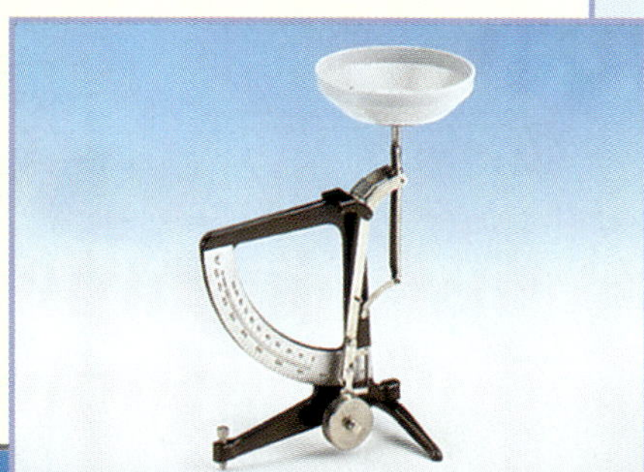

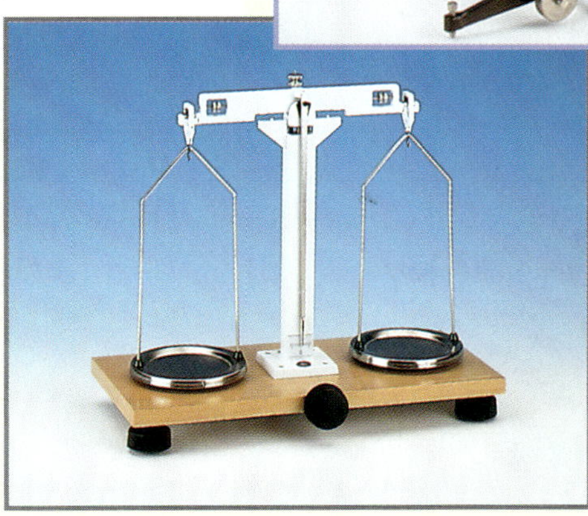

Gewichte vergleichen

1 Ordne nach dem Gewicht:
a) Apfel, Brötchen, Trinkpäckchen b) Schultasche, Stuhl, Lesebuch

2

3 Besorgt euch eine Balkenwaage und viele gleiche Nägel. Wiegt damit:
a) einen Apfel, b) eine Banane, c) eine Kiwi, d) eine Apfelsine.
Ordnet die Früchte nach Gewicht.
Schätzt zuerst, dann prüft mit der Waage nach.

4 Ayse und Lukas haben Holzwürfel mit Nägeln gewogen. Übertrage die Tabelle in dein Heft. Setze sie fort bis 10 Würfel.

Würfel	Nägel
1	3
2	6
3	9

5 Gregor meint:
„20 Würfel sind so schwer wie 60 Nägel.“
Hat er Recht?

Gramm

1 Auf vielen Verpackungen ist das Gewicht in Gramm (g) angegeben. Nenne weitere Beispiele.

2 Schneidet aus Werbeprospekten Bilder von Waren aus, deren Gewicht angegeben ist.
Klebt die Bilder auf ein Plakat. Hängt das Plakat im Klassenraum auf.

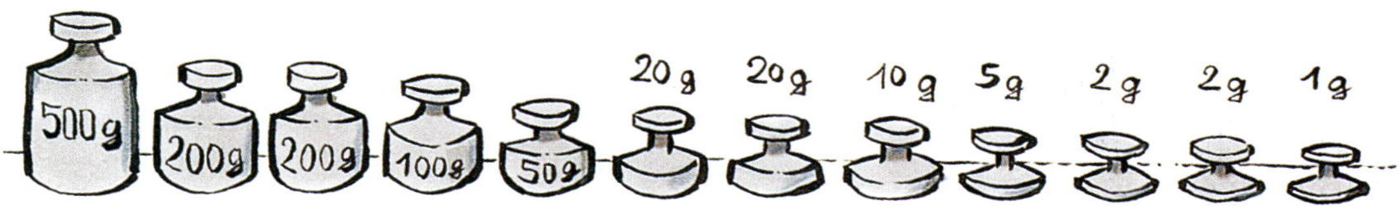

3 Zum Wiegen mit einer Balkenwaage verwendet man einen Gewichtssatz. Welche Gewichtsstücke enthält er?

4 Schätze zuerst. Bestimme dann das genaue Gewicht in Gramm mit der Waage. Trage in eine Tabelle ein.

	Heft	Kreidestück	Schwamm	Lesebuch	Apfel	Banane
geschätzt						
gewogen						

5 Nenne Gegenstände, die ungefähr 100 g wiegen. Prüfe mit der Waage.

6 Ordne den Gegenständen ihr Gewicht zu.

15 g 50 g 300 g

100 g 250 g 860 g

Kilogramm

1 Das Gewicht vieler Gegenstände gibt man in Kilogramm (kg) an.
Nenne Beispiele.
Prüfe mit der Waage.

2 Welche Gegenstände sind schwerer als 1 kg?

Schuh	Tisch	Buch
Stuhl	Mütze	Rucksack

1 kg = 1000 g

1 kg

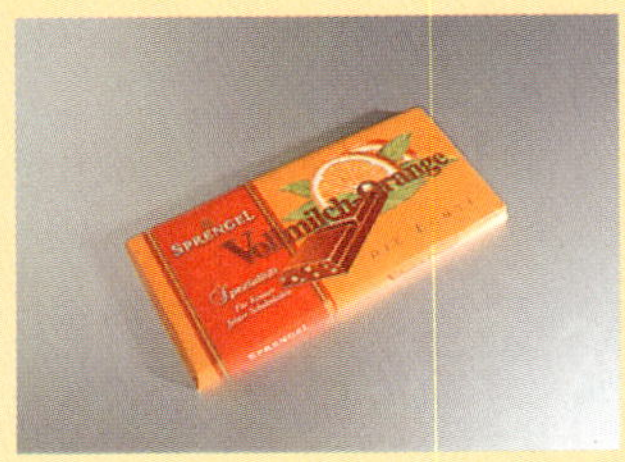

100 g

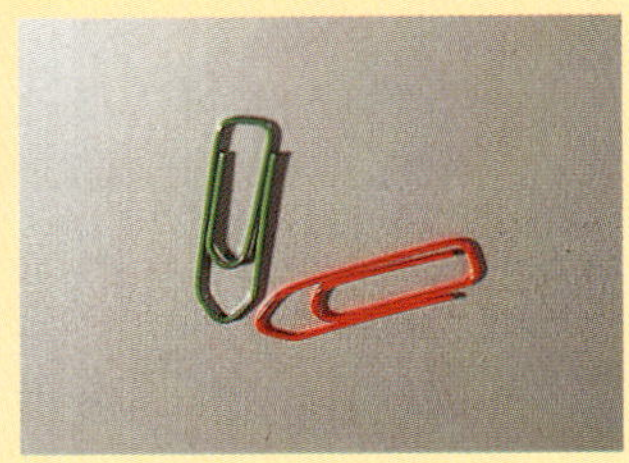

1 g

3 Wandle um in g: 1 kg 2 kg 4 kg 5 kg 7 kg 8 kg 9 kg

4 Wandle um in kg:
3 000 g 5 000 g 6 000 g 7 000 g 8 000 g 10 000 g

5 Wie viel g sind es? 5 kg 492 g = 5492 g

a) 5 kg 492 g	b) 3 kg 486 g	c) 7 kg 85 g
4 kg 658 g	1 kg 270 g	2 kg 43 g
1 kg 275 g	2 kg 750 g	1 kg 50 g

6 Schreibe als kg und g. 6235 g = 6 kg 235 g

a) 6 235 g	b) 1 548 g	c) 2 700 g	d) 3 040 g	e) 2 147 g
4 287 g	2 448 g	1 500 g	2 070 g	1 080 g
1 625 g	3 125 g	3 500 g	1 080 g	3 100 g

7 Herr Rütting hat 1 kg Mehl, 250 g Erdbeeren und 100 g Schokolade eingekauft.
Wie schwer sind die Einkäufe zusammen?

Kommaschreibweise bei Kilogramm und Gramm

1 Wer hat am schwersten zu tragen?

2 650 g   2,430 kg   2 kg 450 g

Das Komma trennt kg und g.   2 kg 735 g = 2,735 kg

2 Schreibe die Gewichte in verschiedenen Schreibweisen in dein Heft.

2 kg 650 g	2 kg 853 g				1 kg 50 g	
2,650 kg		3,652 kg				
2 650 g			8 274 g	4 700 g		855 g

3

a) 3 700 g = ☐ kg
1 250 g = ☐ kg
2 755 g = ☐ kg

b) 4 kg 500 g = ☐ g
2 kg 125 g = ☐ g
1 kg 678 g = ☐ g

c) 1,250 kg = ☐ g
6,348 kg = ☐ g
0,775 kg = ☐ g

4 Setze ein: > (größer); < (kleiner); = (gleich)

a) 6,435 kg ☐ 6 kg 435 g
7,136 kg ☐ 7 kg 163 g
3,550 kg ☐ 3 kg 550 g

b) 2 810 g ☐ 2,801 kg
4 207 g ☐ 4,270 kg
1 250 g ☐ 1,205 kg

5 Ordne die Gewichte nach der Größe. Beginne mit dem kleinsten Gewicht.

a) 2,738 kg
2 378 g
2 kg 387 g

b) 8,774 kg
8 747 g
8 kg 477g

c) 4,105 kg
4 510 g
4 kg 501 g

d) 0,328 kg
823 g
832 g

6 Schreibe die Gewichtsangaben in dein Heft.
Unterstreiche gleiche Gewichte in der gleichen Farbe.

a)

2 kg 370 g	2 kg 307 g
2,307 kg	2,370 kg
2 370 g	2 307 g

b)

4 kg 38 g	4 kg 380 g
4,380 kg	4,038 kg
4 038 g	4 380 g

Tonne

Besonders große Gewichte gibt man in Tonnen (t) an.
1 t = 1 000 kg

1 Wie viel Tonnen sind es?
1 000 kg   4 000 kg   8 000 kg   3 000 kg   10 000 kg

2 Wandle um in Kilogramm: 7 t   2 t   6 t   5 t   1 t   9 t

3 Wie viel Kilogramm sind es?   5 t 276 kg = 5 276 kg
5 t 276 kg   2 t 130 kg   6 t 549 kg   9 t 148 kg   1 t 280 kg

4 Schreibe als Tonnen und Kilogramm.   7 436 kg = 7 t 436 kg
7 436 kg   1 315 kg   3 700 kg   6 050 kg   9 008 kg   3 420 kg

Das Komma trennt Tonne und Kilogramm.   4,376 t = 4 376 kg

5 Übertrage die Tabelle in dein Heft und vervollständige sie.

4 t 532 kg	3 t 520 kg			2 t 375 kg	
4,532 t		4,775 t			
4 532 kg			1 850 kg		7 500 kg

6 Hier musst du beim Umwandeln aufpassen.

a) 3,5 t = ▢ kg
1,7 t = ▢ kg
2,8 t = ▢ kg
4,2 t = ▢ kg

b) 1,9 t = ▢ kg
7,5 t = ▢ kg
8,6 t = ▢ kg
0,5 t = ▢ kg

Beachte: 3,5 t = 3 500 kg

Rechnen mit Gewichten

1 Wie schwer sind die Einkäufe?

2

a) 500 g + 300 g
400 g + 600 g
650 g + 300 g
420 g + 140 g

b) 900 g – 400 g
800 g – 600 g
720 g – 100 g
640 g – 230 g

c) 560 g + 330 g
270 g + 610 g
480 g – 250 g
940 g – 710 g

3 Gib das Ergebnis in kg an.

4 300 g + 500 g = 4 800 g
4 800 g = 4,800 kg

a) 8 200 g + 1 000 g
5 300 g + 1 000 g
6 400 g + 500 g
1 600 g + 200 g

b) 5 300 g – 1 000 g
6 700 g – 1 000 g
8 500 g – 400 g
1 700 g – 300 g

c) 2 750 g + 350 g
7 250 g – 500 g

4 Wie viel g fehlen an 1 kg?

750 g + 250 g = 1 kg

750 g 800 g 500 g 450 g 370 g 210 g 180 g

5 Nadja kauft 4 Dosen Ananas zu je 800 g.
Wie viel Gramm muß sie tragen?
Gib das Ergebnis auch in Kilogramm an.

6 Gib das Ergebnis in kg an.

a) 3 · 700 g
2 · 500 g

b) 3 · 600 g
9 · 400 g

c) 6 · 500 g
2 · 800 g

d) 7 · 800 g
3 · 900 g

e) 5 · 800 g
3 · 700 g

7 Welcher Lastwagen darf die drei Kisten laden?

Schriftliches Rechnen

1 Darf der Lastwagen die acht Kisten laden?

2

a) · 5	b) · 3	c) · 4	d) · 6
173 kg	147 kg	134 kg	168 kg
285 kg	629 kg	259 kg	247 kg
346 kg	435 kg	395 kg	577 kg
453 kg	555 kg	767 kg	928 kg

3

a) 443 kg + 215 kg
617 kg + 132 kg
136 kg + 765 kg
228 kg + 634 kg

b) 561 kg + 294 kg
138 kg + 591 kg
867 kg + 75 kg
477 kg + 103 kg

c) 652 kg + 298 kg
477 kg + 85 kg
719 kg + 165 kg
418 kg + 83 kg

4

a) 829 kg – 315 kg
738 kg – 414 kg
865 kg – 324 kg
972 kg – 551 kg

b) 693 kg – 241 kg
574 kg – 329 kg
356 kg – 167 kg
867 kg – 249 kg

c) 859 kg – 165 kg
367 kg – 84 kg
995 kg – 289 kg
768 kg – 392 kg

5 Im Supermarkt.
Wie viel kg Obst und Gemüse hat jeder abgewogen?

Mehmed	
Broccoli	1,243 kg
Birnen	2,348 kg

Herr Pahlke	
Mandarinen	0,957 kg
Kartoffeln	2,832 kg

Kerstin	
Äpfel	1,257 kg
Lauch	0,783 kg

6

a) 1,728 kg + 3,247 kg
4,387 kg + 2,051 kg
4,453 kg + 0,607 kg
3,118 kg + 4,675 kg

b) 4,635 kg – 1,283 kg
4,375 kg – 2,814 kg
7,305 kg – 1,998 kg
8,634 kg – 2,812 kg

c) 0,275 kg + 3,240 kg
5,387 kg + 2,189 kg
3,459 kg – 1,009 kg
6,758 kg – 0,824 kg

Liter (l)

1 Wie prüfen die Kinder, ob in den Topf mehr Wasser hineinpasst oder in die Kanne?

2 In welches Gefäß passt mehr hinein? Schätze zuerst, dann prüfe nach.
a) Flasche oder Becher b) Kanne oder Topf c) Tasse oder Glas

3 Ordne die Gefäße nach der Größe. Beginne mit dem kleinsten Gefäß.
a) Flasche, Tasse, Becher b) Kanne, Topf, Eimer

4 a) Miss mit einem Messbecher 1 l Wasser ab.
Wie viele Tassen kannst du damit füllen?
b) Miss wieder 1 l Wasser ab.
Wie viele Gläser werden damit voll?

5 Wie viel Liter Wasser passen in einen Kochtopf, wie viel Liter passen in einen Eimer?

6 Besorgt euch mehrere Gefäße. Tragt in eine Tabelle ein.

weniger als 1 l	genau 1 l	mehr als 1 l
Wasserflasche	Milchpaket	Gießkanne

7 Julias Gießkanne fasst 5 l Wasser.
Für das Gemüsebeet füllt sie die Gießkanne dreimal.
Wie viel Liter Wasser braucht Julia für das Beet?

Von großen und kleinen Tieren

1 Wie schwer ist das Elefantenbaby nach 5 Jahren?

2 Wie viel Liter Milch trinkt ein Elefantenbaby
a) in einer Woche
b) in einem Monat
c) in einem Jahr?

1 Tag	1 Woche	1 Monat	1 Jahr
9 l			

3 a) Wie viel kg wiegt ein ausgewachsener Elefant?
b) Wie viel kg schwerer ist ein ausgewachsener Elefant als ein Elefantenbaby?
c) Wie viel kg nimmt ein Elefant nach seinem 5. Lebensjahr zu bis er ausgewachsen ist?

Ein Elefantenbaby wiegt bei der Geburt ungefähr 120 kg. Es wird 5 Jahre lang gesäugt und trinkt täglich 9 l Milch.

5 Jahre nach der Geburt wiegt das Elefantenbaby doppelt soviel wie bei der Geburt.

Mit 30 Jahren ist ein Elefant ausgewachsen. Er wiegt dann ungefähr 7 t.

4

a) Wie viele Autos müsste man auf eine Waage stellen, damit sie soviel wiegen wie ein Elefant?
b) Wie viele Menschen müssten zusammen auf eine Waage, um so schwer wie ein Elefant zu sein?

5 Wie viel kg Futter frisst ein Elefant in einem Monat?
Wie viel Liter Wasser trinkt er in einem Monat?

Wild lebende Elefanten fressen täglich 320 kg Grünfutter und trinken 110 l Wasser.

6 Ein Heuballen wiegt ungefähr 8 kg.
Wie viele Heuballen müsste ein Elefant täglich fressen, um satt zu werden?

1 Trage das Gewicht des Meerschweinchens in eine Tabelle ein.

Bei der Geburt	nach 5 Wochen	nach 3 Monaten	nach 18 Monaten
120 g			

2 a) Wie viel Gramm nimmt das Meerschweinchen in den ersten drei Lebensmonaten zu?

b) Wie viel Gramm nimmt ein Meerschweinchen zu, bis es ausgewachsen ist?

Ein ausgewachsenes Meerschweinchen frisst täglich etwa 60 g Futter.

3 Wie viel Gramm Futter frisst ein Meerschweinchen in einer Woche?

4 Lisa hat drei Meerschweinchen.
Wie viel Gramm Futter braucht sie in einer Woche für die Tiere?

Wiederholen und Üben

1 Wie viel wiegen alle Zutaten zusammen?

2 Wandle um in g.

1 kg　　3 kg　　5,742 kg　　7,205 kg　　0,360 kg　　1,500 kg

3 Wandle um in kg.

2 000 g　　4 000 g　　6 000 g　　3 845 g　　2 708 g　　5 067 g

4 Wie viel kg sind:　　1 t　　5 t　　1,5 t　　7,5 t

5

a) 4 682 g = □ kg □ g
5 874 g = □ kg □ g
3 251 g = □ kg □ g
1 255 g = □ kg □ g

b) 8 700 g = □ kg □ g
2 750 g = □ kg □ g
4 070 g = □ kg □ g
1 009 g = □ kg □ g

c) 6 060 g = □ kg □ g
5 005 g = □ kg □ g
2 015 g = □ kg □ g
3 274 g = □ kg □ g

6

a) 510 g + □ g = 1 kg
930 g + □ g = 1 kg
870 g + □ g = 1 kg
740 g + □ g = 1 kg

b) 190 g + □ g = 1 kg
50 g + □ g = 1 kg
250 g + □ g = 1 kg
330 g + □ g = 1 kg

c) 280 g + □ g = 1 kg
470 g + □ g = 1 kg
60 g + □ g = 1 kg
370 g + □ g = 1 kg

7

a) 642 kg + 354 kg
854 kg + 132 kg
583 kg + 433 kg
78 kg + 369 kg

b) 884 kg – 231 kg
758 kg – 324 kg
473 kg – 91 kg
657 kg – 178 kg

c) 168 kg + 274 kg
375 kg + 486 kg
554 kg – 282 kg
342 kg – 176 kg

8 Setze ein:　> (größer);　< (kleiner);　= (gleich)

a) 4,270 kg □ 4 kg 720 g
5,640 kg □ 5 kg 640 g
7,860 kg □ 7 kg 68 g

b) 2,758 kg □ 2 kg 875 g
6,047 kg □ 6 kg 74 g
8,300 kg □ 8 kg 300 g

9 Ein Transporter darf 1,5 t laden.
Dürfen zwei Kisten von je 800 kg aufgeladen werden?

Reiseb
Mallorca
1 Woche
Flug und Hotel
Erwachsene 298 €
Kinder 208 €
Ferienwohnung
für 4 Personen
an der Nordsee
1 Woche 448 €
Oberbayern
1 Woche
auf dem Bauernhof
mit vielen Tieren
Erwachsene 105 €
Kinder 59 €
Teneriffa
2 Wochen
Flug und Hotel
Erwachsene 478 €
Kinder 326 €

Multiplizieren

1

a)	b)	c)	d)
$3 \cdot 20$	$2 \cdot 40$	$5 \cdot 10$	$2 \cdot 50$
$3 \cdot 200$	$2 \cdot 400$	$5 \cdot 100$	$2 \cdot 500$
$3 \cdot 2000$	$2 \cdot 4000$	$5 \cdot 1000$	$2 \cdot 5000$

2 Herr Müller fährt mit seinem Lkw täglich eine Strecke von 600 km. Wie viel km fährt er an 5 Tagen?

3

a)	b)	c)	d)	e)
$4 \cdot 300$	$6 \cdot 400$	$5 \cdot 300$	$3 \cdot 900$	$9 \cdot 600$
$6 \cdot 700$	$2 \cdot 800$	$4 \cdot 900$	$9 \cdot 500$	$8 \cdot 400$
$3 \cdot 800$	$7 \cdot 500$	$8 \cdot 200$	$6 \cdot 300$	$6 \cdot 800$
$2 \cdot 900$	$3 \cdot 700$	$6 \cdot 600$	$4 \cdot 600$	$7 \cdot 700$
$4 \cdot 500$	$5 \cdot 400$	$3 \cdot 700$	$7 \cdot 400$	$5 \cdot 500$

4 Wie viel km fährt jeder Lkw an 5 Tagen?

a)

b)

c)

d)

5

a) $\cdot 7$: 200, 500, 800, 300, 600, 700

b) $\cdot 3$: 800, 300, 700, 500, 900, 200

c) $\cdot 6$: 600, 700, 300, 900, 200, 400

d) $\cdot 4$: 500, 900, 300, 600, 800, 200

6

Eine Linienmaschine fliegt fünfmal in der Woche die Strecke Hamburg–München.
Eine Strecke beträgt 800 km.
Wie viel km sind das insgesamt?

Dividieren

1

a) 28 : 4
280 : 4
2 800 : 4

b) 35 : 7
350 : 7
3 500 : 7

c) 24 : 6
240 : 6
2 400 : 6

d) 45 : 5
450 : 5
4 500 : 5

2 Wie teuer ist ein Teil?

a) 2 Nebelleuchten 120 €

b) 2 Schonbezüge 140 €

c) 4 Schneeketten 240 €

d) 4 Winterreifen 320 €

3

a) 3 200 : 8
6 300 : 9
2 700 : 3
5 600 : 7
5 400 : 6

b) 1 800 : 6
2 400 : 4
3 600 : 9
4 800 : 8
2 100 : 3

c) 5 600 : 7
8 100 : 9
1 200 : 4
2 800 : 7
1 800 : 3

d) 4 000 : 5
7 200 : 9
6 300 : 7
1 600 : 4
5 400 : 9

4 Die Lkw fahren an 5 Tagen dieselbe Strecke.
Die Gesamtstrecke ist angegeben.
Wie viel km fährt jeder Lkw an einem Tag?

a) 

b) 

c) 

d) 

5

a) : 3 — 2 700, 1 200, 2 400, 1 500, 3 000, 900

b) : 5 — 2 000, 3 500, 1 500, 4 500, 2 500, 4 000

c) : 4 — 1 200, 800, 3 200, 1 600, 3 600, 2 400

d) : 7 — 1 400, 3 500, 2 800, 4 200, 6 300, 700

6 Der ICE 752 *Heinrich Böll* fährt die Strecke Düsseldorf–Hannover. An 7 Tagen fährt er insgesamt 2 100 km.
Wie viel km beträgt eine Strecke?

Schriftliches Multiplizieren

134 · 4
536

1

a)	b)	c)	d)
321 · 2	213 · 3	463 · 2	293 · 3
231 · 3	110 · 5	274 · 3	466 · 2
121 · 4	202 · 4	156 · 5	178 · 4
423 · 2	344 · 2	235 · 4	197 · 5

2

a)	b)	c)	d)
613 · 8	276 · 7	432 · 5	714 · 4
534 · 6	408 · 3	310 · 7	538 · 3
392 · 5	562 · 3	523 · 3	426 · 5
410 · 4	617 · 2	641 · 4	307 · 6

3 Eine Schule kauft für die Zirkus-AG 8 Einräder. Jedes Rad kostet 138 €. Wie viel € kosten die 8 Räder?

4

a)	b)	c)	d)
183 · 9	406 · 4	283 · 9	1 271 · 3
307 · 5	531 · 3	372 · 6	2 064 · 2
492 · 7	190 · 8	184 · 7	1 809 · 2
261 · 6	217 · 7	406 · 5	2 154 · 3

5 Was kosten die Räder jeder Sorte zusammen?

a) b) c)

6 In einen Lieferwagen werden 6 Kisten geladen. Jede Kiste wiegt 275 kg. Wie viel kg wiegen die 6 Kisten?

Multiplizieren mit Zehnerzahlen

1

a) 4 · 2; 4 · 20; 40 · 20
b) 3 · 6; 3 · 60; 30 · 60
c) 5 · 7; 5 · 70; 50 · 70
d) 8 · 4; 8 · 40; 80 · 40
e) 6 · 9; 6 · 90; 6 · 900

2

a) 30 · 50; 60 · 30; 20 · 90; 40 · 60
b) 40 · 30; 70 · 40; 60 · 20; 50 · 50
c) 20 · 80; 50 · 30; 80 · 30; 70 · 20
d) 50 · 90; 30 · 70; 90 · 30; 20 · 50
e) 70 · 70; 40 · 90; 80 · 60; 90 · 90

3

a) 20 · 50; 40 · 50
b) 60 · 50; 50 · 80
c) 50 · 20; 80 · 50
d) 50 · 60; 50 · 40

4 Rechne schriftlich.

a) 23 · 20; 12 · 20; 24 · 20; 31 · 20
b) 13 · 30; 23 · 30; 21 · 20; 22 · 40
c) 31 · 30; 12 · 40; 22 · 20; 21 · 30
d) 42 · 20; 32 · 30; 21 · 40; 41 · 20

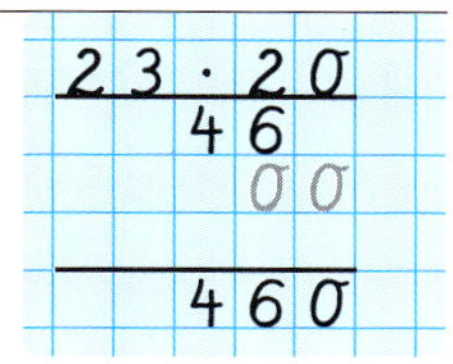

5

a) 67 · 20; 26 · 60; 45 · 50; 32 · 40
b) 78 · 50; 62 · 60; 38 · 90; 47 · 40
c) 57 · 70; 19 · 80; 72 · 60; 53 · 30
d) 49 · 90; 33 · 70; 64 · 30; 81 · 20

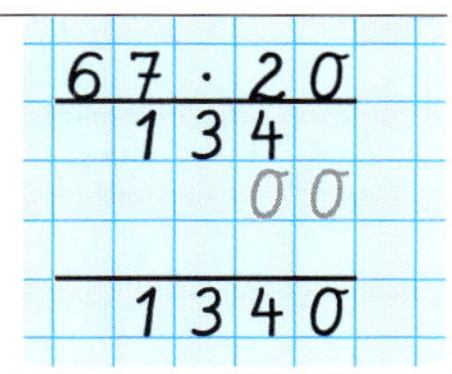

6 Herr Grau fährt mit dem Auto zu seiner Arbeitsstelle.
Hin und zurück fährt er 56 km.
Wie viel km fährt Herr Grau an 20 Tagen?

7 Frau Deuble fährt im Winter mit dem Zug zu ihrem Arbeitsplatz.
Hin und zurück sind es 47 km.
Im letzten Winter fuhr sie an 80 Tagen mit dem Zug.
Wie viel km ist Frau Deuble im Winter mit dem Zug gefahren?

8 Klasse 7b plant eine Klassenfahrt.
In der Klasse sind 20 Schüler.
Wie teuer ist die Fahrt insgesamt?

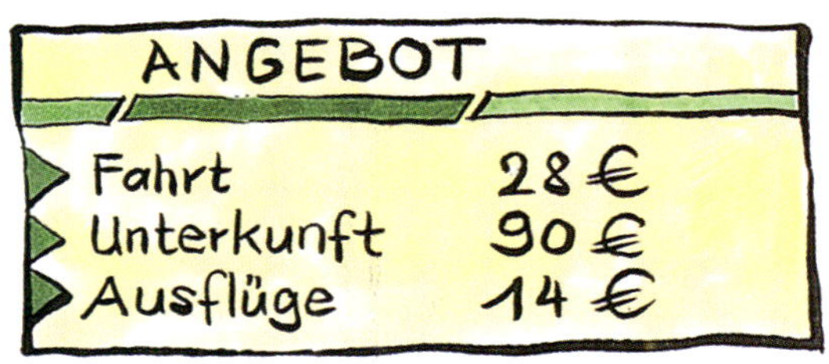

Teilen mit Rest

28 : 3 = 9 R 1

Probe: 9 · 3 = 27

27 + 1 = 28

1 Bei diesen Aufgaben bleibt ein Rest. Rechne und mache auch die Probe.

a)	b)	c)	d)	e)
34 : 4	42 : 5	19 : 6	50 : 7	36 : 7
23 : 7	38 : 6	46 : 8	32 : 3	42 : 8
57 : 9	14 : 4	26 : 5	47 : 9	48 : 5
65 : 7	52 : 5	83 : 9	20 : 8	49 : 9

2

a)	b)	c)	d)	e)
13 : 5	58 : 7	23 : 5	34 : 8	46 : 7
13 : 8	58 : 8	23 : 8	34 : 6	46 : 9
13 : 4	58 : 6	23 : 4	34 : 5	46 : 6
13 : 7	58 : 9	23 : 7	34 : 7	46 : 8

3

a)

b)

c)

d)

4 Die Bonbons werden an 4 Kinder verteilt.
Wie viele Bonbons bekommt jedes Kind?
Wie viele bleiben übrig?

5 Eine Tafel Schokolade hat 20 Stücke. Anja, Marc und Dennis wollen sich die Tafel teilen.
Wie viele Stücke bekommt jedes Kind?
Wie viele Stücke bleiben übrig?

6 Auf dem Wochenmarkt werden 39 Apfelsinen in Tüten verpackt.
Immer 7 Früchte kommen in eine Tüte.
Wie viele Tüten werden voll? Wie viele Apfelsinen bleiben übrig?

Schriftliches Dividieren

1 3 Freundinnen teilen sich einen Gewinn.
Wie viel € erhält jede?

H	Z	E				H	Z	E
6	9	3	:	3	=	2	3	1

2 Herr Klein und Herr Braun machen zusammen eine Wochenendreise nach Berlin. Die Fahrt kostet insgesamt 682 €.
Wie viel € muß jeder bezahlen?

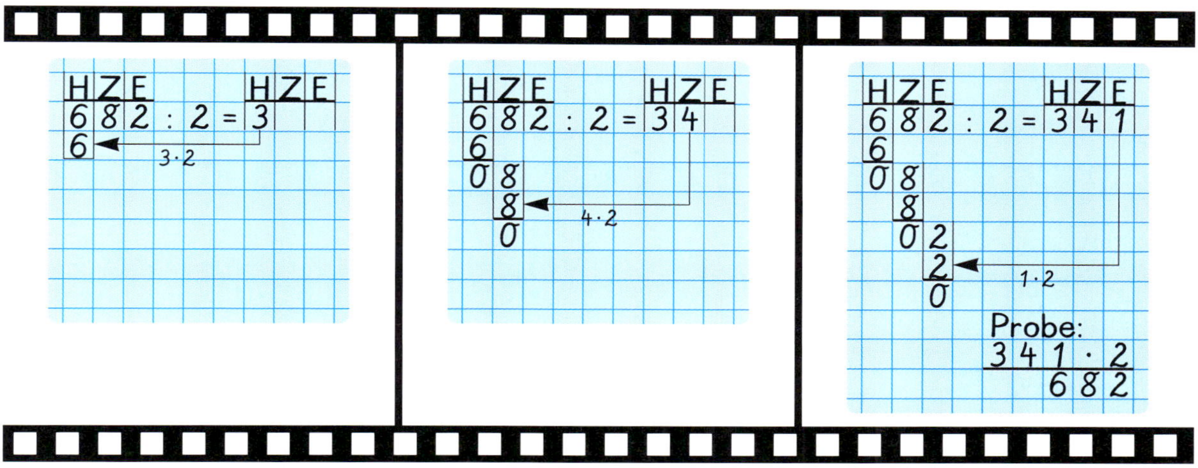

3 Rechne ebenso. Schreibe die Zahlen in die Stellenwerttafel.
Mache auch die Probe.

a)

H	Z	E	
4	8	4	: 4

b)

H	Z	E	
8	2	6	: 2

c)

T	H	Z	E	
6	9	3	6	: 3

d)

T	H	Z	E	
8	4	4	6	: 2

4 Kannst du schon ohne Stellenwerttafel rechnen? Mache auch die Probe.

a) 684 : 2
448 : 2
864 : 2
848 : 2

b) 393 : 3
936 : 3
448 : 4
848 : 4

c) 4 824 : 2
6 939 : 3
4 848 : 4
9 933 : 3

d) 6 468 : 2
4 888 : 4
3 669 : 3
4 668 : 2

Schriftliches Dividieren

1 3 Kollegen spielen gemeinsam Lotto.
Sie teilen den Gewinn.
Wie viel € erhält jeder?

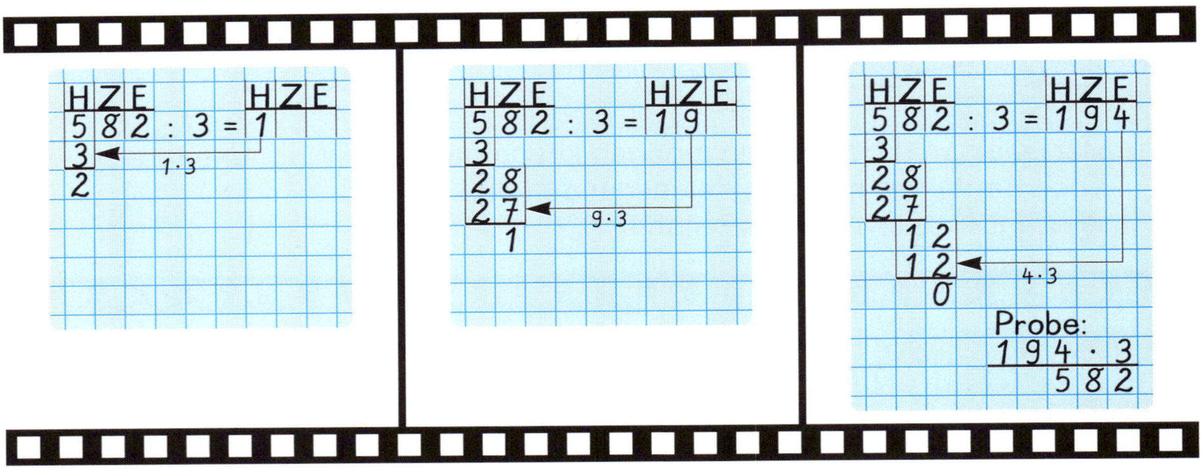

2

a)

H	Z	E	
4	5	3	: 3

H	Z	E	
8	6	4	: 4

b)

H	Z	E	
6	8	4	: 3

H	Z	E	
9	1	5	: 5

c)

T	H	Z	E	
5	6	7	2	: 4

T	H	Z	E	
7	5	3	4	: 2

d)

T	H	Z	E	
8	2	4	5	: 5

T	H	Z	E	
5	6	2	5	: 3

3 Kannst du schon ohne Stellenwerttafel rechnen?
Mache auch die Probe.

a)	b)	c)	d)	e)
52 : 2	813 : 3	928 : 4	4 296 : 3	7 185 : 5
76 : 2	711 : 3	732 : 4	5 325 : 3	8 275 : 5
98 : 2	942 : 3	556 : 4	7 434 : 3	6 285 : 5
58 : 2	381 : 3	972 : 4	4 428 : 3	5 795 : 5

4

a)	b)	c)	d)	e)
87 : 3	728 : 4	896 : 7	6 135 : 5	5 166 : 7
94 : 2	816 : 6	976 : 4	7 684 : 2	7 554 : 6
72 : 4	534 : 3	984 : 8	5 128 : 4	9 128 : 8
90 : 5	815 : 5	732 : 6	8 451 : 3	9 128 : 4

1 Wie viel € müssen monatlich bezahlt werden?

```
4788 : 9 = 532
45
 28
 27        Probe:
  18
  18      532 · 9
   0       4788
```

2

a)

b)

c)

3 a) Die drei Eigentümer des Hauses teilen sich die Mieteinnahme. Wie viel € erhält jeder?

b) Im letzten Jahr betrug die Mieteinnahme nur 1 611 €. Wie viel € bekam jeder der drei Eigentümer?

4

a)	b)	c)	d)
686 : 7	1 944 : 8	2 196 : 9	2 394 : 3
425 : 5	1 694 : 7	1 726 : 2	4 365 : 5
342 : 6	1 832 : 4	4 512 : 6	3 748 : 4
784 : 8	1 125 : 5	5 411 : 7	5 922 : 9

5 Die Reparatur der Dachfläche kostet insgesamt 1275 €. Die 3 Eigentümer teilen sich die Kosten. Wie viel € muss jeder Eigentümer bezahlen?

6

a)	b)	c)	d)	e)
189 : 3	1 585 : 5	4 896 : 8	5 499 : 9	4 935 : 5
246 : 6	1 872 : 6	3 692 : 4	7 296 : 8	3 912 : 4
128 : 4	1 491 : 7	4 284 : 6	5 684 : 7	5 832 : 8
567 : 7	1 897 : 7	2 781 : 3	5 496 : 6	6 624 : 9

Schriftliches Dividieren

1 Vorsicht bei Nullen!

a) 960 : 8
560 : 4
850 : 5

b) 780 : 6
750 : 3
920 : 4

c) 1 360 : 4
3 140 : 2
2 720 : 8

d) 2 580 : 6
1 680 : 7
2 760 : 4

```
9 1 0 : 7 = 1 3 0
7
2 1
2 1            Probe:
  0 0
    0          1 3 0 · 7
    0              9 1 0
```

2

a) : 2	b) : 3	c) : 4	d) : 5	e) : 7
660	630	520	750	910
540	570	760	900	140
1 420	4 410	1 360	2 850	5 740
4 880	7 650	6 520	6 800	3 850

3

a) 840 : 2
480 : 3
950 : 5
980 : 7

b) 750 : 3
840 : 6
840 : 7
880 : 8

c) 8 320 : 2
5 760 : 6
1 680 : 7
8 960 : 8

d) 1 890 : 9
1 240 : 4
9 560 : 2
3 690 : 9

4 Eine Wohngemeinschaft von 4 Personen teilt sich die Kosten. Wie viel € muss jeder Bewohner bezahlen?

Miete:	820 €
Wasser:	115 €
Strom:	225 €
	€

5 Auch hier gibt es verflixte Nullen!

a) 612 : 2
814 : 2
906 : 3

b) 804 : 4
505 : 5
721 : 7

c) 6 108 : 2
1 524 : 3
1 632 : 4

d) 3 515 : 5
4 824 : 6
1 881 : 9

```
5 4 2 7 : 3 = 1 8 0 9
3
2 4
2 4              Probe:
  0 2
    0            1 8 0 9 · 3
    2 7              5 4 2 7
    2 7
      0
```

6 Rechne zu jeder Aufgabe die Probe.

a) 2 030 : 5
2 436 : 4
1 218 : 3
3 024 : 6

b) 3 609 : 3
9 214 : 2
3 042 : 6
2 428 : 4

c) 2 849 : 7
9 012 : 3
7 520 : 5
6 180 : 6

d) 4 832 : 8
2 745 : 9
4 256 : 7
4 864 : 8

Schriftliches Dividieren mit Rest

1 Bei diesen Aufgaben bleibt ein Rest.

a) 463 : 2
575 : 3
871 : 5
938 : 4

b) 517 : 6
724 : 3
618 : 5
769 : 4

```
9 8 1 : 4 = 2 4 5 R 1
8
1 8
1 6
  2 1
  2 0
    1
```

Probe:
2 4 5 · 4
9 8 0

9 8 0 + 1 = 9 8 1

2 Ein Supermarkt nimmt an einem Tag 1395 leere Flaschen zurück. Wie viele Kästen können gefüllt werden?

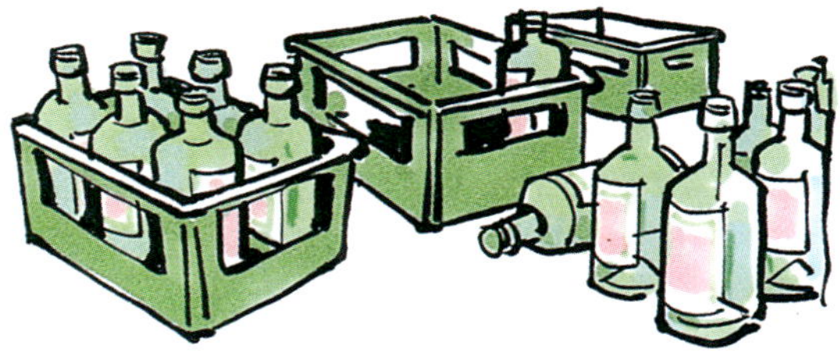

3

a)
745 : 4
812 : 6
256 : 7
748 : 9

b)
4239 : 4
5619 : 2
6425 : 4
1004 : 3

c)
3950 : 6
3611 : 5
5427 : 8
9211 : 9

d)
6241 : 2
6310 : 3
1925 : 8
4063 : 4

4

a)

752	4831	1832	: 4
845	1524	8104	: 3

b)

952	2404	5320	: 2
632	6180	4374	: 6

c)

430	4658	1250	: 5
731	2748	3192	: 7

d)

652	4104	2736	: 9
794	1273	3635	: 8

5 In einer Gärtnerei werden 3152 Tulpen zu Sträußen gebunden.
In jedem Strauß sind 9 Tulpen.
Wie viele Sträuße werden gebunden?
Wie viele Tulpen bleiben übrig?

6

Vermischte Übungen

1

Wie viel Kisten können insgesamt geladen werden?

2 Jeder der 6 Lastwagen fährt in der Woche 875 km.
Wie viel km fahren die 6 Lastwagen insgesamt in einer Woche?

3 Wie viele Nägel sind es?

Gewicht	1 kg	3 kg	7 kg	9 kg	6 kg	8 kg	5 kg	10 kg	20 kg
Anzahl	265 Stück								

4 Elektro-Müller bekommt 8 Waschmaschinen geliefert.
Jede Maschine kostet 379 €.
Wie viel kosten die Waschmaschinen zusammen?

5

a) 234 · 6
403 · 3
678 · 2
542 · 5

b) 175 · 9
350 · 5
437 · 4
263 · 7

c) 2316 · 2
1087 · 3
1520 · 2
1360 · 4

d) 34 · 40
82 · 30
76 · 20
64 · 50

6

a) Die Fahrgemeinschaft teilt sich die Benzinkosten.
Wie viel € muss jede Person bezahlen?

b) Letzte Woche hat die Fahrgemeinschaft 148 € für Benzin ausgegeben.
Wie viel € hat jede Person bezahlt?

7 Eine Gruppe von 8 Kindern macht eine Tagesfahrt in einen Erlebnispark.
Die Gruppe bezahlt 304 €.
Wie viel € kostet die Fahrt für ein Kind?

1

Wie viel km fährt der Reisebus in einer Woche?

2 Ein Sparverein von 6 Personen hat in einem Jahr 1248 € gespart. Am Ende des Jahres wird das Geld auf die Sparer aufgeteilt. Wie viel € bekommt jeder?

3

a)	b)	c)	d)
1 200 : 3	822 : 3	2 408 : 4	2 574 : 9
2 800 : 7	705 : 5	3 510 : 5	1 456 : 7
4 500 : 9	652 : 4	1 941 : 3	2 808 : 8
3 200 : 8	511 : 7	2 772 : 6	2 664 : 4

4 Eine Freizeit auf dem Reiterhof kostet 95 € pro Person. 20 Schülerinnen und Schüler nehmen an der Fahrt teil. Wie teuer wird die Fahrt für alle?

5 In einem Baugebiet werden 4 Einfahrten gepflastert. Für jede Einfahrt werden 267 Platten benötigt. Wie viele Platten werden insgesamt benötigt?

6 In der Schule am Burgtor werden 194 Schülerinnen und Schüler von der Schulzahnärztin untersucht. Die Hälfte der Kinder muß zur Behandlung. Wie viele Kinder sind das?

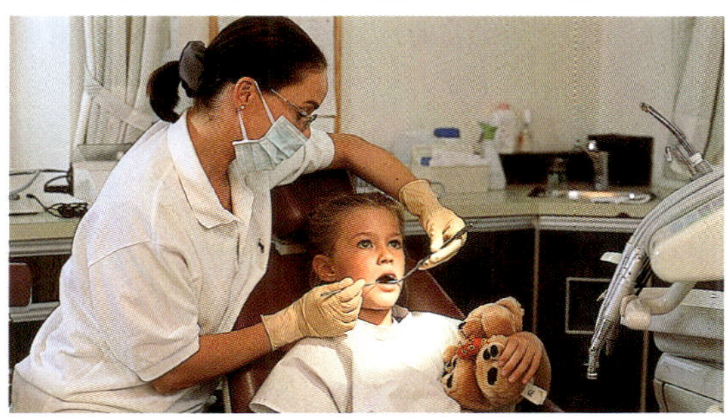

Wiederholen und Üben

1

a) 4 · 700
5 · 600
3 · 800
6 · 200

b) 3 · 900
6 · 400
5 · 500
9 · 300

c) 500 · 8
600 · 9
700 · 6
200 · 7

d) 400 · 8
900 · 7
700 · 3
600 · 6

e) 500 · 7
700 · 6
600 · 8
400 · 9

2

a) 1 500 : 5
3 600 : 9

b) 4 500 : 9
4 200 : 7

c) 2 400 : 8
4 900 : 7

d) 2 700 : 3
3 000 : 6

e) 2 800 : 7
5 600 : 8

3

a) 20 · 50
30 · 60
40 · 70
80 · 20

b) 70 · 50
80 · 40
70 · 70
90 · 80

c) 52 · 20
43 · 30
71 · 80
92 · 40

d) 64 · 70
83 · 60
55 · 80
37 · 40

e) 29 · 50
46 · 60
57 · 40
23 · 90

4

a)

432	605	1 371	· 4
207	724	1 536	· 5

b)

676	1 560	1 392	· 3
180	342	632	· 6

c)

483	347	602	· 7
536	270	3 472	· 2

d)

231	145	304	· 9
140	324	263	· 8

5 Wie viele km fährt jeder LKW an 5 Tagen?

a) 

b) 

c) 

d) 

6

a)

724	7 314	5 208	: 2
928	2 388	3 396	: 4

b)

855	3 870	5 905	: 5
714	4 716	5 871	: 3

c)

834	1 842	2 802	: 6
984	4 216	1 912	: 8

d)

854	3 157	4 284	: 7
891	5 553	7 227	: 9

7 Bei einigen Aufgaben bleibt ein Rest.

a) 30 : 7
25 : 4
32 : 8
37 : 9

b) 42 : 5
45 : 9
29 : 3
78 : 8

c) 754 : 4
912 : 6
443 : 9
817 : 8

d) 4 325 : 5
2 641 : 3
6 410 : 4
1 999 : 9

e) 7 240 : 4
5 617 : 6
4 136 : 7
3 550 : 8

8

a) 56 : 6
65 : 7

b) 81 : 9
19 : 4

c) 863 : 5
521 : 3

d) 5 520 : 8
2 986 : 4

e) 9 450 : 7
4 653 : 8

Alles paletti

1 Welche Zahlen gehören zu den roten Strichen? Schreibe: a = 500

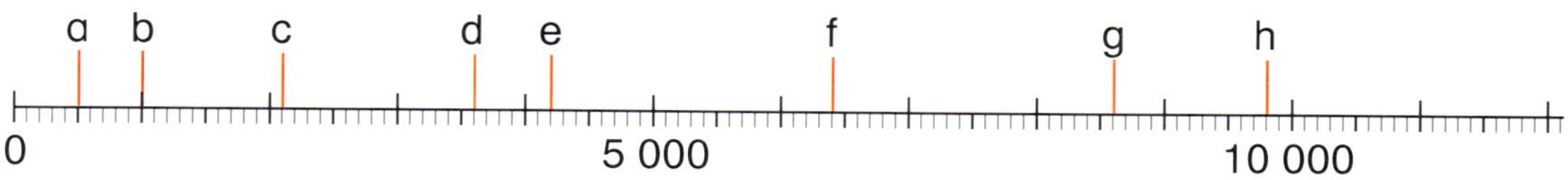

2 Rechne im Kopf. Schreibe in dein Heft.

a) 3 200 + 400	b) 5 800 + 500	c) 4 600 – 300	d) 3 100 – 800
4 300 + 600	8 700 + 600	3 800 – 600	9 200 – 400
9 100 + 700	1 800 + 800	8 500 – 200	5 500 – 900

3 Ergänze zum folgenden Tausender.

2 800   1 400   5 700   6 900   8 100   3 600   1 500   7 700   9 900

4 Ordne der Größe nach. Beginne mit der kleinsten Zahl.

a) 4 100	b) 2 600	c) 9 200	d) 1 600	e) 8 800	f) 2 100
4 700	6 200	2 900	1 900	7 400	1 200
1 400	5 300	6 100	2 900	7 800	3 300
7 400	5 600	1 900	2 600	4 800	1 300

5 Gib Vorgänger und Nachfolger an.

3 500   4 100   6 000   3 499   7 890   9 070   9 999   3 450   7 800

6

a) 3 200 + 20	b) 5 000 + 30	c) 4 100 – 10	d) 6 000 – 30
4 700 + 60	6 000 + 70	3 800 – 50	4 000 – 70
8 800 + 50	5 000 + 90	6 600 – 40	8 000 – 50

7 Setze das richtige Zeichen ein: > (größer); < (kleiner)

a) 3 140 ☐ 3 410	b) 5 780 ☐ 5 870	c) 7 130 ☐ 7 310	d) 9 470 ☐ 9 074
5 270 ☐ 2 750	4 320 ☐ 3 240	2 990 ☐ 9 920	8 120 ☐ 2 180
6 380 ☐ 6 830	9 810 ☐ 9 180	3 480 ☐ 3 840	6 650 ☐ 6 560

8 Runde die Zahlen zuerst auf Tausender, dann auf Hunderter.

6 480   3 419   4 274   3 817   7 777   3 610   5 449   7 240

9

a) 2 184 + 3 203	b) 7 263 + 1 831	c) 6 428 – 3 307	d) 4 317 – 1 604
6 037 + 1 941	2 774 + 154	4 169 – 4 144	1 946 – 1 728
1 946 + 2 031	6 347 + 2 702	7 746 – 3 125	6 637 – 2 149
6 217 + 331	6 643 + 1 748	3 477 – 1 024	7 184 – 698

Alles paletti

1

a)	b)	c)	d)	e)	f)
3 · 7	6 · 8	8 · 9	7 · 5	9 · 4	4 · 7
3 · 70	6 · 80	8 · 90	7 · 50	9 · 40	4 · 70
3 · 700	6 · 800	8 · 900	7 · 500	9 · 400	4 · 700

2

a)
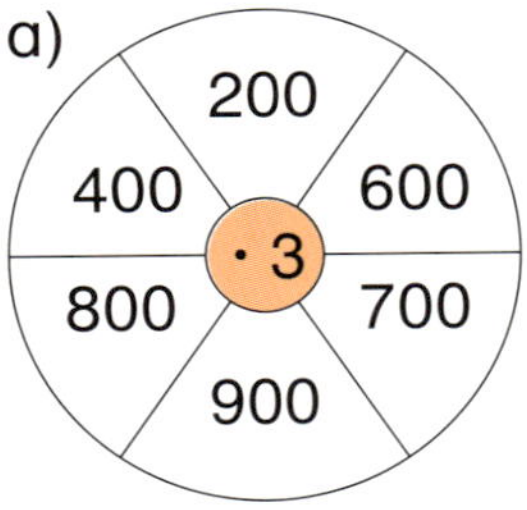

b)
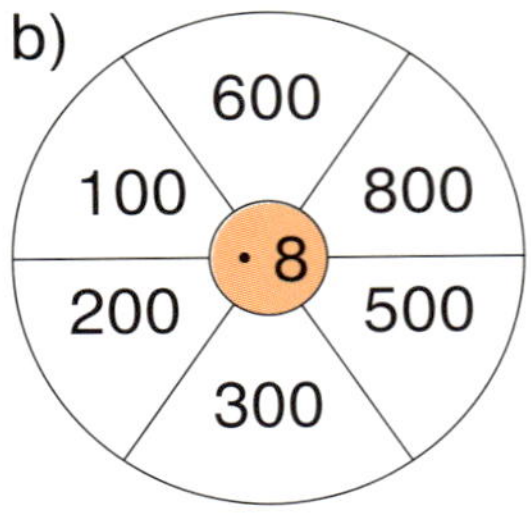

c)
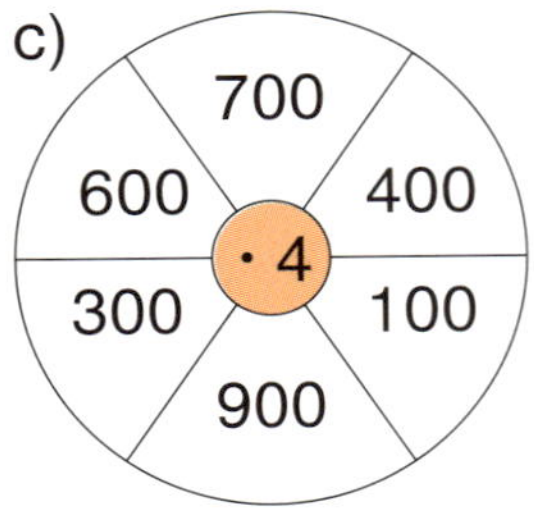

d)
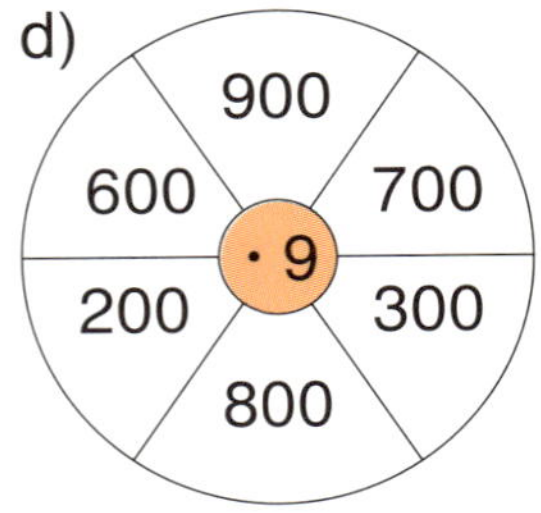

3

a)	b)	c)	d)	e)
36 : 4	72 : 9	64 : 8	21 : 3	54 : 6
360 : 4	720 : 9	640 : 8	210 : 3	540 : 6
3 600 : 4	7 200 : 9	6 400 : 8	2 100 : 3	5 400 : 6

4

a)
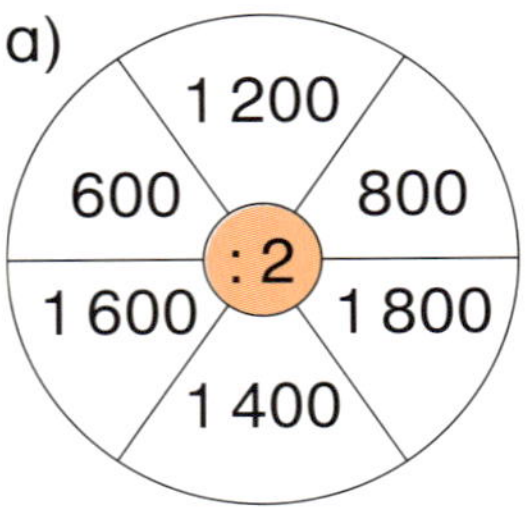

b)
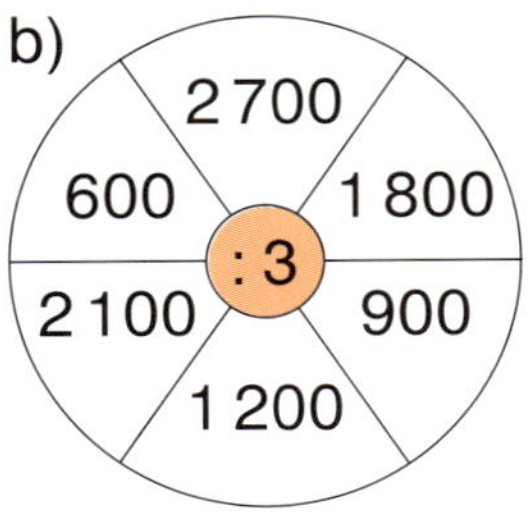

c)
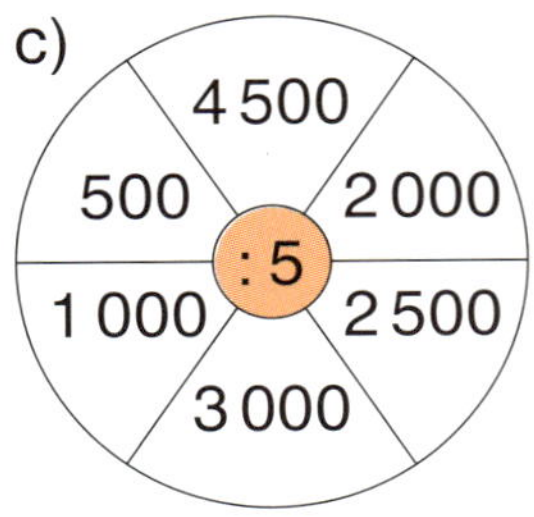

d)
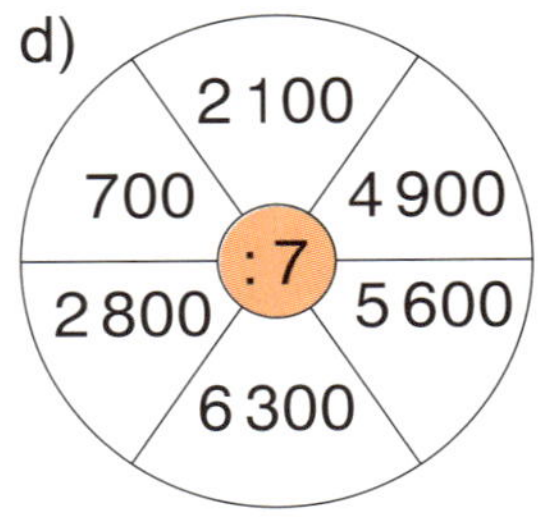

5 Ein Möbelhaus bekommt 8 Schränke geliefert.
Jeder Schrank kostet 231 €.
Wie hoch ist der Rechnungsbetrag?

6

a)	b)	c)	d)	e)	f)
341 · 2	708 · 4	222 · 6	81 · 40	72 · 70	39 · 80
423 · 3	217 · 7	430 · 8	42 · 30	88 · 90	45 · 70
814 · 2	346 · 9	217 · 7	56 · 90	32 · 60	99 · 90

7 Drei Freundinnen haben im Lotto zusammen 7 122 € gewonnen.
Wie viel € bekommt jede der drei Freundinnen?

8

a)	b)	c)	d)	e)
6 936 : 3	7 585 : 5	6 496 : 8	4 053 : 7	9 452 : 2
2 466 : 2	4 644 : 6	5 075 : 7	9 976 : 8	6 096 : 6
8 480 : 4	6 111 : 9	4 116 : 6	9 117 : 9	9 753 : 3
3 522 : 6	2 947 : 7	7 770 : 3	8 285 : 5	8 792 : 4

9 Schreibe in Gramm.
7,345 kg   8,912 kg   3,074 kg   2,140 kg   0,437 kg   1,965 kg

Flächen

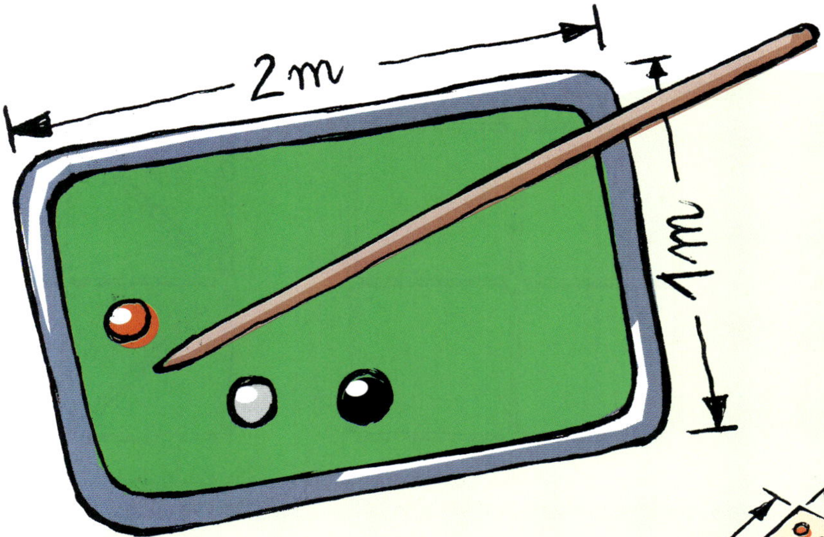

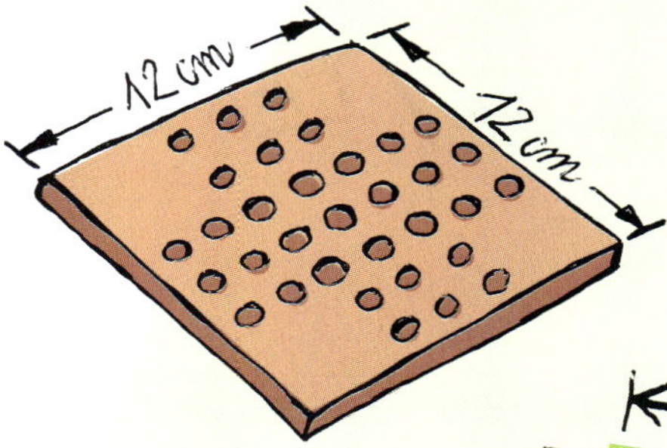

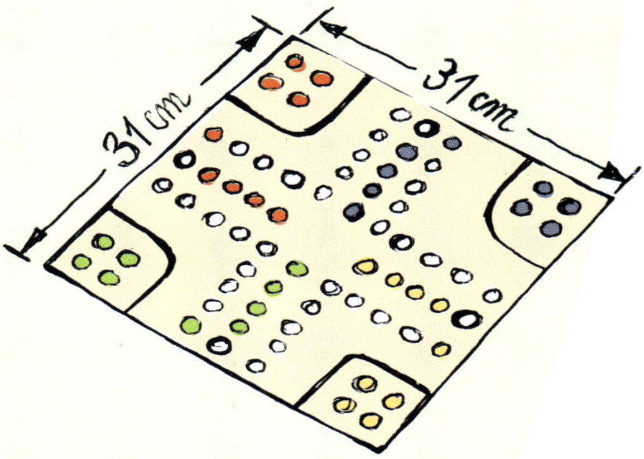

Legespiel

1 Wie viele Quadrate siehst du?

a) 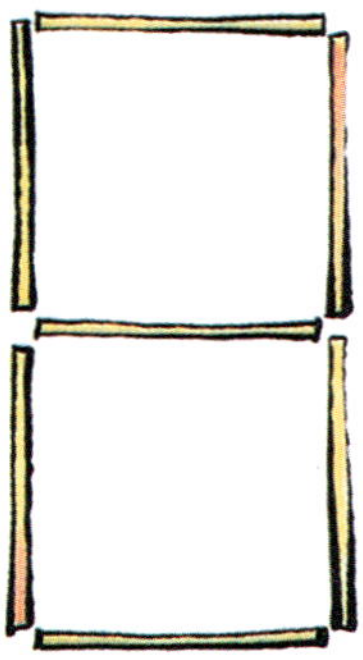

b) 

c) 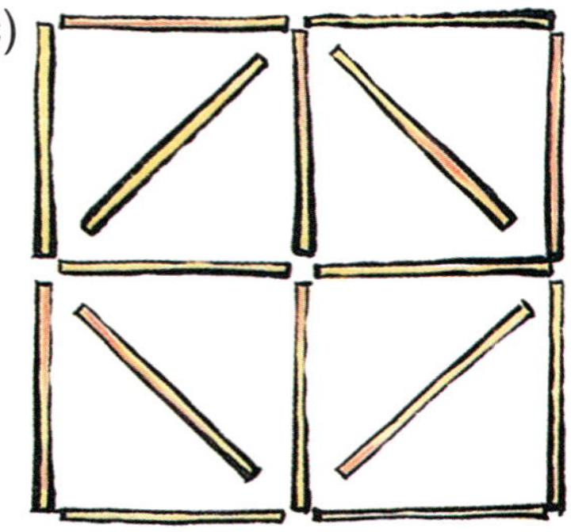

2 Wie viele Hölzchen benötigst du für 1, 2, 3, 4 Quadrate?

3 a) Lege aus 10 Hölzchen 3 Quadrate.
b) Lege aus 10 Hölzchen 2 Rechtecke.

4 Lege die Figur aus 12 Hölzchen nach.

a) Entferne 2 Hölzchen.
Es sollen drei Quadrate entstehen.

b) Entferne 2 Hölzchen.
Es sollen zwei verschieden große Quadrate entstehen.

c) Lege 4 Hölzchen um.
Es sollen drei Quadrate entstehen.

5 Lege 4 Hölzchen um.
Es sollen vier gleich große Quadrate entstehen.

Zeichnen von Rechteck und Quadrat

1 Was ist das Besondere am Quadrat?

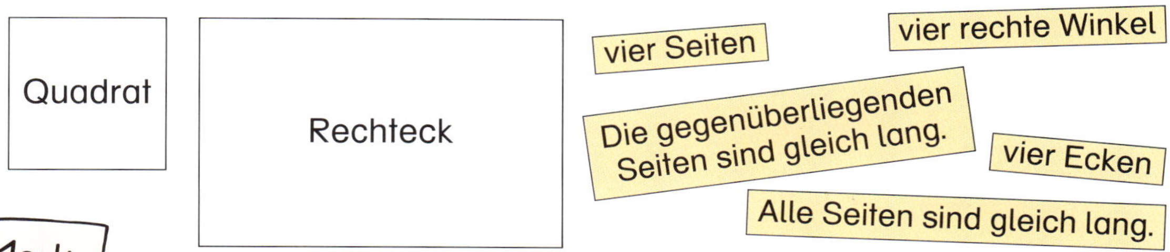

Das Quadrat ist ein besonderes Rechteck.

2 a) Welche der Rechtecke sind Quadrate?
b) Miss jeweils die Seite a und die Seite b der Figuren.

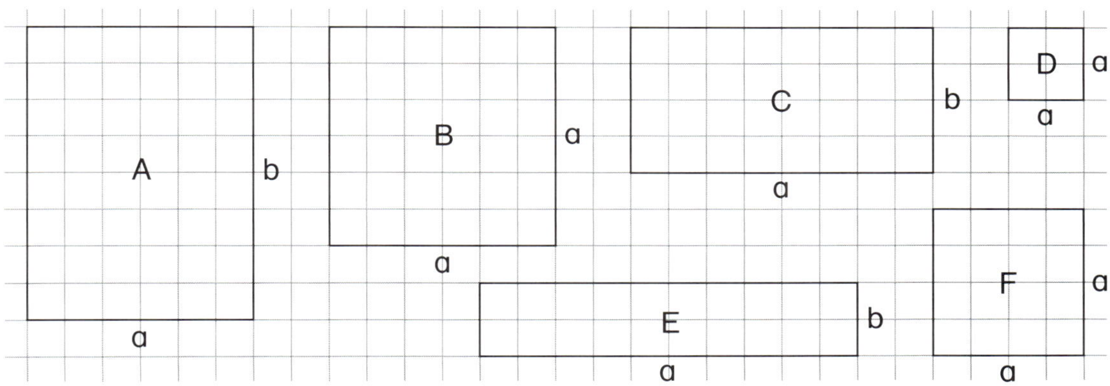

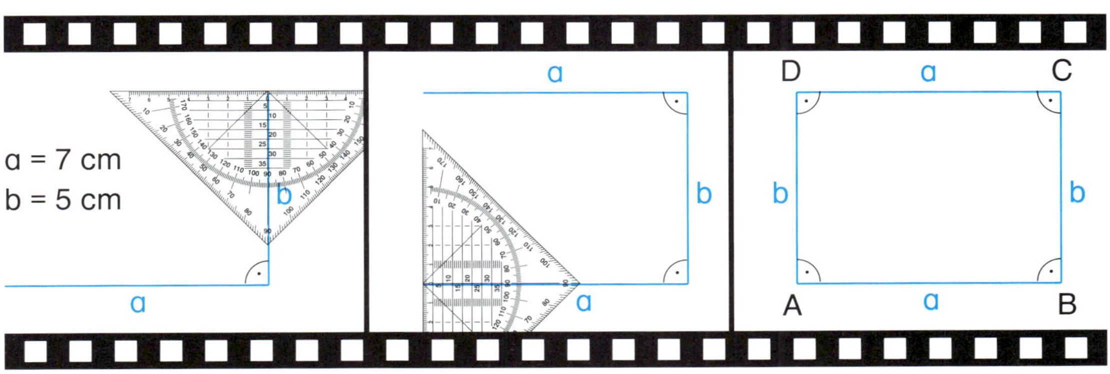

3 Zeichne die Rechtecke und Quadrate mit deinem Geodreieck.

a) a = 4 cm, b = 2 cm
b) a = 2 cm, b = 6 cm
c) a = 6 cm, b = 4 cm
d) a = 4 cm
e) a = 3 cm

Umfang

1 Dieses Jahr will die Klasse 6b die Pflanzen im Schulgarten mit einem Schneckenzaun schützen.

Der Umfang (u) eines Rechtecks ist die Länge aller Seiten.

2 Berechne den Umfang eines Rechtecks mit den Seitenlängen 3 m und 2 m.

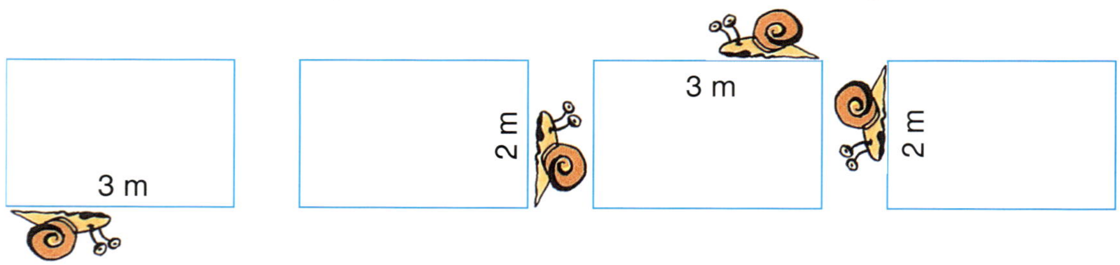

u = 3 m + 2 m + 3 m + 2 m = ▢

3 Berechne den Umfang der abgebildeten Rechtecke.

a)

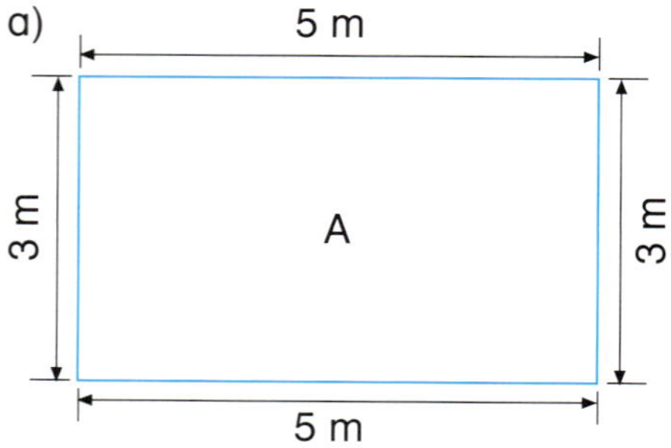

b)

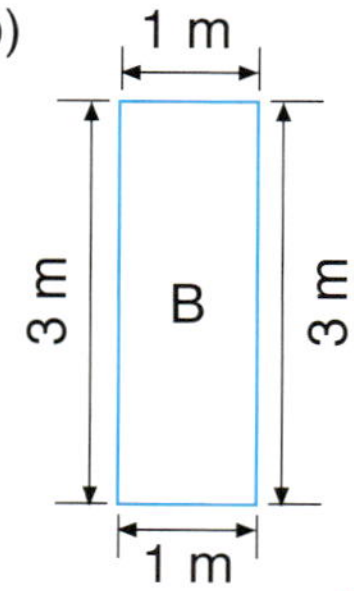

c)

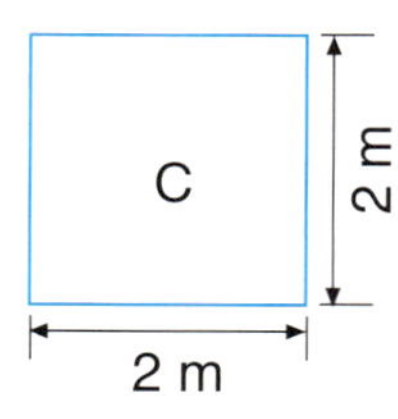

d)

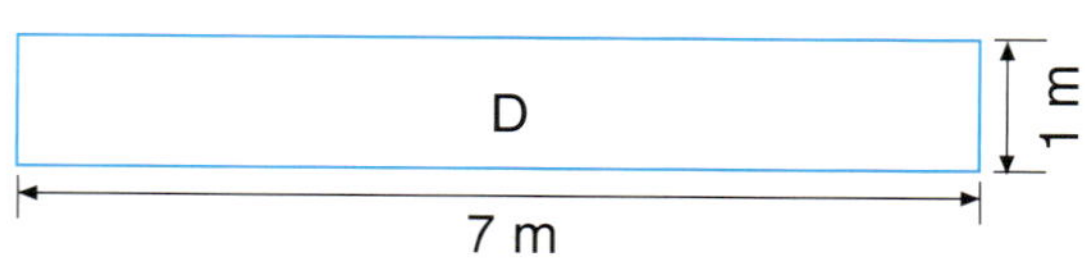

e)

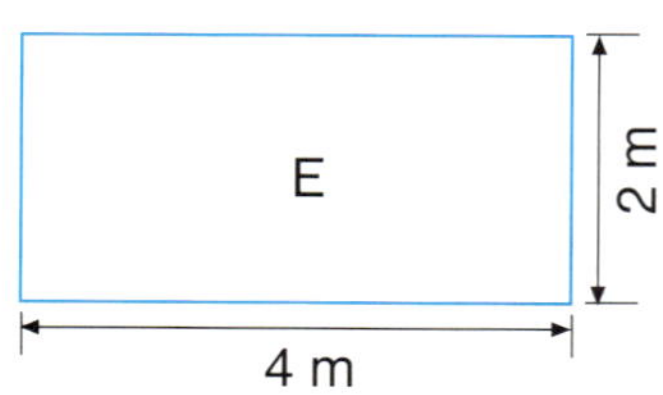

1 Schüler der Klasse 6b berechnen den Umfang (u) eines rechteckigen Beetes mit den Seitenlängen a = 5 m und b = 3 m.

Umfang eines Rechtecks: $u = 2 \cdot a + 2 \cdot b$
Umfang eines Quadrates: $u = 4 \cdot a$

2 a) Berechne den Umfang des Rechtecks.

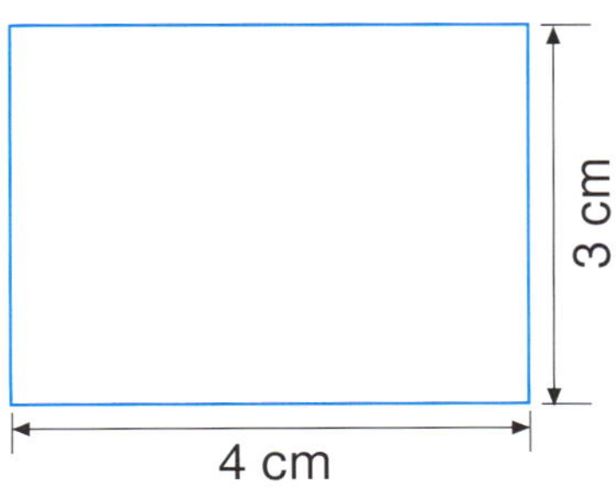

b) Berechne den Umfang des Quadrates.

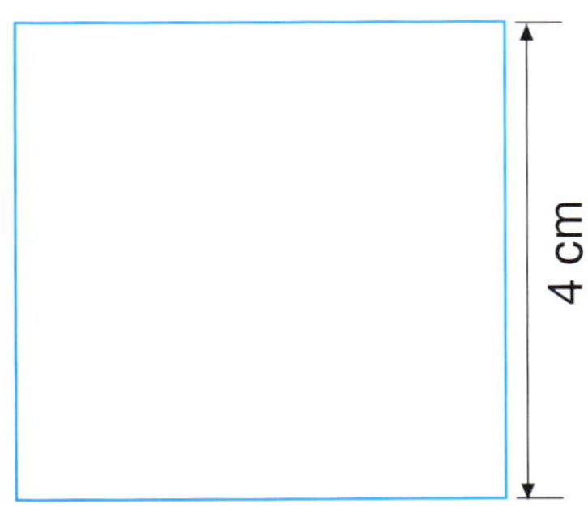

3 a) Zeichne die Rechtecke und Quadrate.
b) Berechne den Umfang.

Seite a	5 cm	5 cm	6,5 cm	3 cm	5 cm	2,5 cm
Seite b	4 cm	2 cm	4,5 cm			

Übungen zum Umfang

1 Welche der Rechtecke sind Quadrate?
Zeichne die Rechtecke und berechne ihren Umfang.

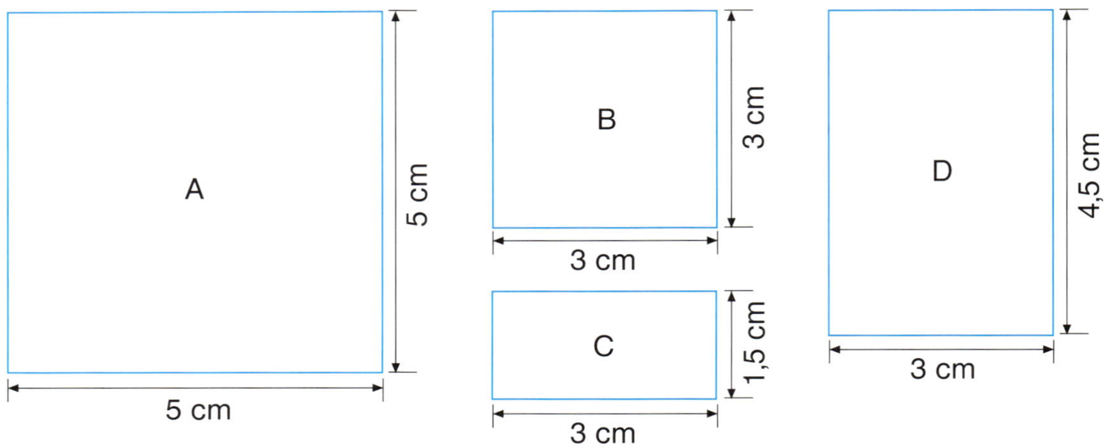

2 Zeichne die Rechtecke und Quadrate. Berechne dann den Umfang.

a) a = 6 cm
b = 3 cm

b) a = 5 cm
b = 4,5 cm

c) a = 6,5 cm
b = 4 cm

d) a = 3,5 cm
b = 5,5 cm

e) a = 6 cm

f) a = 4,5 cm

g) a = 5,5 cm

h) a = 6,5 cm

3 Holger will für seine Meerschweinchen ein quadratisches Gehege mit der Seitenlänge 2 m bauen.
Wie viel m Zaun braucht er?

4 Herr Müller, Frau Schmitt und Frau Sommer wollen wegen der Kaninchenplage ihre Gärten einzäunen.
Welcher Garten bekommt den längsten Zaun?

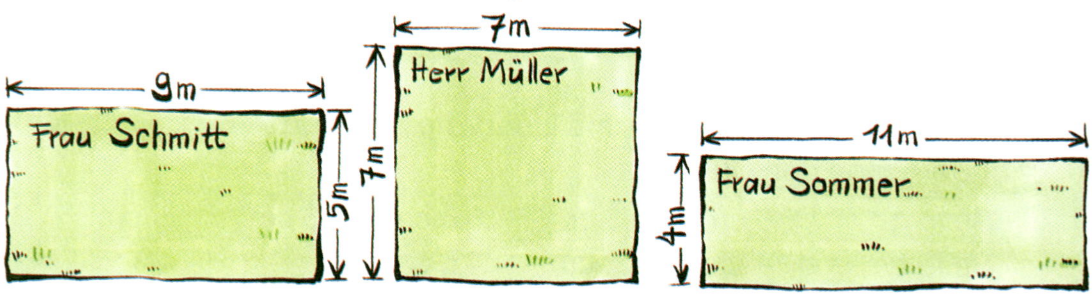

Flächen legen

1 Zeichne die Figur mit allen Linien auf Kartonpapier und schneide aus. Es entstehen acht Dreiecke. Male vier davon an und lege die Figuren nach. Erfinde selbst Figuren.

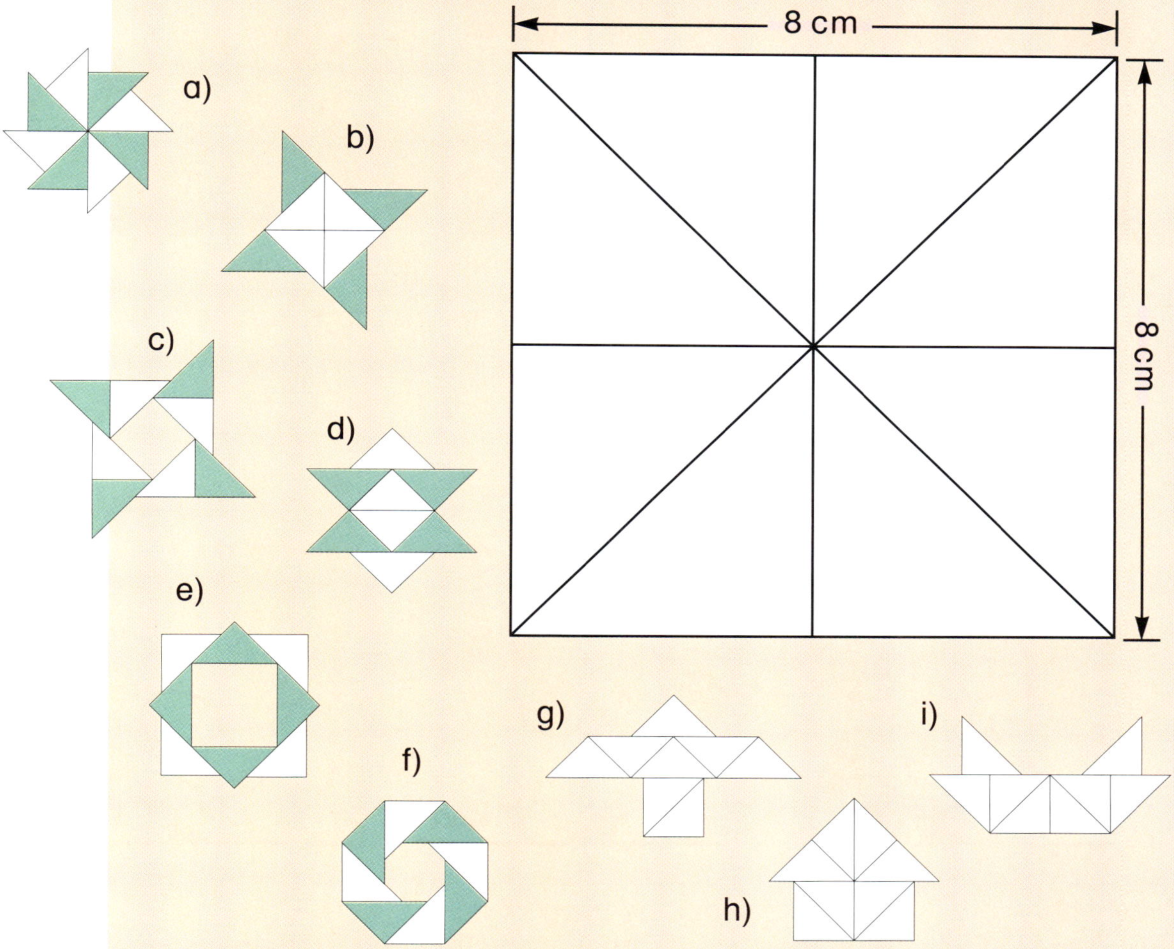

2 Lege mit den acht Dreiecken die mittlere Figur nach. Durch Umlegen von nur zwei Dreiecken entsteht ein Rechteck oder ein Quadrat.

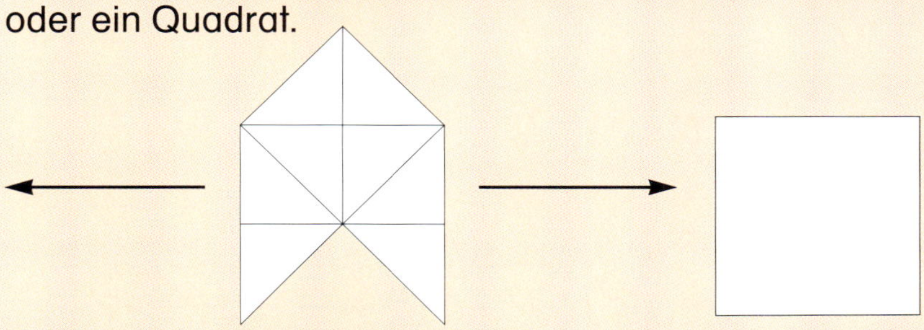

Flächen vergleichen

1 Welches Spielfeld ist in Wirklichkeit größer?

Olympiastadion München

Tennisstadion in Paris

2 Stefan, Micha und Sarah haben Drachen gebaut.
Sie benutzen alle gleich große Dreiecke.
Wie viele Dreiecke hat jeder verwendet?
Wer hat den größten Drachen?

3 Zeichne die Figuren und schneide sie aus.
Lege die Figuren übereinander und vergleiche ihre Flächen.

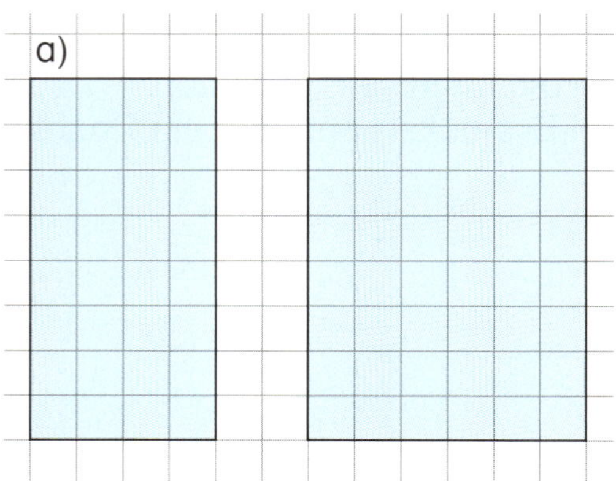

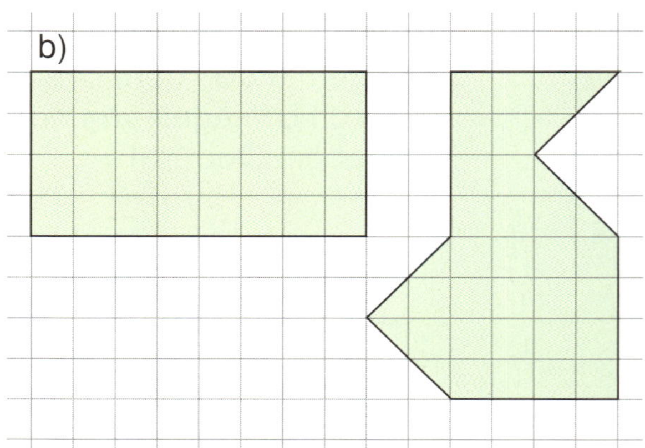

1 Wie viele Platten werden für das Bad und die Küche jeweils benötigt?

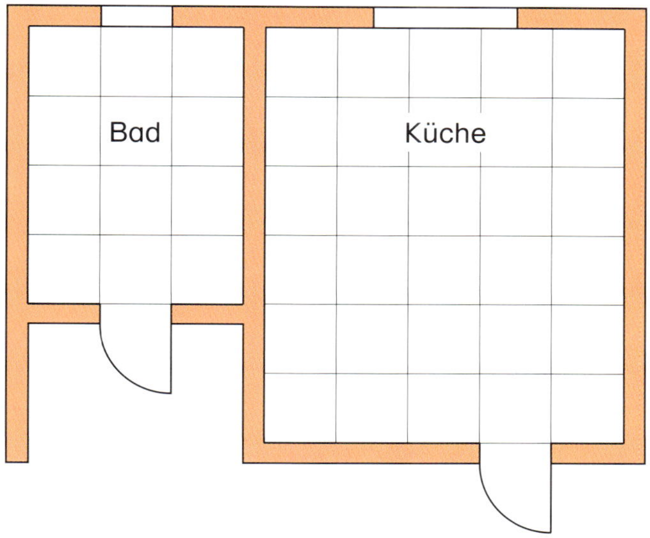

2 Die Kinderzimmer werden mit Teppichfliesen ausgelegt.
Wer hat das größte Zimmer, wer das kleinste?

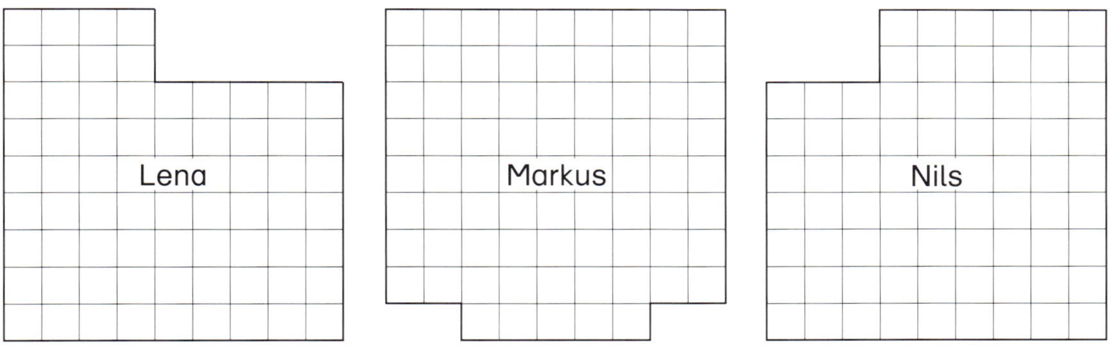

3 Jan und Maria sind sich nicht einig.

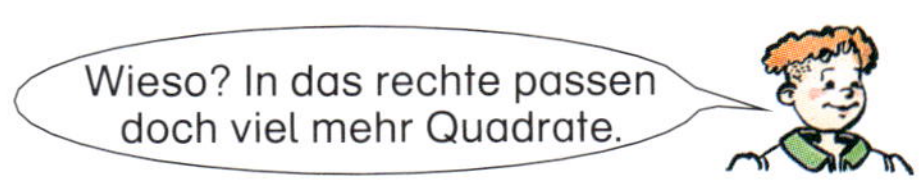

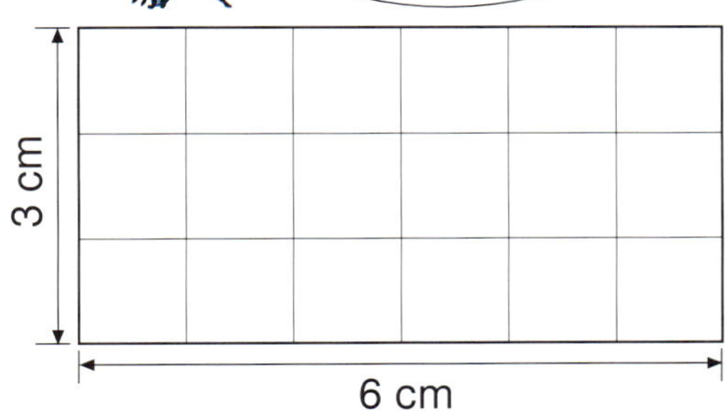

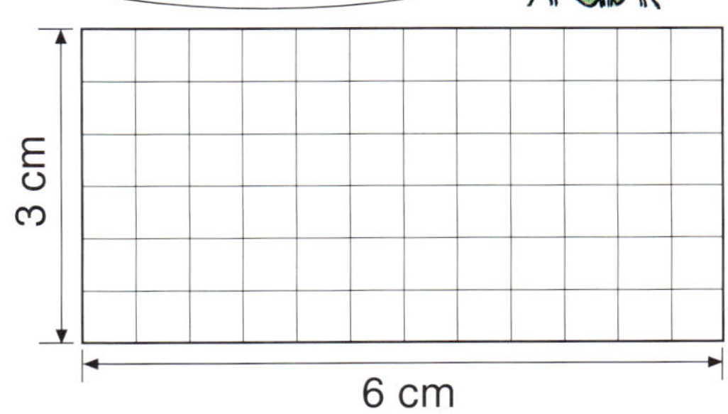

Quadratzentimeter

Kleine Flächen werden in Quadratzentimeter angegeben.
Ein Quadrat mit einer Seitenlänge von 1 cm hat den Flächeninhalt 1 cm² (Quadratzentimeter).

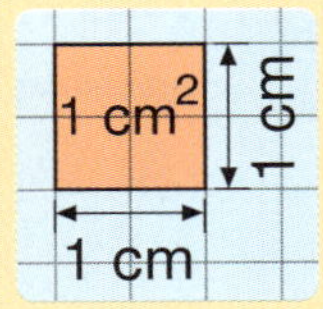

1

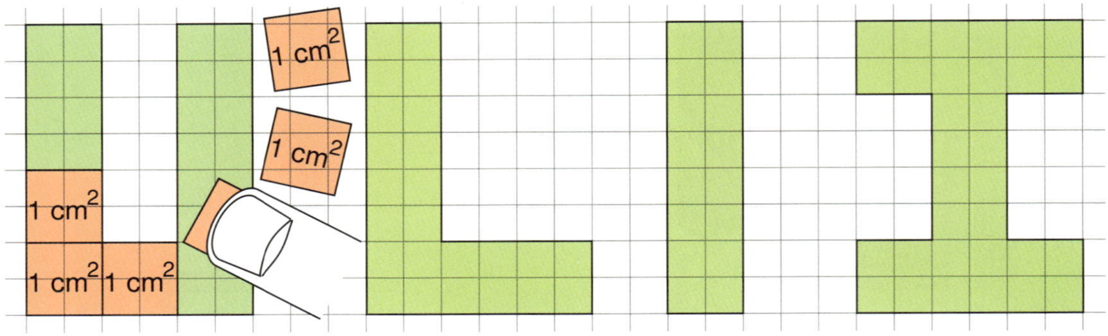

a) Zeichne die Figuren in dein Heft.
b) Stelle aus Karopapier Quadratzentimeter her und lege die Flächen aus.
c) Wie viel cm² brauchst du für jede Figur?

2 Was ist größer als 1 cm²? Was ist kleiner?

3 Lege deine Hand auf Karopapier und umfahre sie.
Wie viel cm² ist deine Hand groß?
4 Karos sind 1 cm².

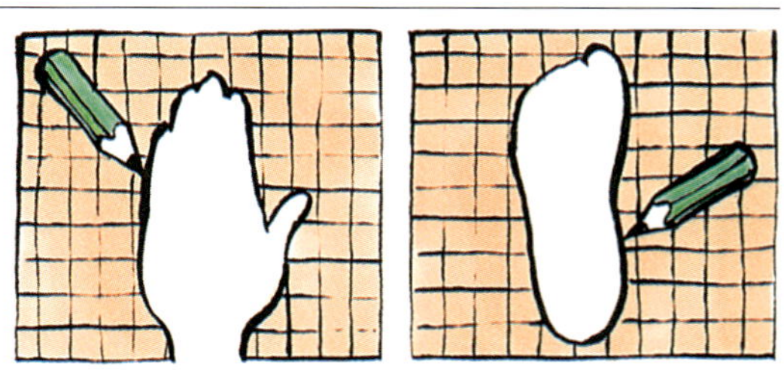

Quadratmeter

Große Flächen werden in Quadratmeter (m^2) angegeben.

1

a) Stellt aus Packpapier ein Quadrat mit der Seitenlänge von 1 m her.

b) Legt auf dem Schulhof eine Fläche von 4 m^2 aus.

c) Können alle Schüler eurer Klasse auf der Fläche stehen?

2 Wie viel Quadrate aus Aufgabe 1 brauchst du, um die abgebildeten Flächen auszulegen?

Flächeninhalt von Rechteck und Quadrat

1 a)

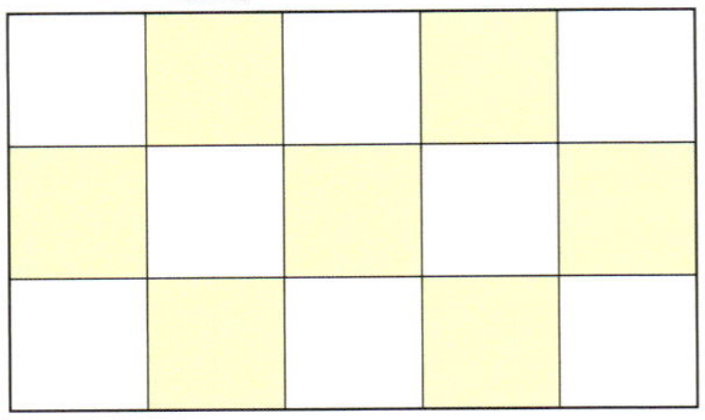

b)

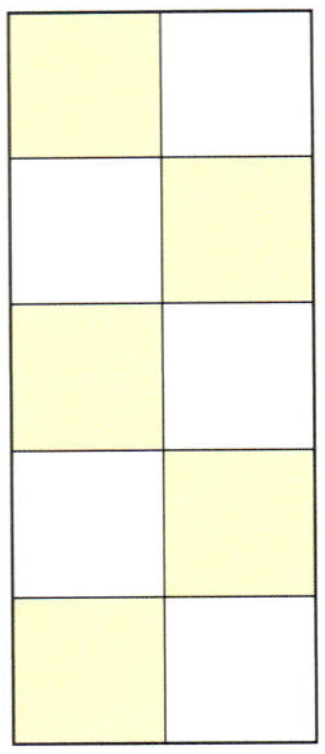

c)

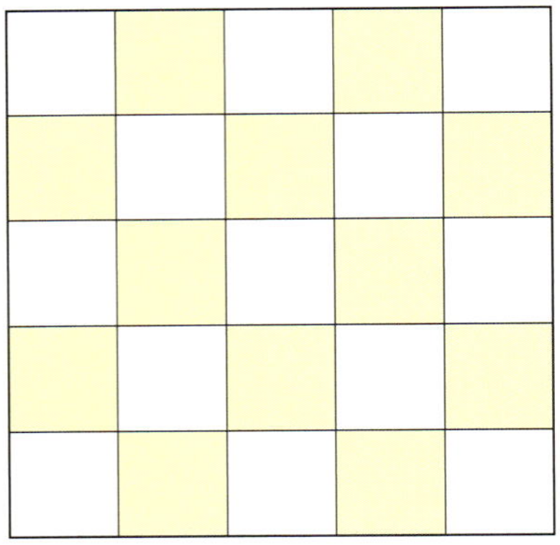

Wie viele cm² brauchte Tina für jede Figur?

2 a) Zeichne die Rechtecke in dein Heft und teile sie in cm² ein.
b) Wie viel cm² hat jede Figur?

(1)

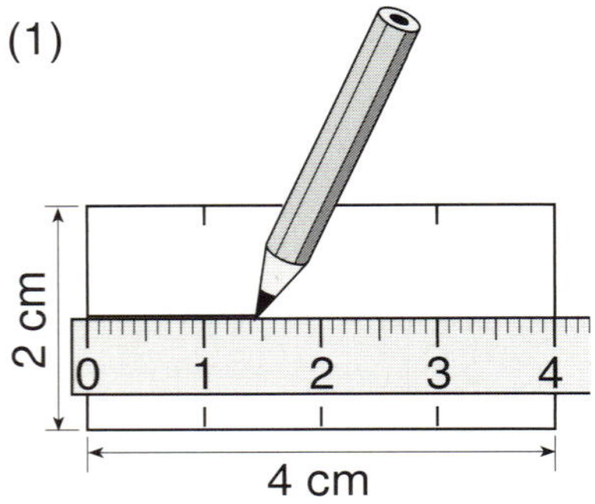

(2)

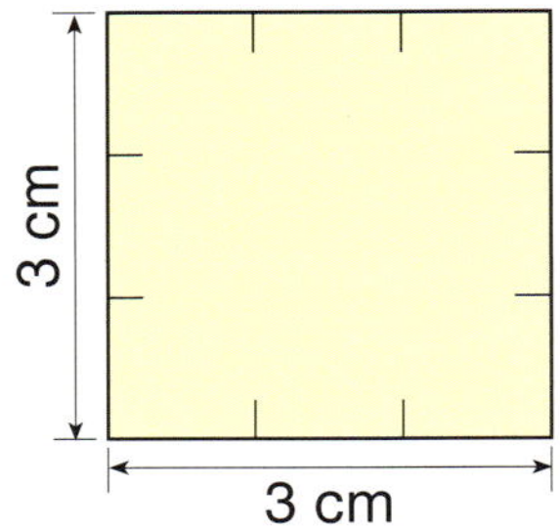

(3)

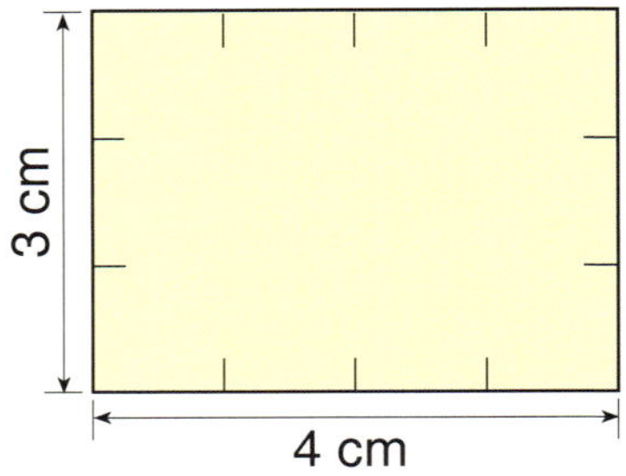

(4)

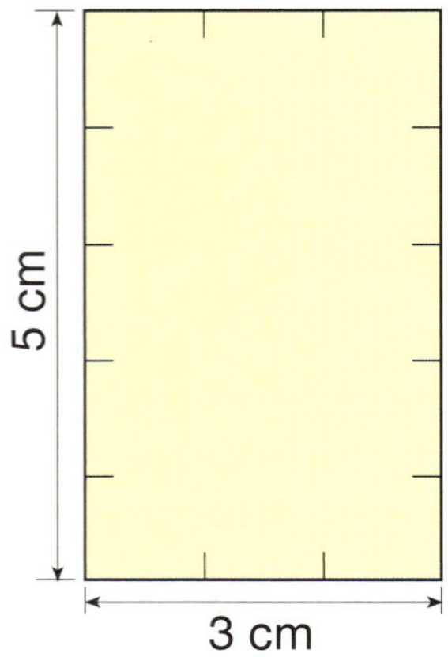

(5)

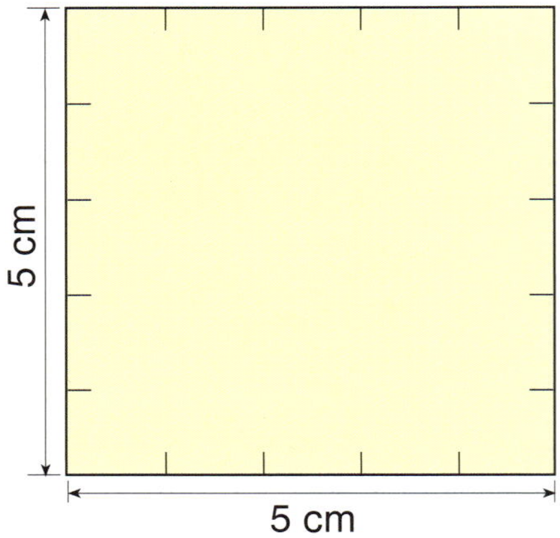

(6)

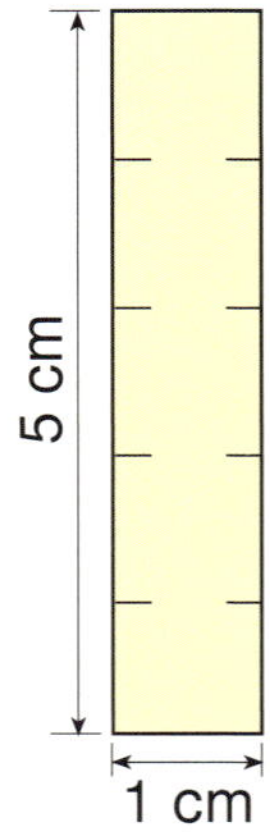

1 Ein Rechteck ist 6 cm lang und 4 cm breit.
Wie groß ist der Flächeninhalt?

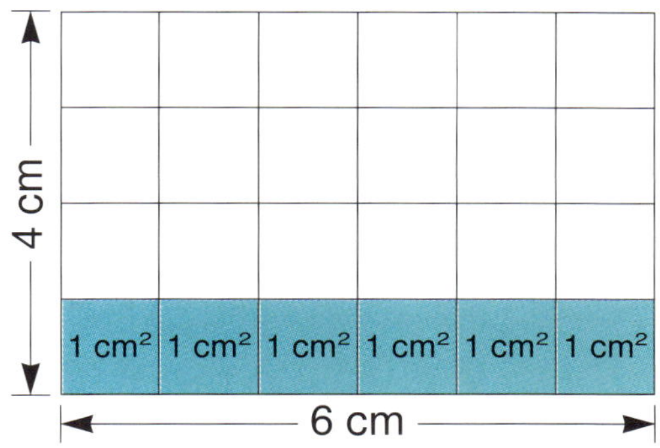

Ein Streifen $6\ \text{cm}^2$
Anzahl der Streifen 4

$A = 6\ \text{cm}^2 \cdot 4$

$A = \square\ \text{cm}^2$

Flächeninhalt eines Rechtecks

A = Anzahl der cm² in einem Streifen mal Anzahl der Streifen

2 a) Miss die Seiten a und b der Rechtecke. Zeichne sie in dein Heft.

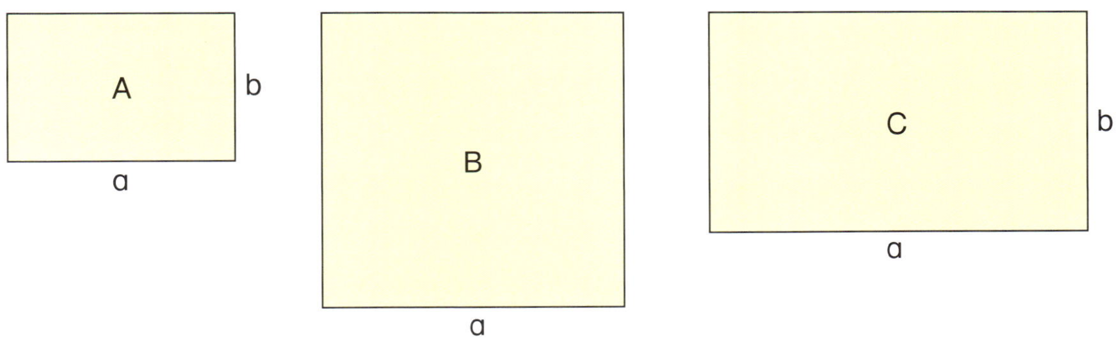

b) Wie viel cm² passen in einen Streifen?
Wie viele Streifen passen in ein Rechteck?

c) Berechne den Flächeninhalt.

3 Zeichne die Rechtecke in dein Heft.
Bestimme dann den Flächeninhalt.

a) a = 7 cm, b = 4 cm b) a = 6 cm, b = 5 cm c) a = 5 cm, b = 3 cm d) a = 6 cm, b = 4 cm e) a = 3 cm, b = 7 cm

4 Zeichne die Quadrate in dein Heft. Bestimme den Flächeninhalt.

a) a = 3 cm b) a = 5 cm c) a = 7 cm d) a = 4 cm e) a = 6 cm

Wiederholen und Üben

1 Berechne den Umfang der Rechtecke.

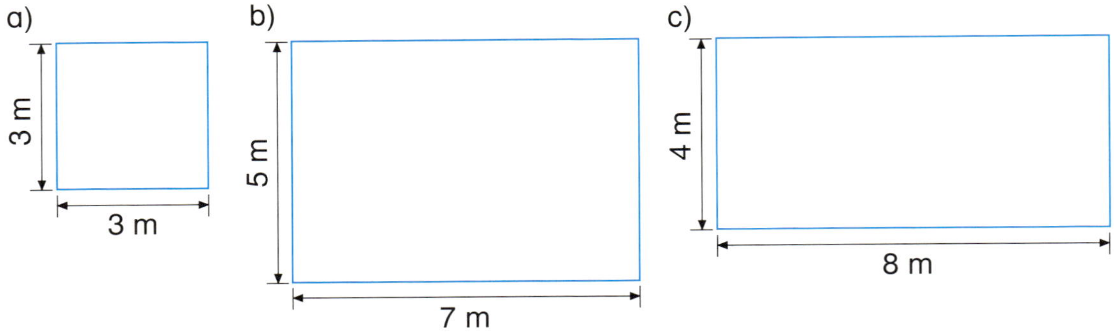

2 Ein rechteckiges Wildgehege wird neu eingezäunt.
Die Seiten sind 8 m und 6 m lang.
Wie viel m Zaun werden benötigt?

3 Patricia will ihr Lieblingsbild einrahmen.
Wie viel cm Rahmen braucht sie?

4 Zeichne die Rechtecke und Quadrate in dein Heft.
Bestimme den Umfang und den Flächeninhalt.

	a)	b)	c)	d)	e)	f)
Seite a	6 cm	5 cm	7 cm	4 cm	3 cm	5 cm
Seite b	2 cm	4 cm	3 cm			

5 a) Zeichne die Figuren in dein Heft und teile sie in cm^2 ein.
b) Wie viel cm^2 sind die Flächen groß?

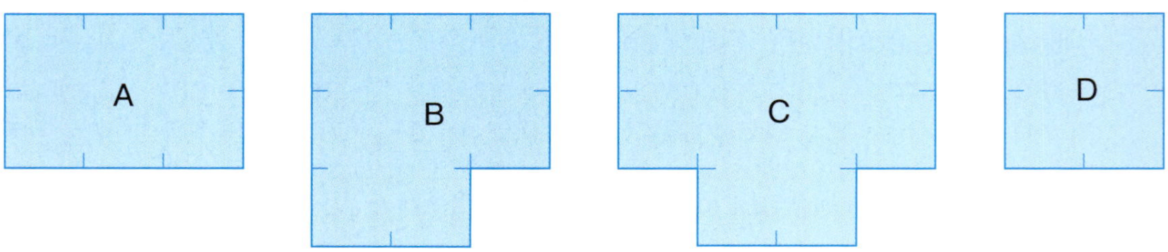

Brüche

Ich teile.
Und ich darf aussuchen.
Wir teilen gerecht.
Für jeden gleich viel.

Gleichmäßig teilen

1 Wo wurde gerecht geteilt?
Wenn du richtig zuordnest, entsteht ein Lösungswort.

<table>
<tr><td colspan="2">1
Apfel
</td><td>I
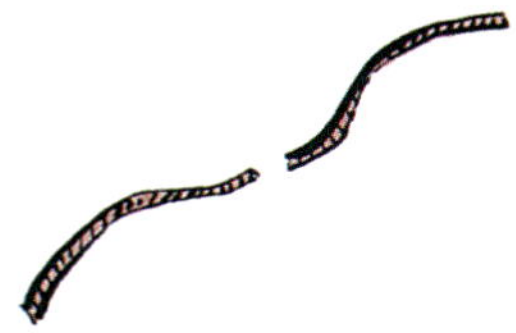</td></tr>
<tr><td colspan="2">2
Schokolade
</td><td>A
</td></tr>
<tr><td colspan="2">3
Schnur
</td><td>P
</td></tr>
<tr><td colspan="2">4
Saftkanne
</td><td>U
</td></tr>
<tr><td colspan="2">5
Tüte mit 6 Bonbons
</td><td>R
</td></tr>
<tr><td>N
</td><td>M
</td><td>K
</td></tr>
</table>

Halbieren

1 Nimm verschiedene Figuren und teile sie in zwei gleich große Teile.
Du erhältst zwei Hälften.

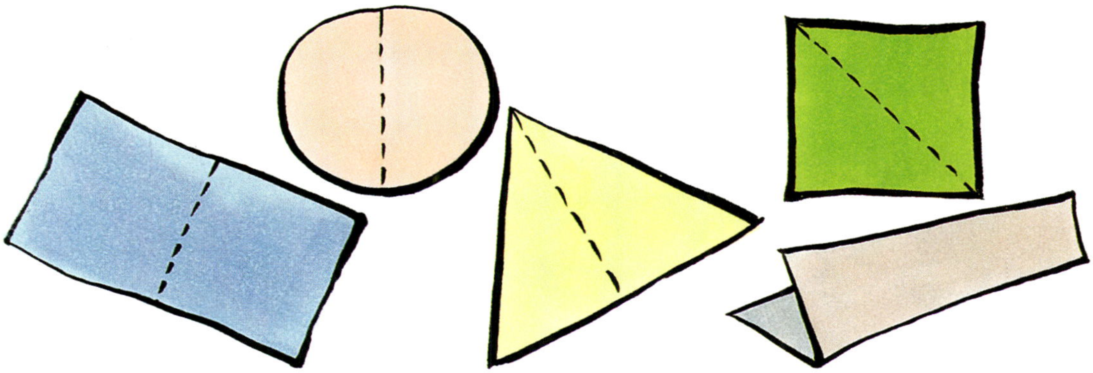

2 Zeichne die Rechtecke auf Tonpapier.

a) a = 8 cm
b = 12 cm

b) a = 10 cm
b = 13 cm

c) a = 6 cm
b = 10 cm

d) a = 4 cm
b = 8 cm

Schneide sie aus und teile sie durch Falten in zwei Hälften.

3 Welche Figuren sind in gleich große Teile geteilt?

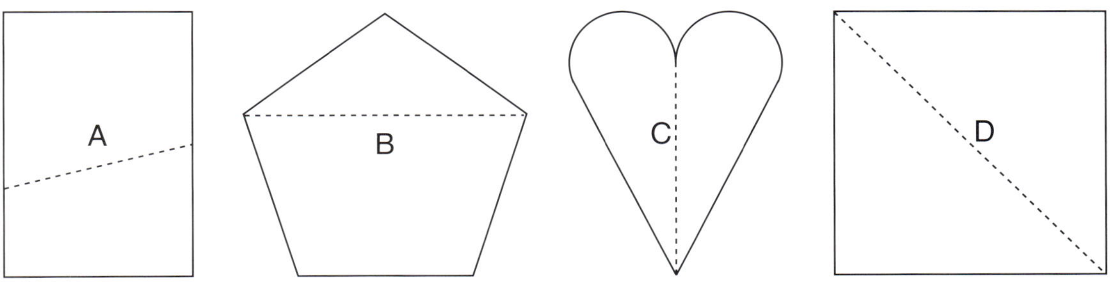

4 Zeichne die abgebildeten Figuren in dein Heft. Teile sie in zwei gleich große Teile.

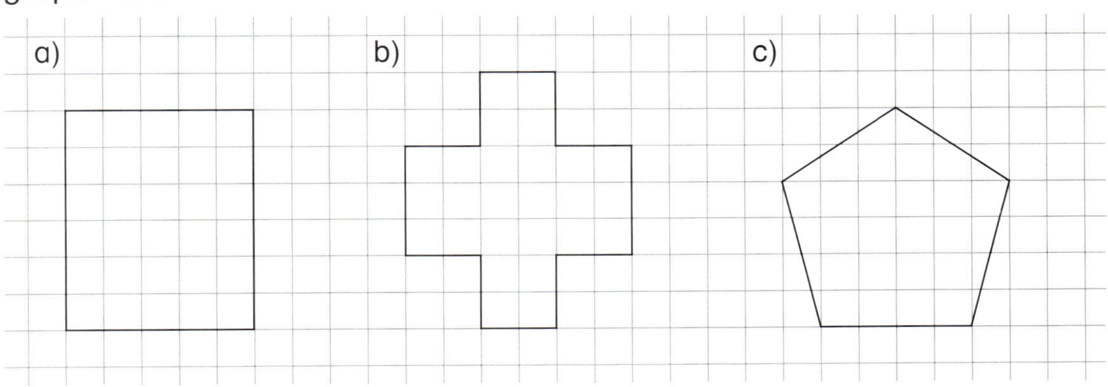

Stammbrüche

Wenn sich Tabea und Jonas eine Pizza teilen, erhält jedes Kind **eine halbe** Pizza.

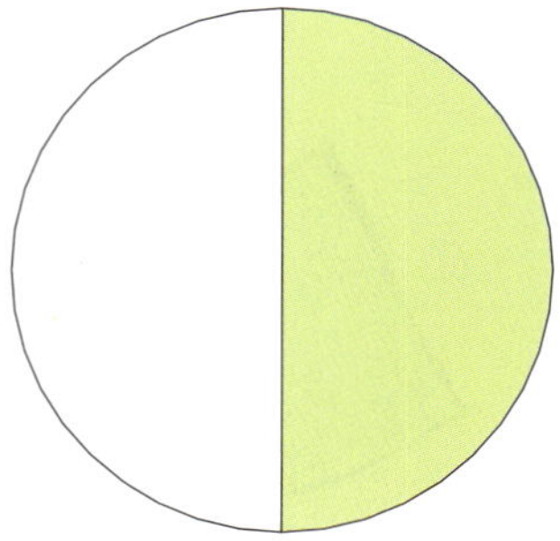

$\frac{1}{2}$

1 Zeichne ab, färbe $\frac{1}{2}$ und beschrifte wie oben.

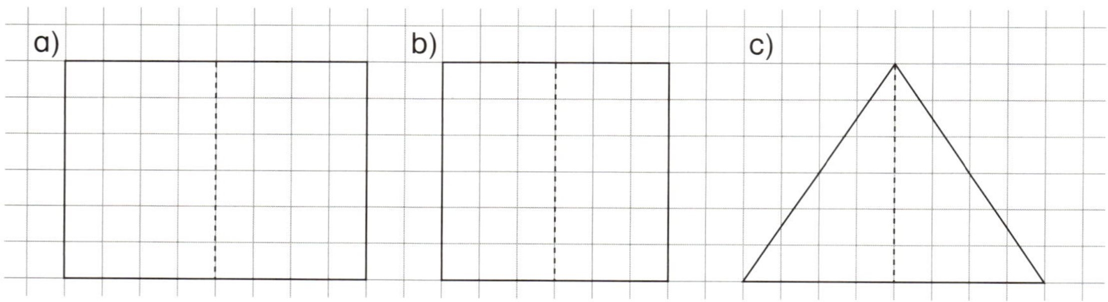

Drei Kinder teilen sich eine Pizza. Jedes Kind erhält **ein Drittel** der Pizza.

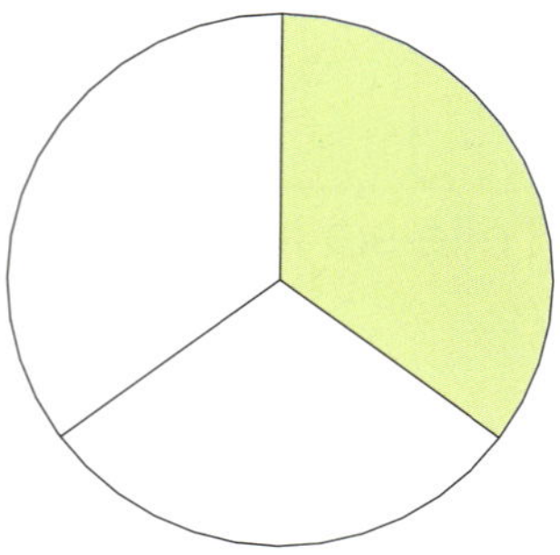

$\frac{1}{3}$

Vier Kinder teilen sich eine Pizza. Jedes Kind erhält **ein Viertel** der Pizza.

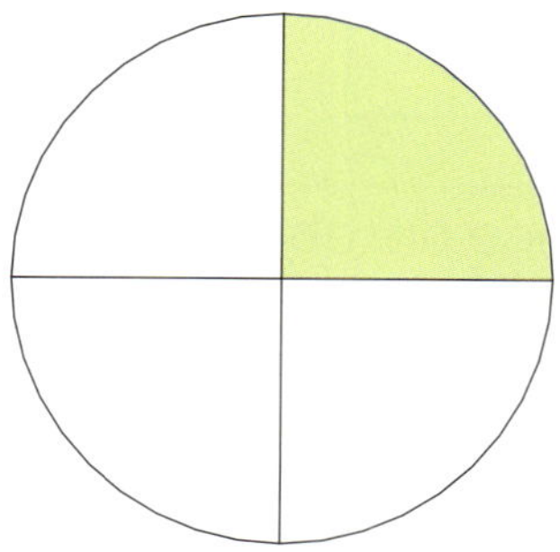

$\frac{1}{4}$

2 In welchen Bildern ist $\frac{1}{3}$ des Kreises gefärbt, in welchen $\frac{1}{4}$?

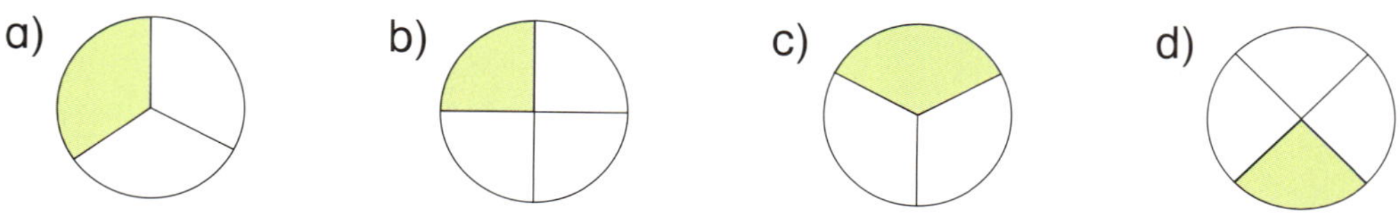

1 Schreibe wie im Beispiel.

Käse: $\frac{1}{6}$

Spickzettel

$\frac{1}{3}$ ein Drittel	$\frac{1}{4}$ ein Viertel
$\frac{1}{5}$ ein Fünftel	$\frac{1}{6}$ ein Sechstel
$\frac{1}{7}$ ein Siebentel	$\frac{1}{8}$ ein Achtel
$\frac{1}{9}$ ein Neuntel	$\frac{1}{10}$ ein Zehntel

Stammbrüche herstellen und erkennen

1 Teile Rechtecke und Kreise durch Falten in vier gleiche Teile.
Klebe sie in dein Heft.

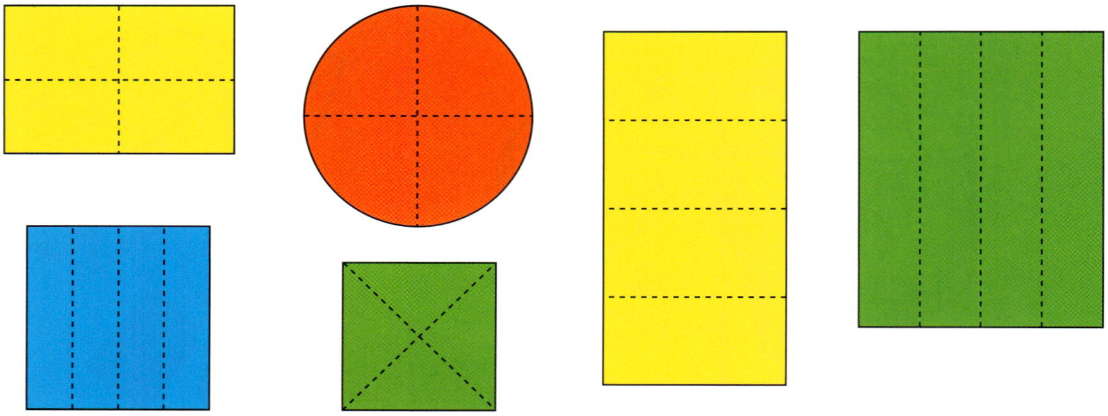

2 Teile Rechtecke und Kreise durch Falten in acht gleiche Teile.
Klebe sie in dein Heft.

3 Welche Bruchteile sind farbig ausgemalt?

a)
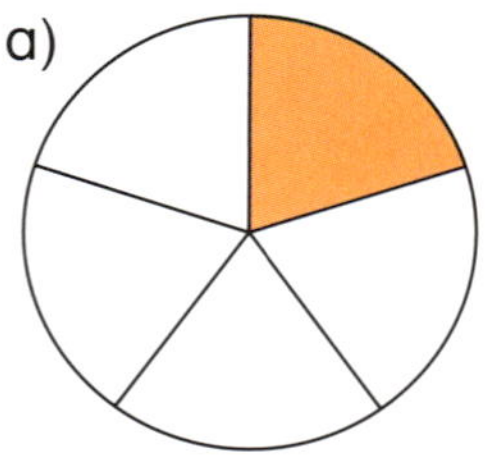
b)
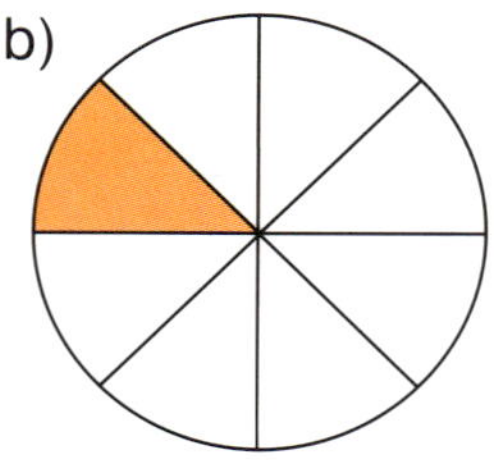
c)
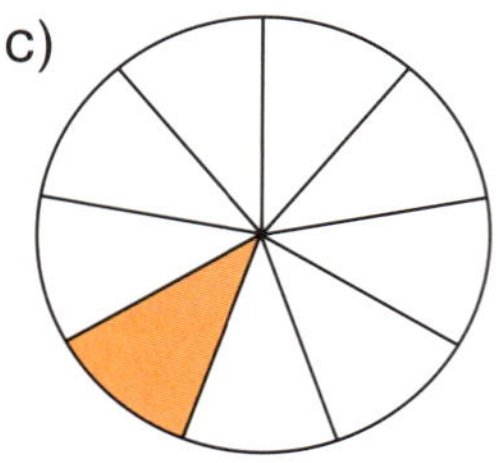
d)
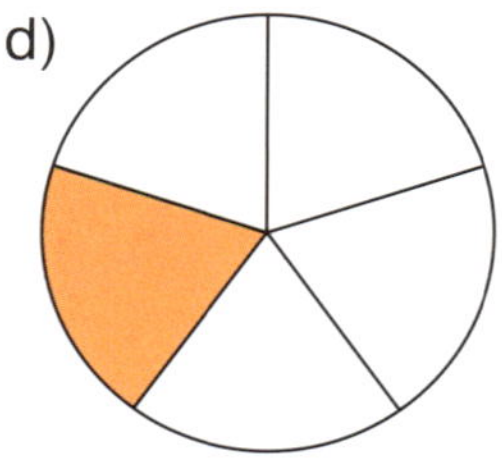

4 Welche Bruchteile sind farbig ausgemalt?

a)

b)
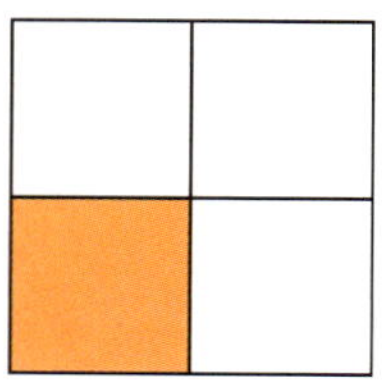
c)

d)
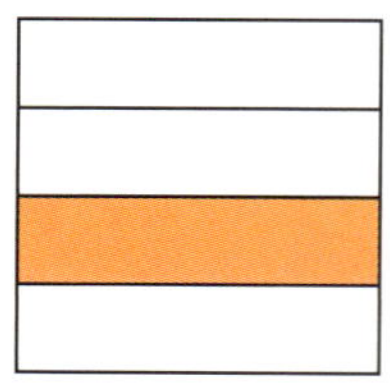
e)
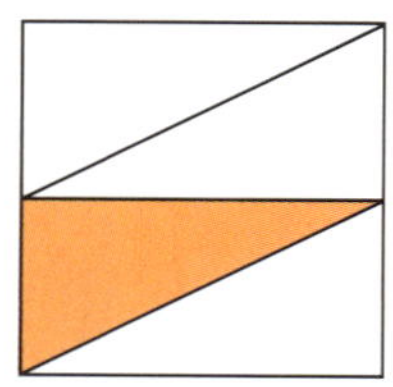

f)
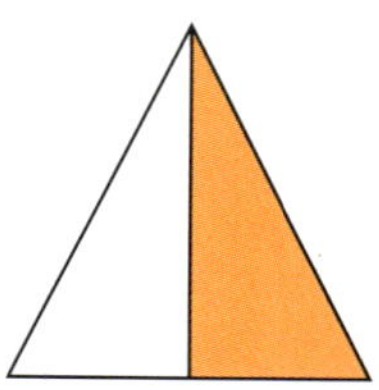
g)
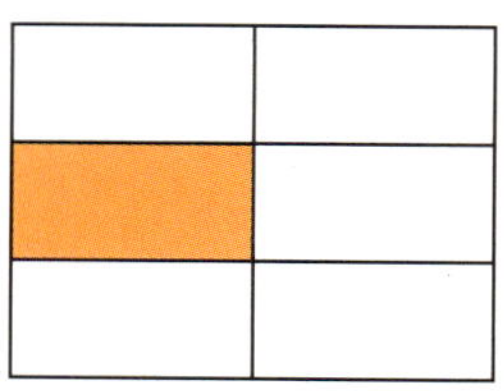
h)

i)
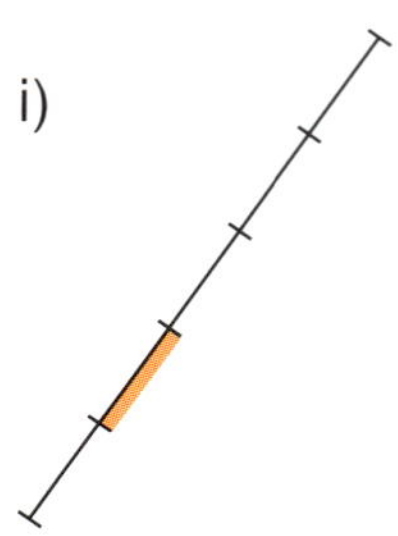
j)
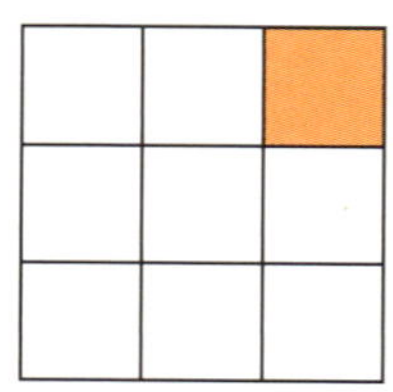

1 Zeichne die Figuren in dein Heft. Färbe den angegebenen Bruchteil.

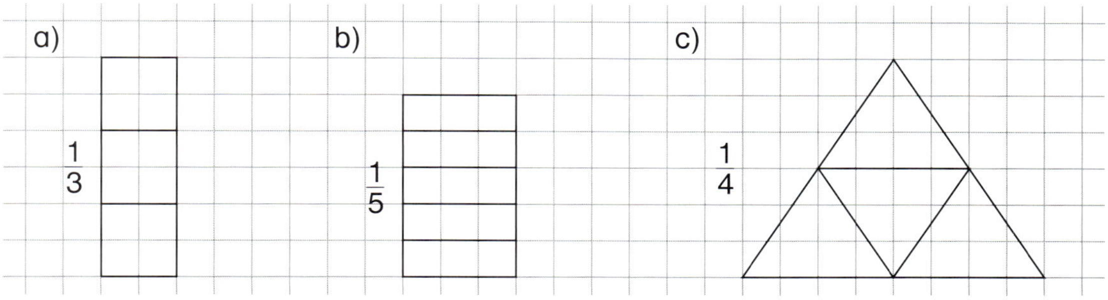

2 Zeichne die Figuren in dein Heft. Färbe den angegebenen Bruchteil.

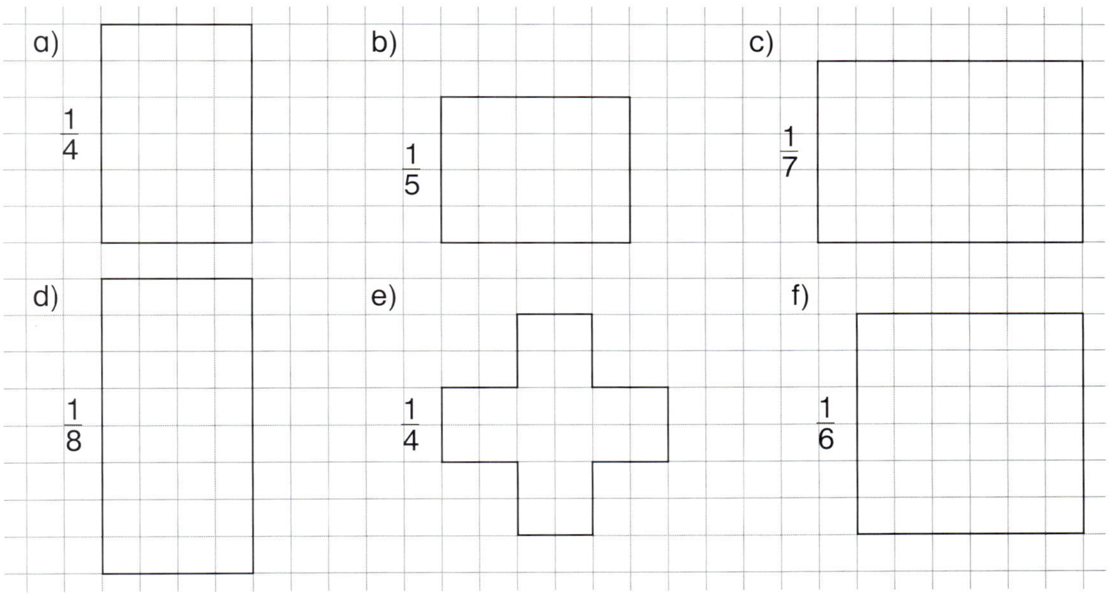

3 Zeichne die Rechtecke in dein Heft, färbe jeweils $\frac{1}{4}$. Was fällt dir auf?

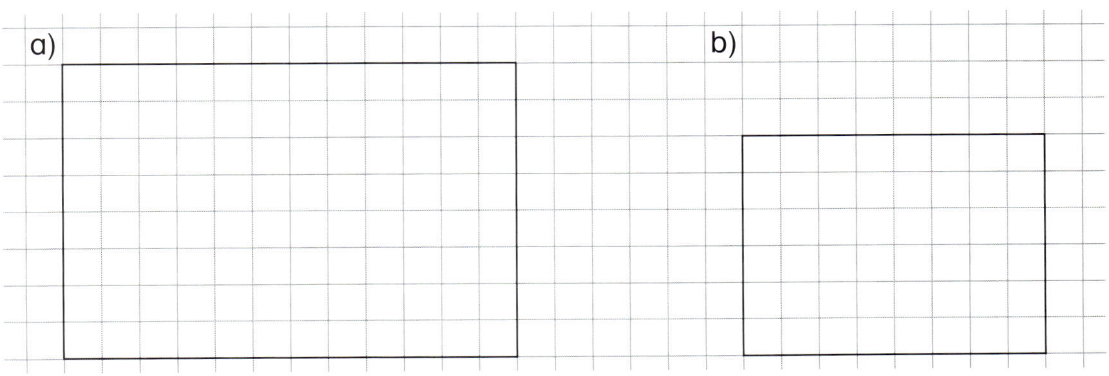

Fruchtriesensaft

1 Du brauchst dazu: $\frac{1}{2}$ l Apfelsaft
$\frac{1}{4}$ l Orangensaft
1 Apfel
1 Banane
und $\frac{1}{2}$ Zitrone

Und so wird's gemacht:

$\frac{1}{2}$ l Apfelsaft und $\frac{1}{4}$ l Orangensaft in eine große Kanne schütten.

Den Apfel mit einem Messer achteln und das Kernhaus entfernen.

Die Achtel und $\frac{1}{2}$ Banane in 1 cm dicke Scheiben schneiden und in die Kanne geben.

$\frac{1}{2}$ Banane mit der Gabel zerdrücken und zum Saft geben.

Die $\frac{1}{2}$ Zitrone auspressen, zum Saft geben und kräftig umrühren.

Den Fruchtriesensaft solltest du mit zwei guten Freunden teilen.

Abgeleitete Brüche

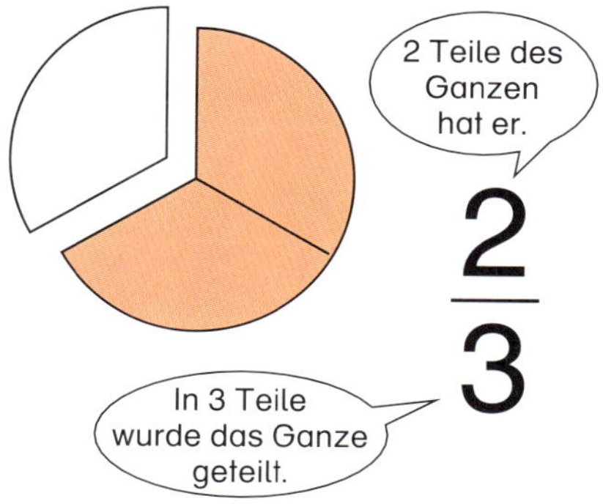

$$\frac{2}{3}$$

1 Welcher Bruchteil wurde hier gefärbt?

a) 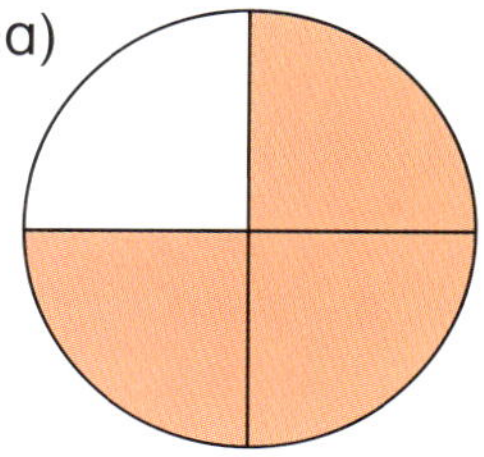
b) 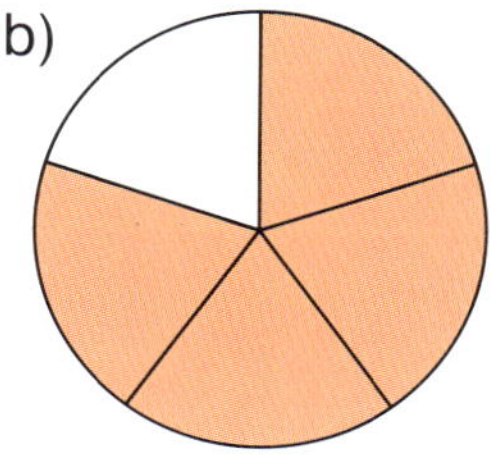
c) 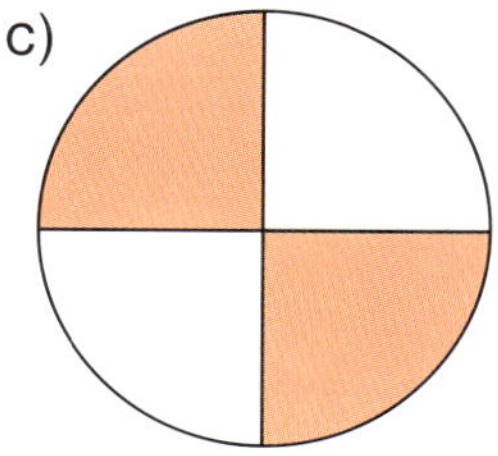
d) 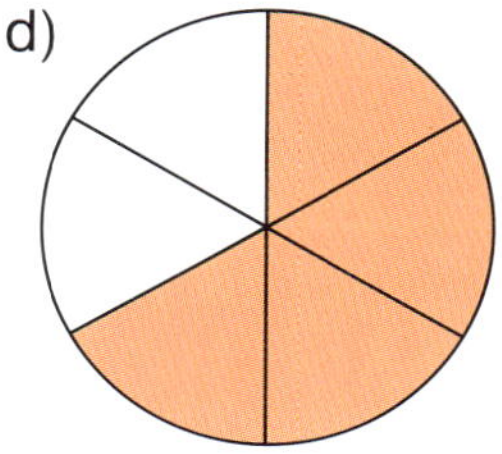
e) 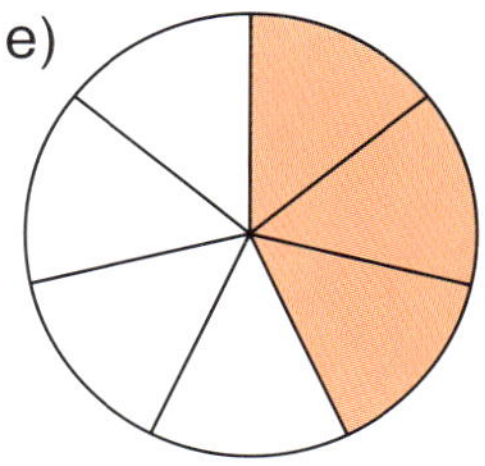
f) 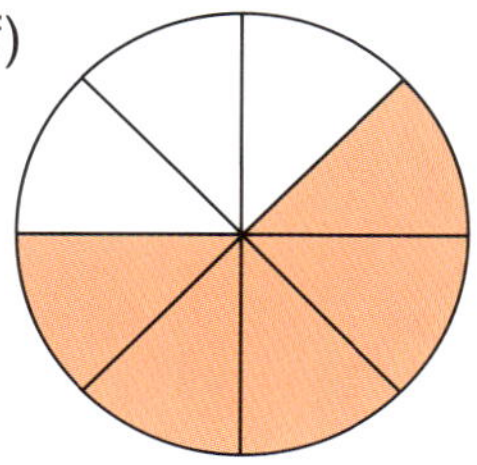
g) 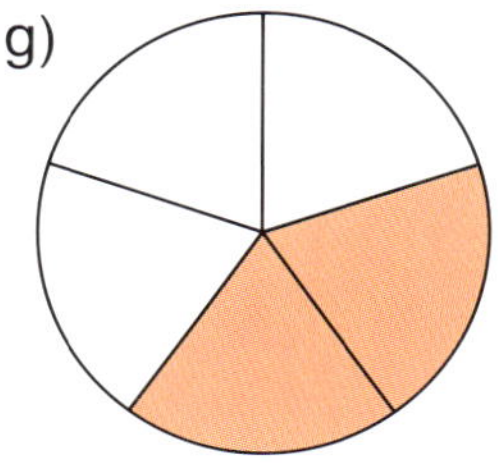
h) 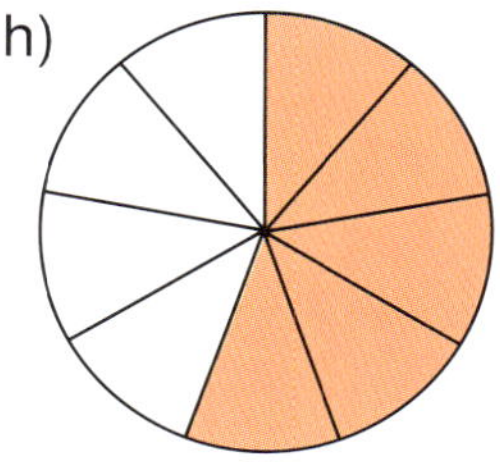

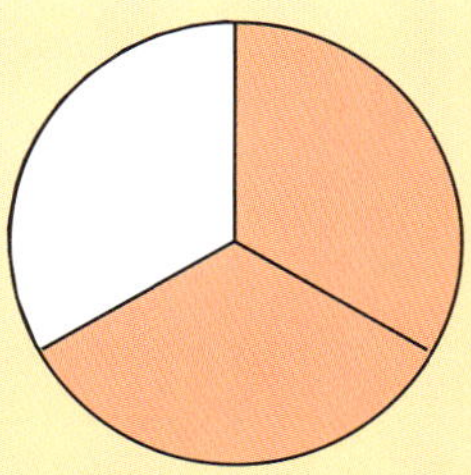

2 → Zähler
— → Bruchstrich
3 → Nenner

Der Zähler zählt die Teile, die vom Ganzen genommen werden.
Der Nenner gibt an, in wie viele Teile das Ganze geteilt wurde.

2 Gib an, in wie viel Teile das Ganze geteilt wurde.
Wie viele Teile werden genommen?

a) $\frac{3}{4}$ b) $\frac{6}{8}$ c) $\frac{2}{4}$ d) $\frac{7}{9}$ e) $\frac{3}{7}$ f) $\frac{1}{5}$

Abgeleitete Brüche herstellen und erkennen

Einen Papierstreifen kannst du leicht in 8 gleich große Teile falten.

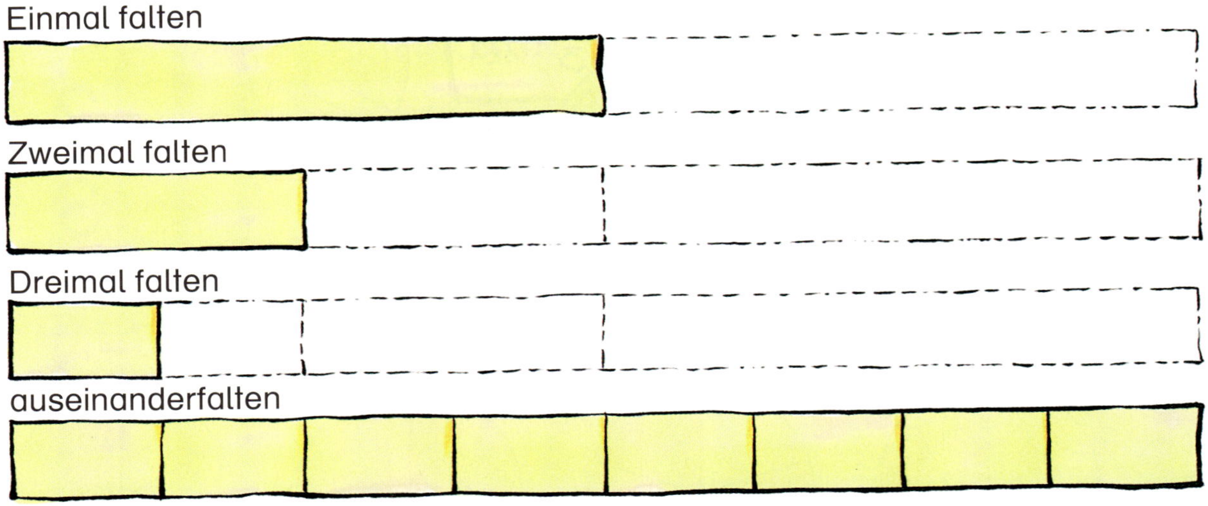

1 Schneide 4 Papierstreifen (16 cm lang; 2 cm breit). Falte sie wie oben.
Färbe folgende Bruchteile: $\frac{6}{8}$, $\frac{3}{8}$, $\frac{5}{8}$, $\frac{7}{8}$.
Klebe die Streifen in dein Heft.

2 Welcher Bruchteil ist rot?

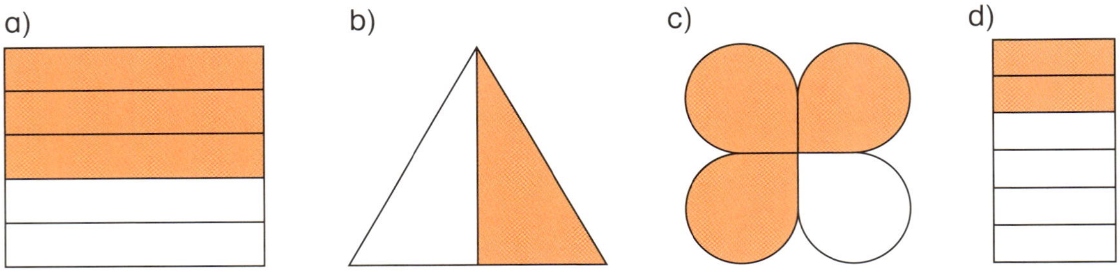

3 Welcher Bruchteil ist blau?

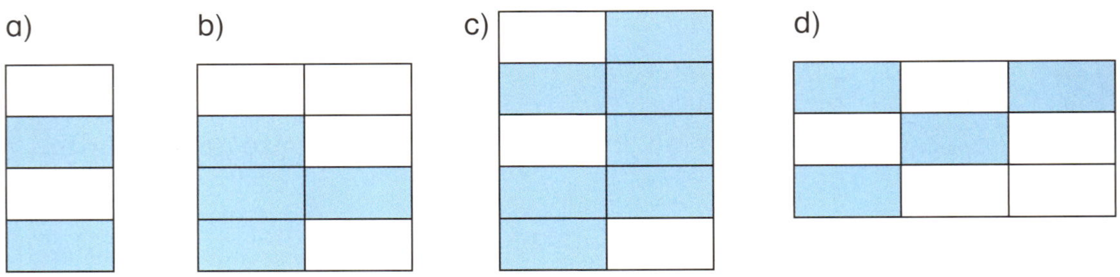

4 Schreibe auf, welche Bruchteile in Aufgabe 2 und Aufgabe 3 weiß sind.

1 Welcher Bruchteil ist gefärbt? Was fällt dir auf?

a)
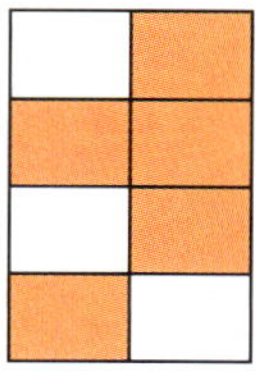

b)
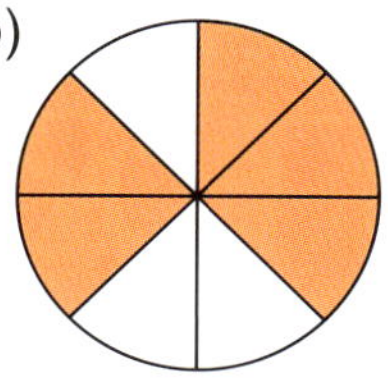

c)
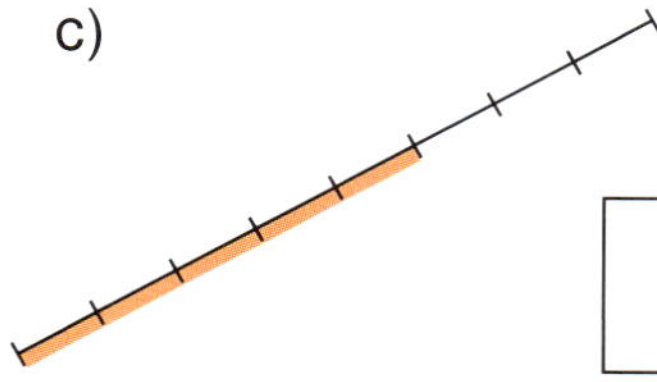

d)
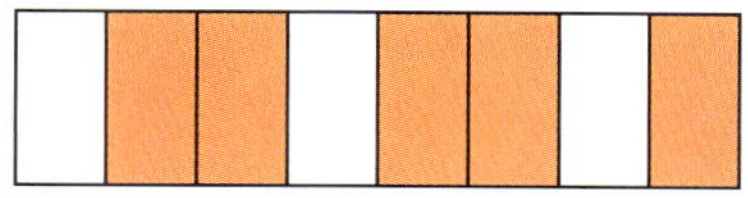

2 Übertrage die Figuren in dein Heft. Färbe die angegebenen Bruchteile blau.

a)
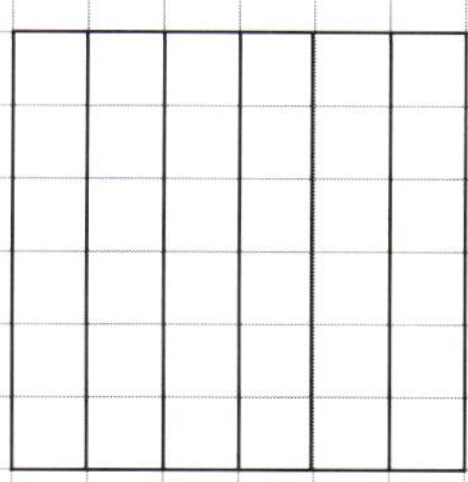

$\frac{5}{6}$

b)
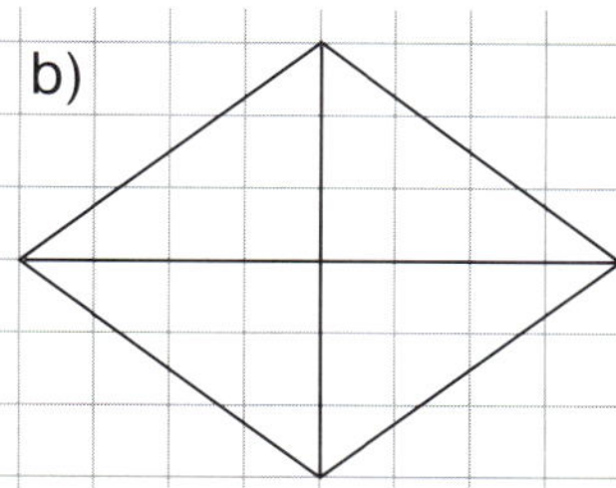

$\frac{3}{4}$

c)
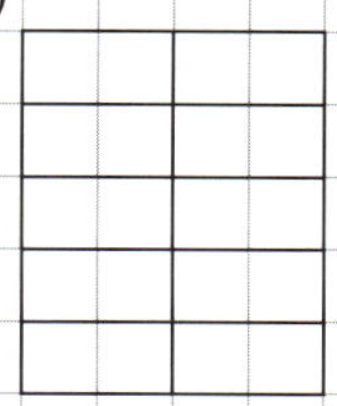

$\frac{7}{10}$

3 Übertrage die Figuren in dein Heft. Färbe die angegebenen Bruchteile.

a)

$\frac{4}{7}$

b)
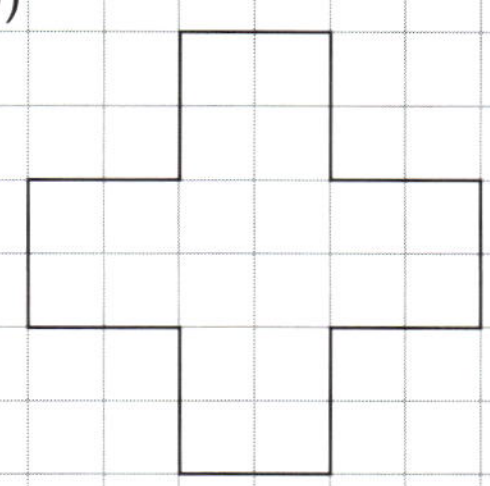

$\frac{3}{5}$

c)
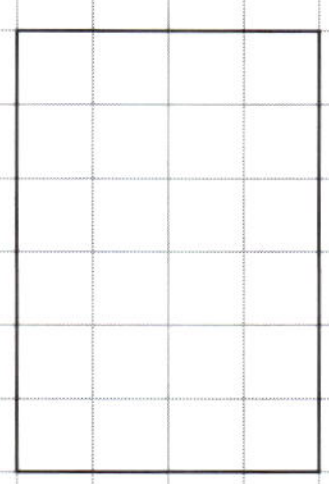

$\frac{2}{6}$

d)
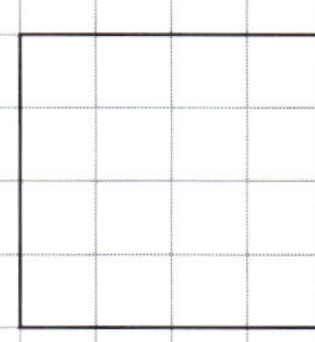

$\frac{5}{8}$

e)

$\frac{3}{4}$

f)
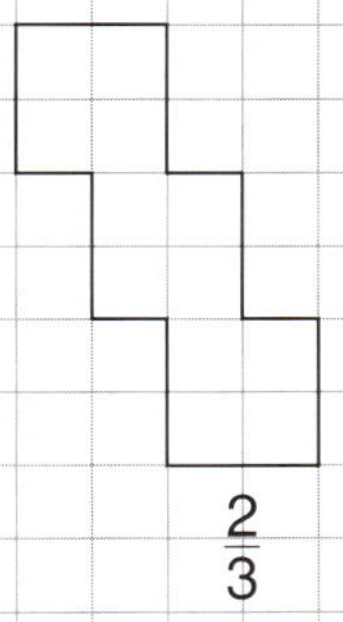

$\frac{2}{3}$

g)
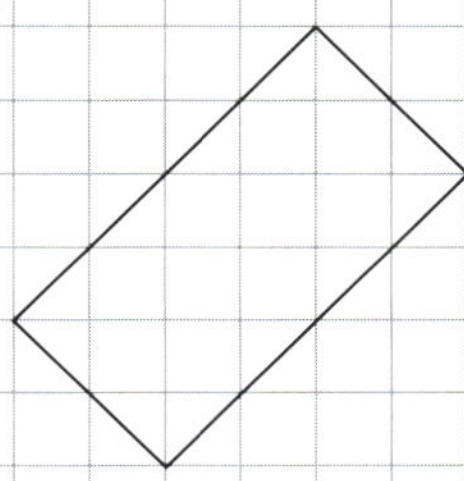

$\frac{7}{8}$

h)
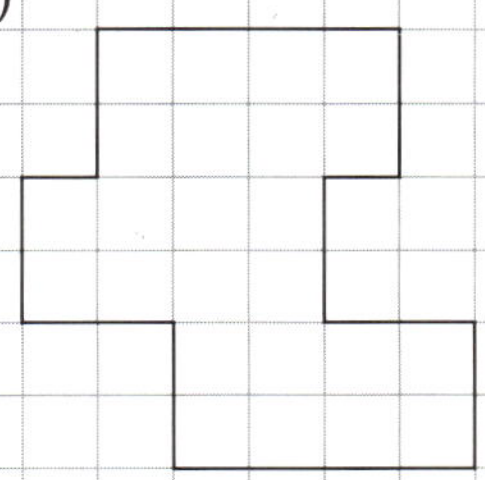

$\frac{3}{6}$

Bruchteile von Anzahlen

1 Wie viele von Paulas Losen sind Gewinne?

2 Bei Oliver haben $\frac{1}{3}$ von 9 Losen gewonnen.
Wie viele Gewinne hat Oliver?
Löse mit Hilfe einer Zeichnung.

3 Tobias hat seinen Pechtag. Nur $\frac{1}{5}$ von 10 Losen sind Gewinne.
Wie viele Gewinne hat Tobias?

4

Tobias trifft $\frac{1}{6}$ der Luftballons mit seinen Pfeilen.

Wie viele Ballons trifft er?

5 Die Pfeile von Tatjana bringen $\frac{1}{3}$ der Luftballons zum Platzen.
Wie viele Ballons trifft sie?

6

Wie viele Kerzen löschen die Kinder?

a) Anja: $\frac{1}{6}$ der Kerzen

b) Sven: $\frac{1}{8}$ der Kerzen

c) Pedro: $\frac{1}{2}$ der Kerzen

d) Jenny: $\frac{1}{4}$ der Kerzen

Bruchteile von Strecken

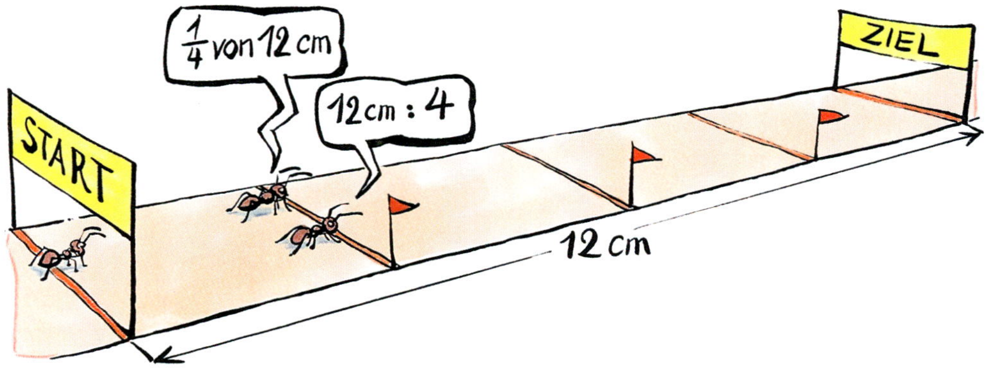

1 Beim Staffellauf der Ameisen ist die gesamte Strecke in 4 gleiche Abschnitte eingeteilt. Zeichne die Strecke von 12 cm in dein Heft. Setze die Fähnchen an die Übergabepunkte.

2 Welchen Bruchteil der Strecken haben die Ameisen zurückgelegt?

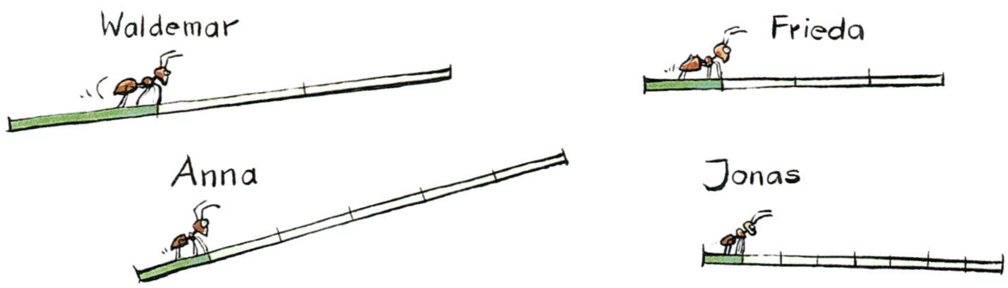

3 Zeichne die Strecke und färbe den angegebenen Bruchteil.

a) $\frac{1}{5}$ von 5 cm
$\frac{1}{4}$ von 8 cm
$\frac{1}{2}$ von 6 cm
$\frac{1}{3}$ von 9 cm

b) $\frac{1}{5}$ von 15 cm
$\frac{1}{8}$ von 16 cm
$\frac{1}{7}$ von 21 cm
$\frac{1}{9}$ von 18 cm

$\frac{1}{3}$ von 6 cm
6 cm : 3 = 2 cm
$\frac{1}{3}$ von 6 cm = 2 cm

4 Zeichne immer eine Strecke von 12 cm. Färbe ein:

a) $\frac{1}{4}$ von 12 cm b) $\frac{1}{2}$ von 12 cm c) $\frac{1}{3}$ von 12 cm d) $\frac{1}{6}$ von 12 cm

5 Zeichne die Strecke und färbe den angegebenen Bruchteil:

a) $\frac{1}{3}$ von 3 cm b) $\frac{1}{2}$ von 5 cm c) $\frac{1}{2}$ von 9 cm d) $\frac{1}{4}$ von 10 cm

Bruchteile von Größen

1 a) Wie viel Minuten muss Ina auf den Bus warten?

1 Stunde = 60 Minuten
60 Minuten : 4 = □ Minuten
$\frac{1}{4}$ Stunde = □ Minuten

b) Bernd wartet $\frac{1}{2}$ Stunde.
Wie viel Minuten sind es?

2 a) Wie viel Gramm Äpfel kauft Lena?

1 kg = 1 000 g
1 000 g : 2 = □ g
$\frac{1}{2}$ kg = □ g

b) Florian möchte $\frac{1}{4}$ kg Kirschen.
Wie viel Gramm sind es?

3 a) Herr Schuh möchte $\frac{1}{3}$ von 900 g Trauben.
Wie viel Gramm Trauben kauft er?

b) Frau Höfer kauft $\frac{1}{3}$ von 600 g Trauben.
Wie viel Gramm sind es?

900 g : 3 = □ g
$\frac{1}{3}$ von 900 g = □ g

4

a)	b)	c)
$\frac{1}{4}$ von 800 g	$\frac{1}{5}$ von 1 000 g	$\frac{1}{2}$ von 600 g
$\frac{1}{3}$ von 300 g	$\frac{1}{4}$ von 200 g	$\frac{1}{6}$ von 600 g
$\frac{1}{2}$ von 500 g	$\frac{1}{6}$ von 300 g	$\frac{1}{7}$ von 140 g

5

a)	b)	c)
$\frac{1}{3}$ von 150 g	$\frac{1}{9}$ von 810 g	$\frac{1}{7}$ von 560 g
$\frac{1}{8}$ von 320 g	$\frac{1}{6}$ von 360 g	$\frac{1}{4}$ von 360 g
$\frac{1}{6}$ von 420 g	$\frac{1}{4}$ von 240 g	$\frac{1}{3}$ von 333 g
$\frac{1}{5}$ von 450 g	$\frac{1}{2}$ von 760 g	$\frac{1}{9}$ von 909 g

1 a) Wie viel Meter sind die Wanderer noch von der Quelle entfernt.

1 km = 1 000 m
1 000 m : 2 = 500 m
$\frac{1}{2}$ km = 500 m

b) Rechne die Entfernung zu den anderen Zielen in m aus.

2 a) Wie viel Meter ist Jonas schon gelaufen?

800 m : 4 = ☐ m
$\frac{1}{4}$ von 800 m = ☐ m

b) Paula ist $\frac{1}{2}$ von 800 m gelaufen. Wie viel Meter sind es?

3

a)	b)	c)
$\frac{1}{3}$ von 60 m	$\frac{1}{5}$ von 100 m	$\frac{1}{7}$ von 350 m
$\frac{1}{4}$ von 80 m	$\frac{1}{8}$ von 320 m	$\frac{1}{5}$ von 450 m
$\frac{1}{3}$ von 90 m	$\frac{1}{6}$ von 360 m	$\frac{1}{3}$ von 270 m
$\frac{1}{2}$ von 40 m	$\frac{1}{9}$ von 360 m	$\frac{1}{8}$ von 640 m

4

a)	b)	c)
$\frac{1}{6}$ von 42 kg	$\frac{1}{7}$ von 210 m	$\frac{1}{5}$ von 300 g
$\frac{1}{8}$ von 72 kg	$\frac{1}{6}$ von 540 m	$\frac{1}{7}$ von 420 g
$\frac{1}{3}$ von 27 kg	$\frac{1}{4}$ von 280 m	$\frac{1}{8}$ von 240 g
$\frac{1}{5}$ von 45 kg	$\frac{1}{9}$ von 810 m	$\frac{1}{6}$ von 180 g

5 Auch diese Bruchteile kannst du berechnen.

a)	b)	c)
$\frac{1}{3}$ von 393 kg	$\frac{1}{4}$ von 848 m	$\frac{1}{5}$ von 555 m
$\frac{1}{2}$ von 482 kg	$\frac{1}{3}$ von 936 m	$\frac{1}{6}$ von 606 m
$\frac{1}{5}$ von 505 kg	$\frac{1}{6}$ von 660 m	$\frac{1}{4}$ von 408 m

Wiederholen und Üben

1 Welche Bruchteile sind gefärbt?

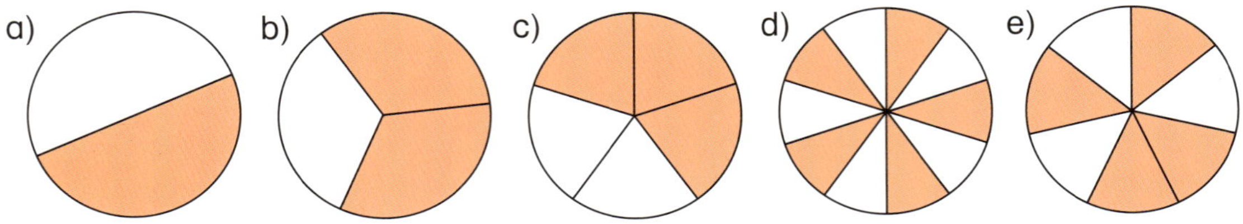

2 Immer zwei Abbildungen stellen den gleichen Bruchteil dar.

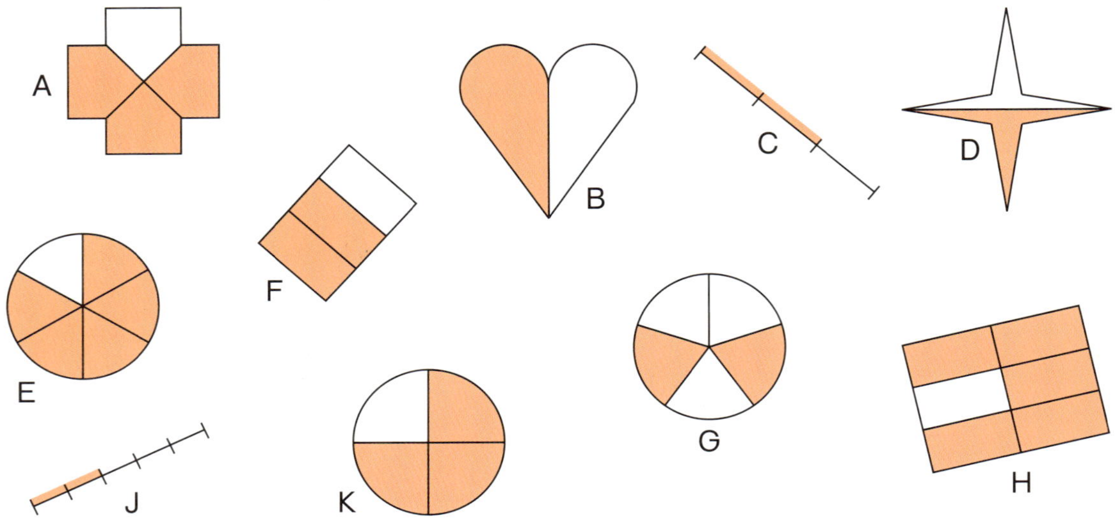

3 Übertrage die Figuren in dein Heft. Färbe die angegebenen Bruchteile.

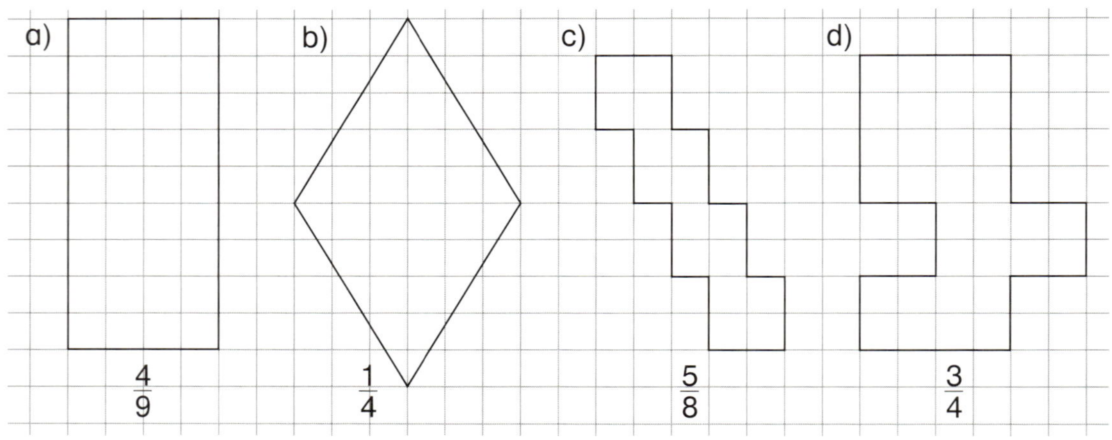

4

a) $\frac{1}{3}$ von 18 m
$\frac{1}{9}$ von 36 m

b) $\frac{1}{6}$ von 42 m
$\frac{1}{5}$ von 30 m

c) $\frac{1}{8}$ von 40 m
$\frac{1}{7}$ von 49 m

d) $\frac{1}{7}$ von 56 m
$\frac{1}{6}$ von 54 m

Körper

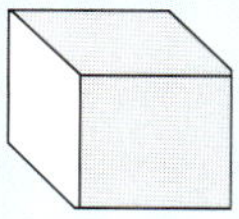

Würfel

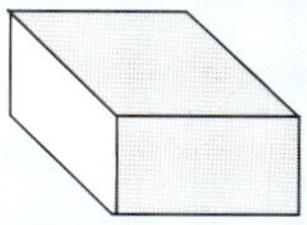

Quader

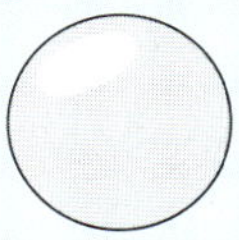

Kugel

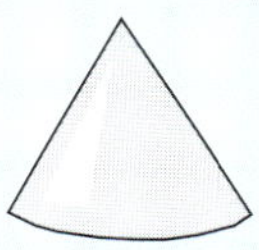

Kegel

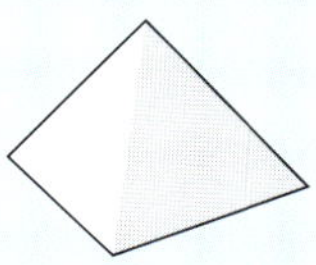

Pyramide

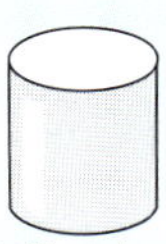

Zylinder
(Rundsäule)

Körper erkennen

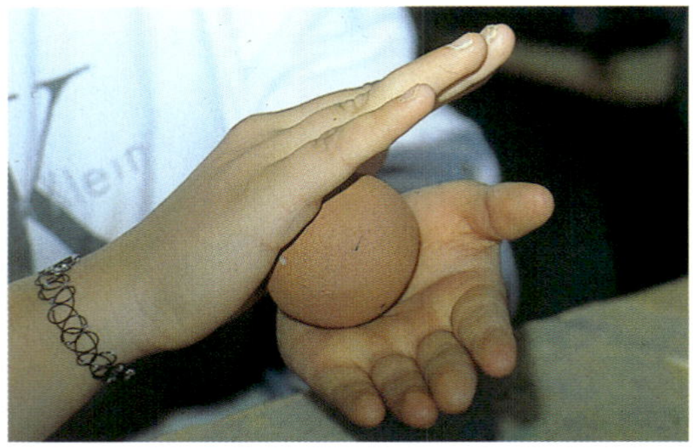

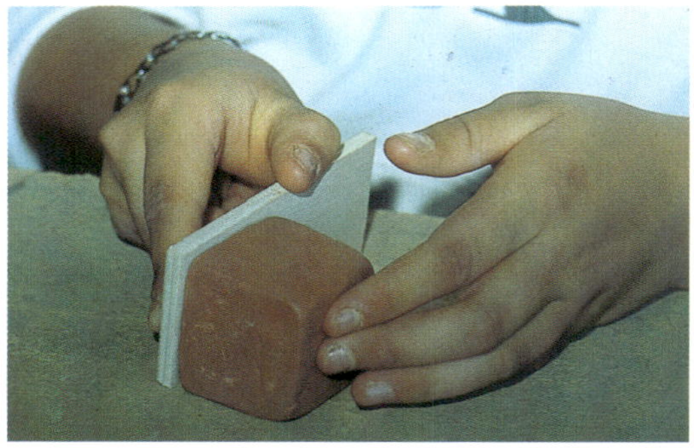

1 a) Forme die verschiedenen Körper aus Knetmasse.
b) Beschreibe die Körper.
Welche sind rund, welche eckig, welche haben eine Spitze?

2 Erstelle für jeden Körper eine Karte mit seinen geometrischen Eigenschaften.

Würfel

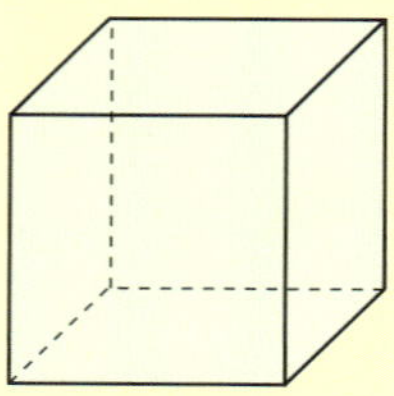

Anzahl der Ecken: ▢
Anzahl der Kanten: ▢
Anzahl der Flächen: ▢
Form der Flächen:

____

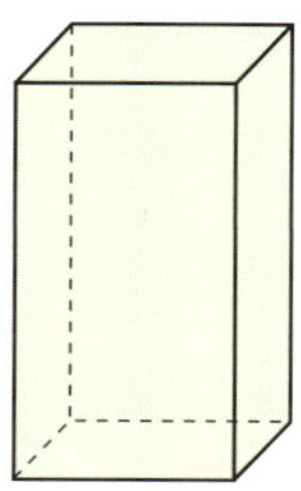

Quader

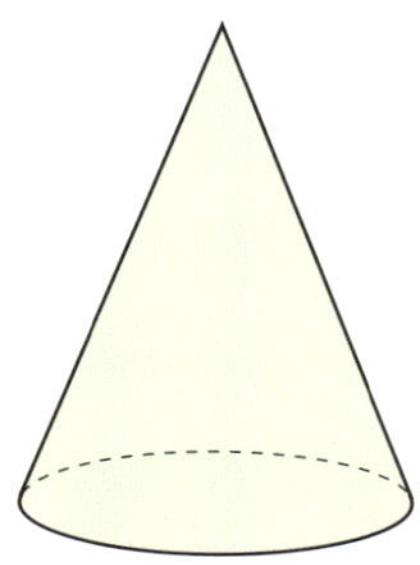

Kegel

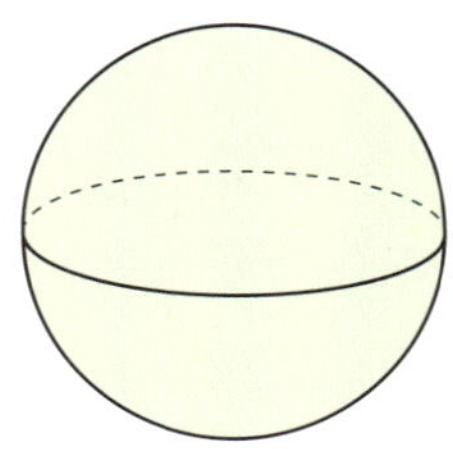

Kugel

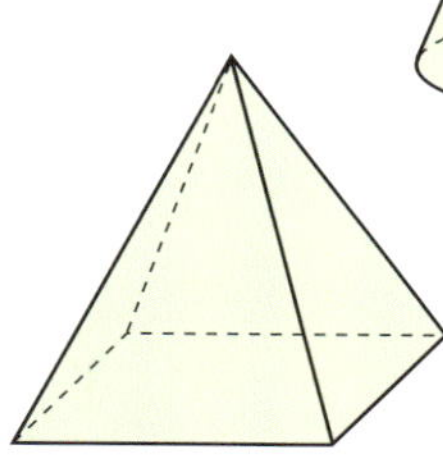

Pyramide

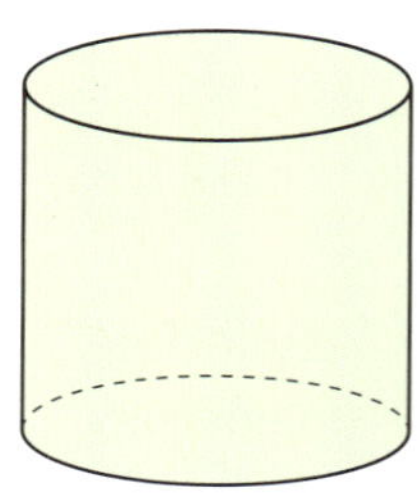

Zylinder

1 Welche Körper passen in die Öffnungen der Schachtel?

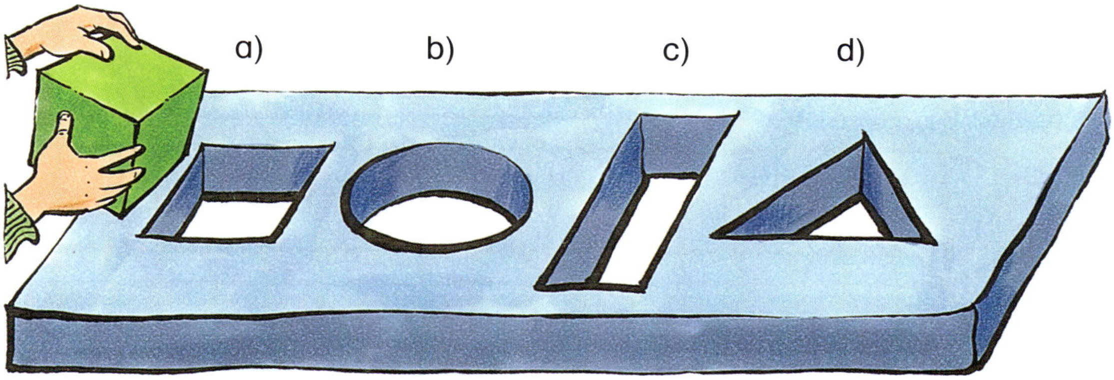

2 Ina hat immer zwei Körper aufeinander gestellt.
Welche Körper sind auf den Bildern zu sehen?

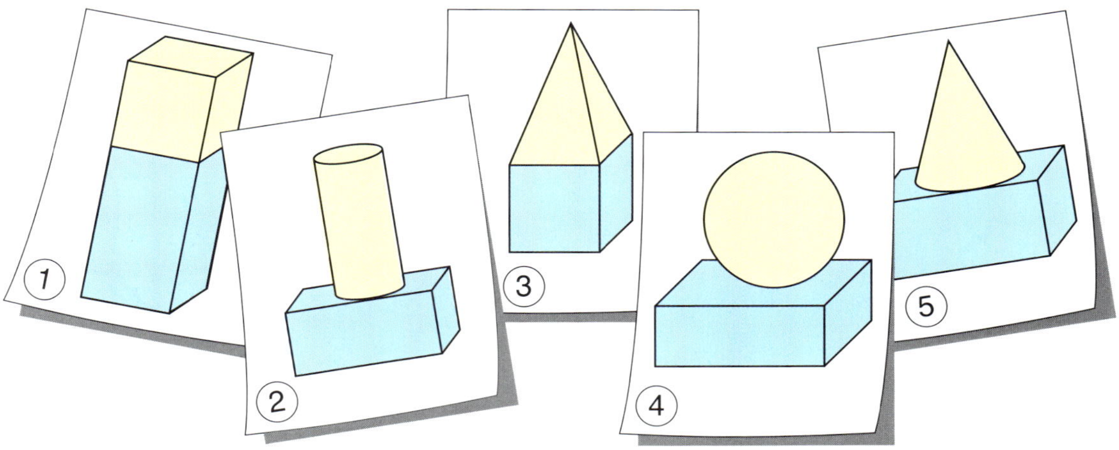

3 Tastsack: Welche Körper sind es?

Kantenmodelle von Würfel und Quader

1 Im Kran sind verschiedene Körper versteckt.
Findest du sie? Wie viel Würfel enthält das Gerüst?

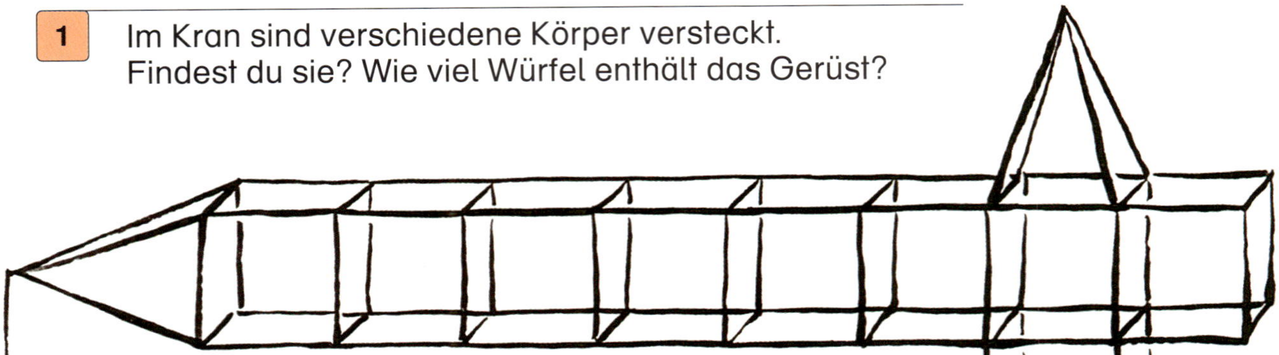

2 Baut Kantenmodelle von Würfel und Quader.

Material: Knetmasse
Trinkhalme, Rundhölzer

Material: Steckwürfel

Material: Papier oder Pappe

So wird eine Ecke hergestellt:

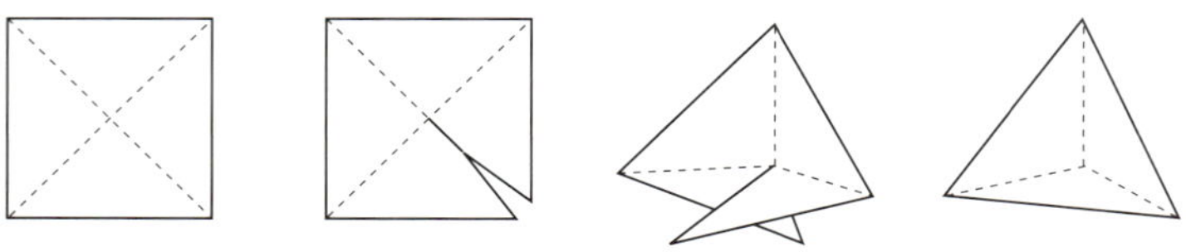

Falten, … einschneiden, … knicken, … übereinander kleben: fertig

1 Die Spinne will zur Fliege.
Wie viele Wege gibt es?
Notiere deine Lösungen:
1. A → B → F → G
2.
⋮

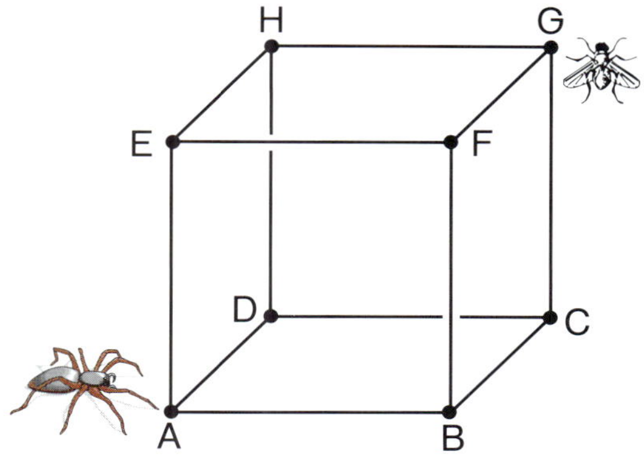

2 Wie lang muss die Stange für den Würfel sein?

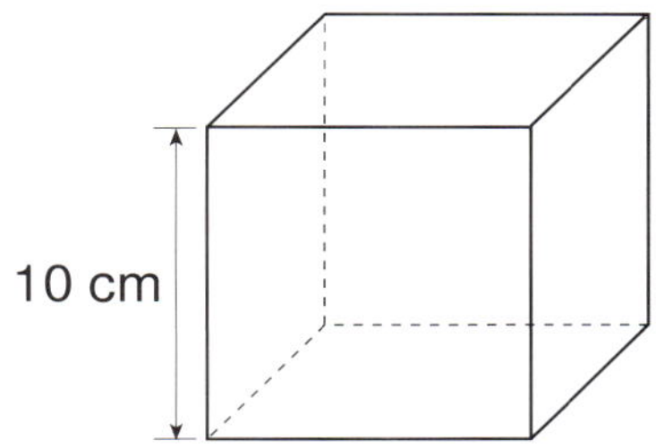

3 Wie viele Würfel sind im Modell versteckt?

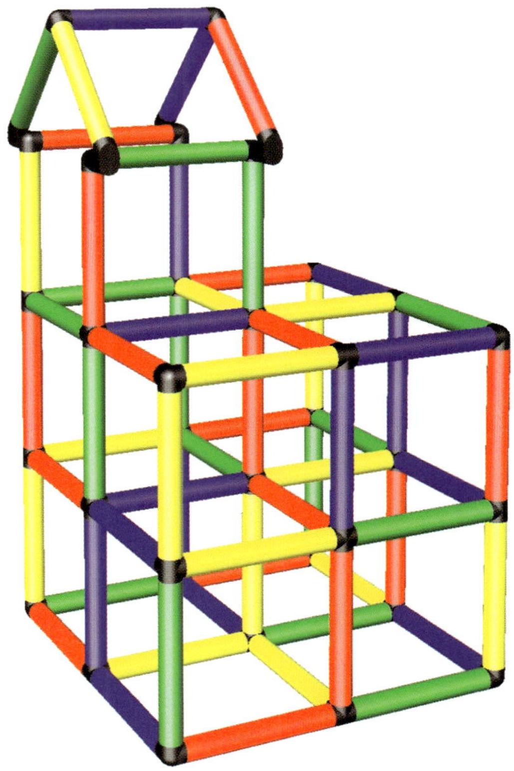

4 Was stimmt hier nicht?

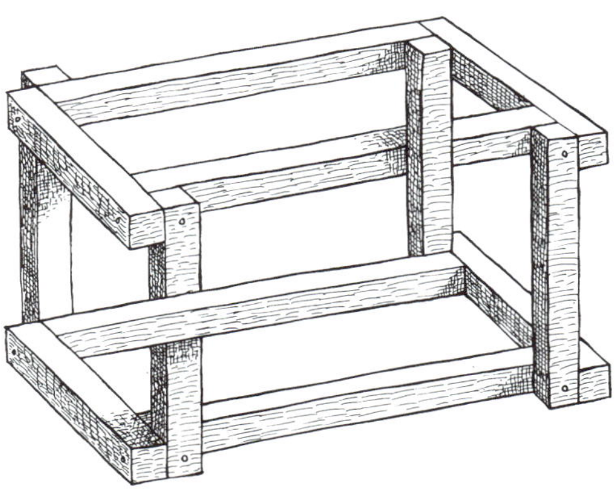

Würfelnetze

1 Jannik schneidet einen Würfel entlang der Kanten auf und erhält ein Würfelnetz.

2 Klebe aus einzelnen Quadraten Würfelnetze zusammen.
Wie viele Quadrate benötigst du für ein Würfelnetz?

3 Überprüft. Welche Netze ergeben einen Würfel?
Findet ihr noch weitere Würfelnetze?

a)

b)
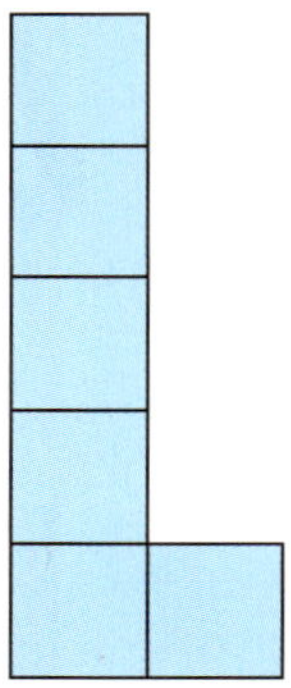

c)

d)

e)
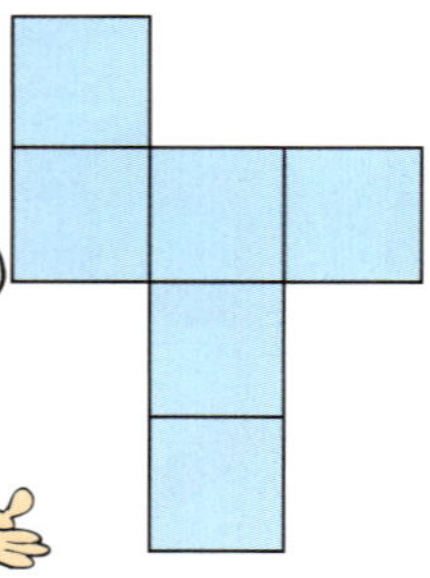

f)
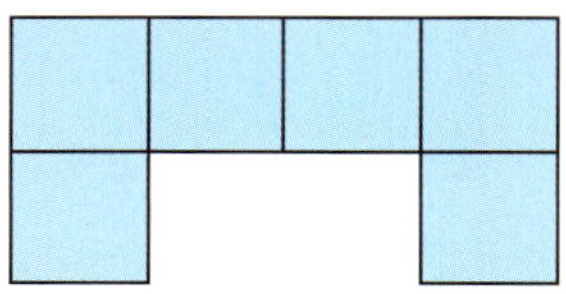

g)
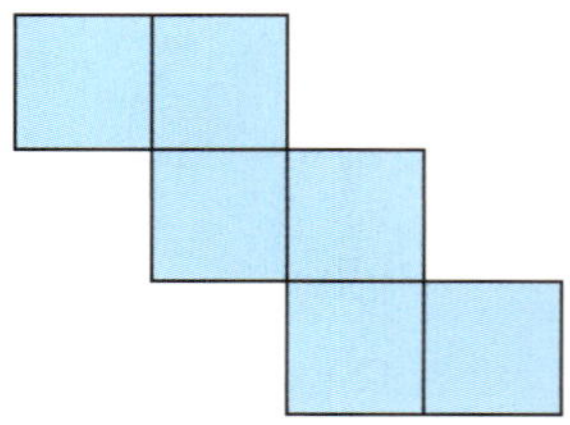

h)
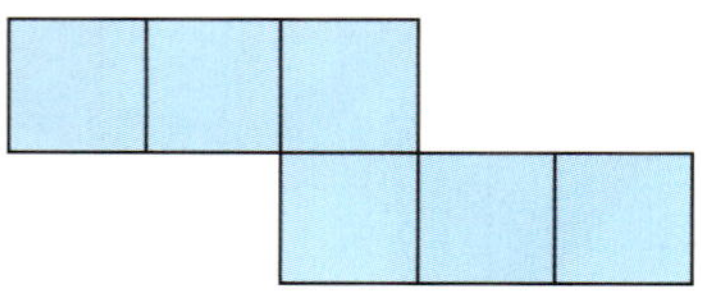

1 Bei diesen Netzen fehlt etwas.

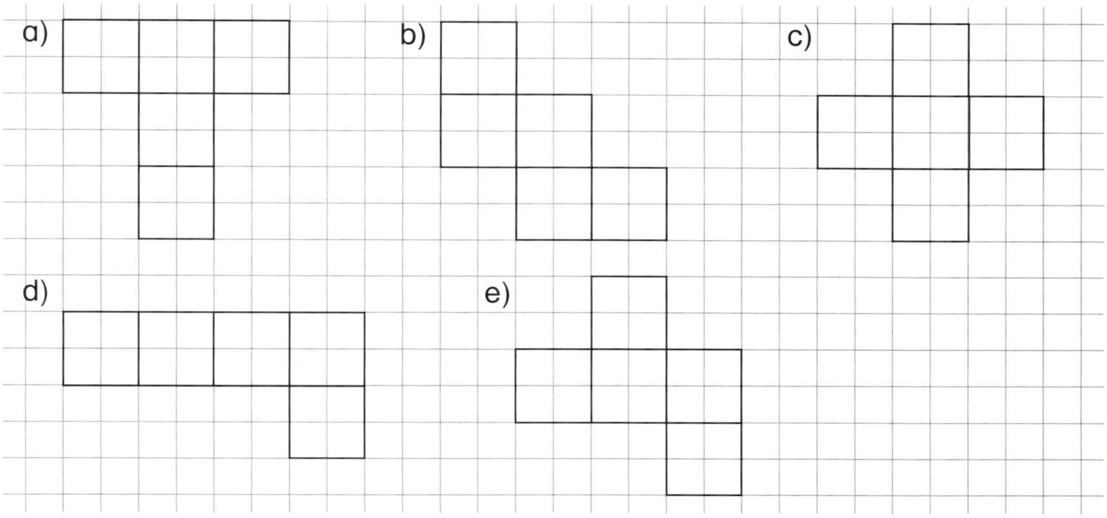

a) Zeichne ab und ergänze die fehlenden Flächen.
b) Male Flächen, die sich gegenüber liegen, in gleichen Farben aus.

2 Zu welchen Körpern gehören diese Netze?
Zeichne die Netze in dein Heft. Schreibe die Namen der Körper dazu.

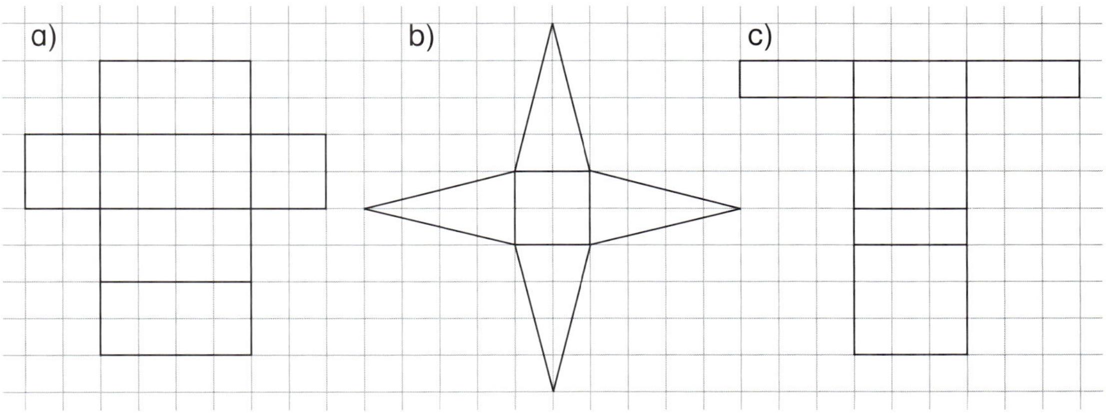

b) Male gegenüberliegende Flächen in gleichen Farben aus.

3 Welche Würfel können aus dem bunten Netz gefaltet werden?
Überprüfe durch Aufzeichnen und Ausschneiden.

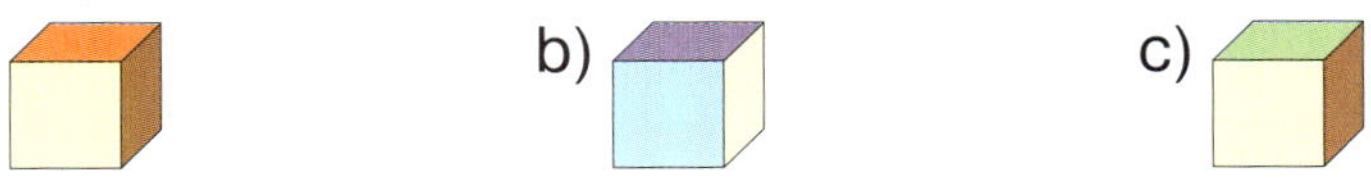

a) b) c)

Bauen und Zeichnen

1 Baue Würfelgebäude.
Aus wie vielen Würfeln bestehen die einzelnen Körper?

a)

b)

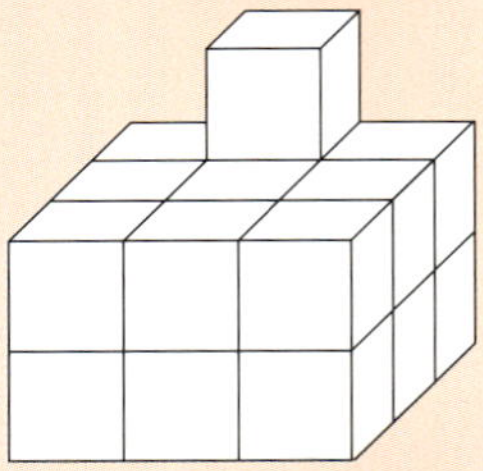

c)

2 Julia hat für den ersten Körper einen Plan gezeichnet.

a) Welche Bedeutung haben die verschiedenen Zahlen?

b) Zeichne Pläne für die anderen Gebäude in dein Heft!

2	1	1
2	1	1
2	1	1

3 Lea hat zu jedem Gebäude einen Bauplan gezeichnet.
Ordne die Baupläne den Würfelgebäuden zu.

A

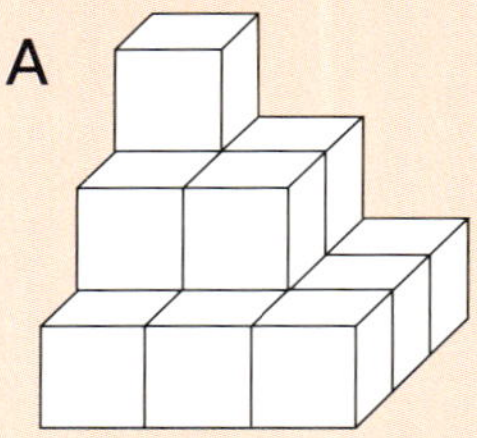

1

2	3	2
2	2	2
1	1	1

C

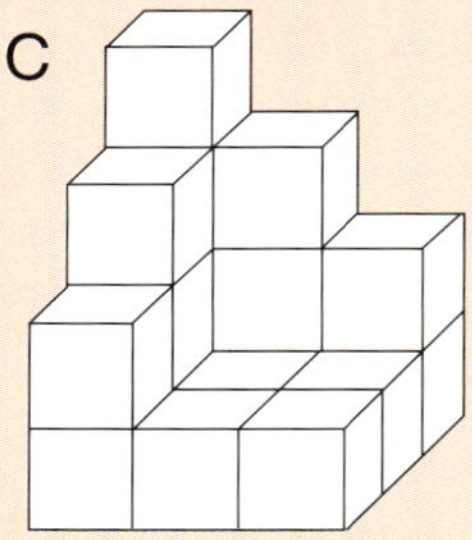

2

4	3	2
3	1	1
2	1	1

B

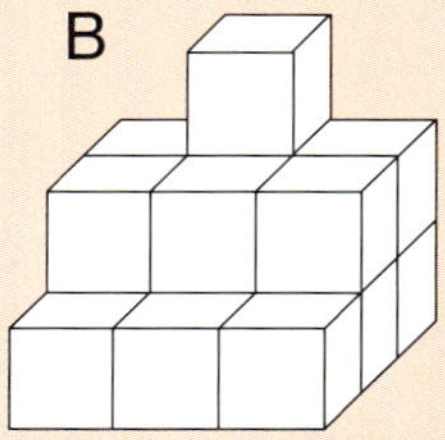

3

3	2	1
2	2	1
1	1	1

4 Erfinde ein Gebäude aus Würfeln. Zeichne dazu den Plan. Gib den Plan deiner Partnerin/deinem Partner. Sie/er baut das Gebäude nur mit Hilfe des Plans nach.

Der Somawürfel besteht aus 7 Bausteinen. Jeder Baustein ist aus 3 oder 4 kleinen Würfeln zusammengeklebt.

So stellst du selbst die Bausteine für einen Somawürfel her:
- Überlege, wie viel kleine Würfel du brauchst.
- Säge die kleinen Würfel von einer Quadratleiste ab.
- Klebe jeden der 7 Bausteine aus kleinen Würfeln zusammen.

1 Baue den Somawürfel aus den 7 Bausteinen.

2 Kannst du alle abgebildeten Gebäude mit den 7 Bausteinen des Somawürfels nachbauen?

Wiederholen und Üben

1 Wie heißen die Körper?

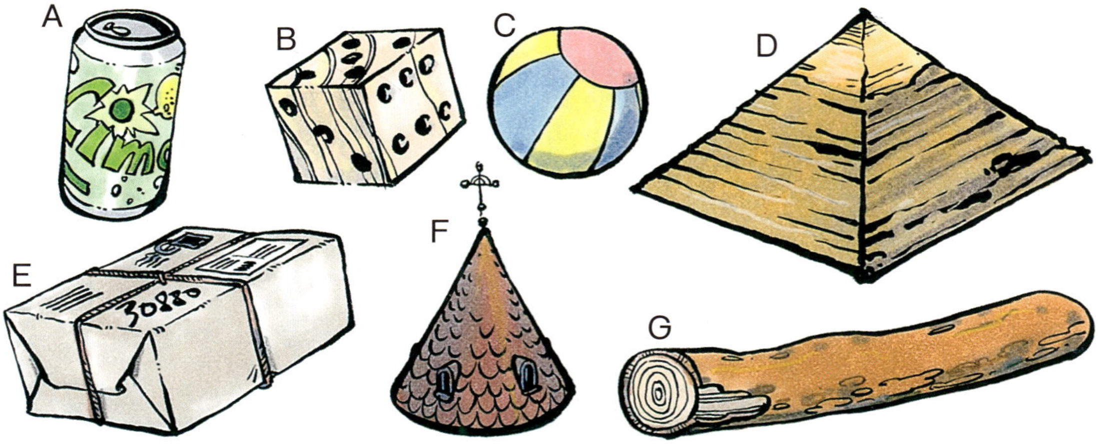

2 Übertrage die Tabelle in dein Heft.
Bestimme für jeden Körper die Anzahl seiner Ecken, Kanten und Flächen.
Fülle die Tabelle aus.

	Ecken	Kanten	Flächen
Würfel			6
Quader		12	
	0	0	1
Kegel	1		
Pyramide		8	
Zylinder			3

3 Zeichne die Quadernetze ab und male gegenüberliegende Flächen in gleichen Farben aus.
Überprüfe durch Ausschneiden und Zusammenfalten.

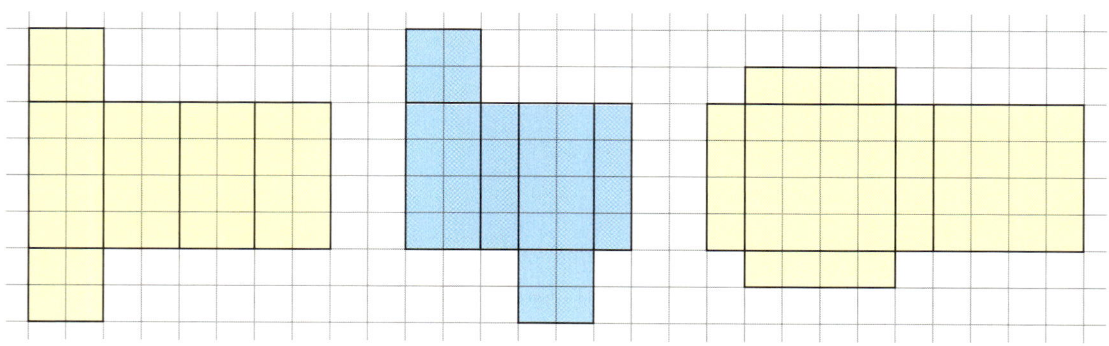

Alles paletti

1 Ordne die Zahlen der Größe nach.

a) 435 54 467 540 450
b) 567 543 800 765 457
c) 789 98 787 765 792
d) 989 988 999 998 899

2 Löse im Kopf und schreibe in dein Heft.

a) 5 · 6, 2 · 9, 3 · 7, 8 · 6
b) 7 · 3, 8 · 7, 9 · 6, 4 · 7
c) 6 · 4, 7 · 9, 5 · 6, 6 · 7
d) 3 · 8, 4 · 5, 8 · 4, 3 · 5
e) 9 · 8, 7 · 7, 6 · 3, 7 · 6

3 Löse im Kopf und schreibe in dein Heft.

a) 32 : □ = 8, 64 : □ = 8, 16 : □ = 8, 72 : □ = 8
b) 25 : □ = 5, 30 : □ = 6, 49 : □ = 7, 18 : □ = 6
c) 56 : □ = 7, 48 : □ = 6, 35 : □ = 5, 36 : □ = 9
d) 42 : □ = 6, 21 : □ = 7, 8 : □ = 8, 7 : □ = 1

4 Löse im Kopf und schreibe in dein Heft.

a) 400 + 350, 300 + 370, 300 + 680, 800 + 120
b) 280 + 700, 490 + 400, 310 + 600, 240 + 400
c) 680 – 300, 870 – 500, 750 – 200, 980 – 600
d) 910 – 500, 790 – 400, 860 – 600, 950 – 500

5 In jedem Ball ergeben 2 Zahlen dieselbe Summe wie die beiden anderen.

a) 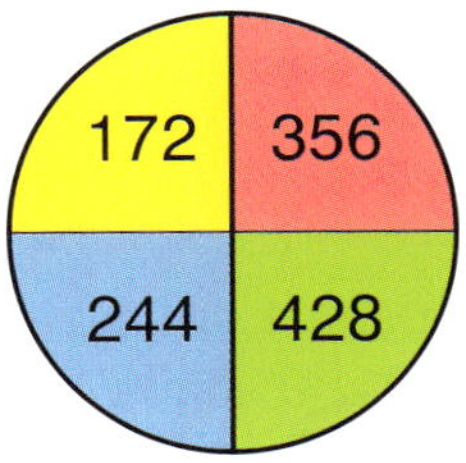

b) 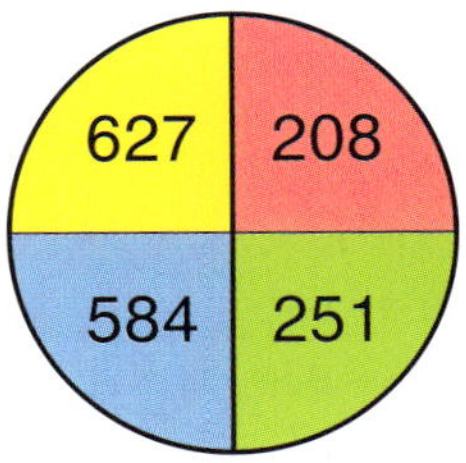

c) 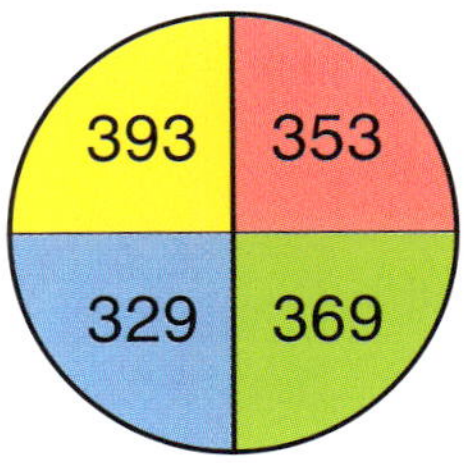

d) 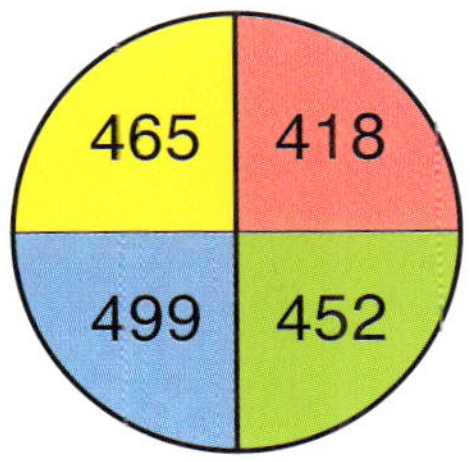

6 Schreibe untereinander und berechne.

a) 876 – 542, 694 – 371, 288 – 176, 765 – 331, 967 – 656
b) 765 – 345, 832 – 432, 578 – 329, 982 – 448, 370 – 258
c) 722 – 543, 254 – 158, 633 – 555, 575 – 298, 458 – 309
d) 805 – 689, 922 – 533, 169 – 89, 307 – 38, 111 – 22

7 Leoni darf in den Sommerferien ins Zeltlager.
Die Kosten dafür betragen 235 €. Sie hat bereits 187 € gespart.
Den Rest bekommt sie von ihrer Oma.

Alles paletti

1 Miss die Längen und notiere sie in verschiedenen Schreibweisen.

12 cm 5mm = 12,5 cm = 125 mm

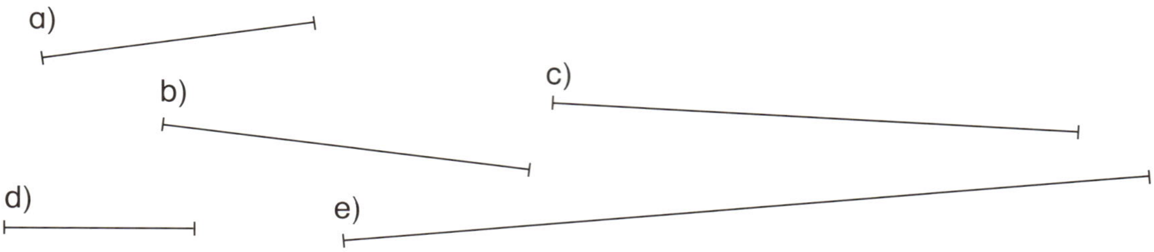

2 Zeichne Rechtecke und Quadrate mit folgenden Maßen.

a) a = 6 cm
b = 3 cm

b) a = 4,5 cm
b = 3 cm

c) a = 4 cm

d) a = 3,5 cm

3 Berechne den Umfang der Figuren aus Aufgabe 2.

4 Übertrage in dein Heft. Stelle den Spiegel auf die rote Linie. Ergänze.

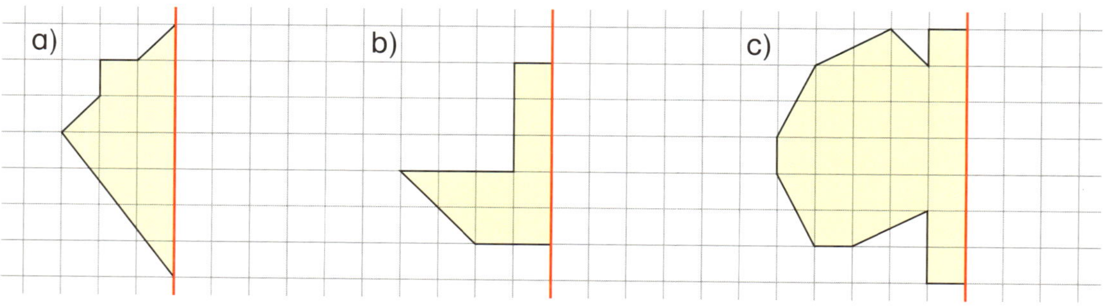

5 Wie viel € müssen die Kinder bezahlen?

Alexander
2 Brote 8 Brezeln 7 Hörnchen 4 Brötchen

Manuela
3 Brote 6 Hörnchen 9 Brezeln 8 Brötchen

6 Manuela und Stefan haben es nicht weit zur Schule.
Stefan wohnt 620 m von der Schule entfernt.
Manuelas Schulweg ist 165 m kürzer.
Wie weit wohnt Manuela von der Schule entfernt?

Alles paletti

1 Die Drachen haben ihre Schwänze verloren. Addiere, dann ordne zu.

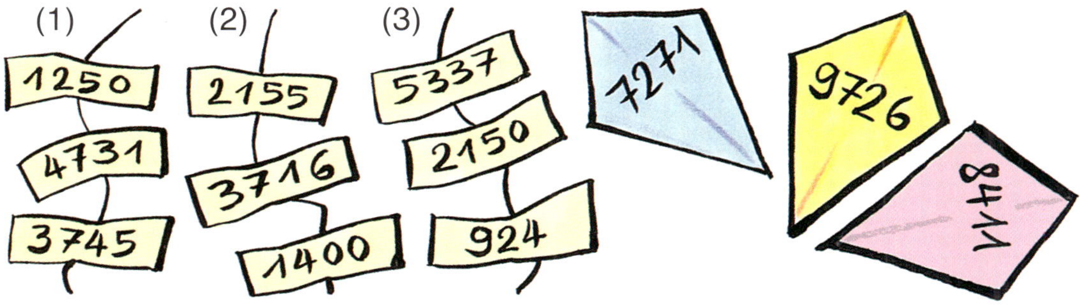

2 Schreibe untereinander und berechne.

a) 7 365 – 5 142	b) 5 789 – 4 960	c) 8 793 – 2 147	d) 6 932 – 5 743
8 658 – 3 441	3 786 – 2 798	5 670 – 4 387	7 604 – 459
2 598 – 1 472	9 421 – 6 789	4 985 – 3 996	4 501 – 9
6 976 – 4 356	7 864 – 7 435	2 151 – 1 263	2 457 – 163

3 Jonas trägt schwer an seinem Schulranzen. Die Bücher wiegen zusammen 900 g, der Atlas 1 kg 100 g. Hefte und Schreibzeug sind zusammen 800 g schwer. Der leere Ranzen wiegt 1,700 kg.
Wie viel kg wiegt der Ranzen mit Inhalt?

4 Addiere und gib das Ergebnis in kg an.

a) 486 g + 853 g + 673 g	b) 256 g + 65 g + 798 g
934 g + 390 g + 98 g	548 g + 278 g + 980 g
189 g + 478 g + 873 g	78 g + 11 g + 911 g
58 g + 870 g + 690 g	187 g + 286 g + 432 g

5 Die Klasse 6a übt für den Wettlauf. Eine Runde um den Sportplatz ist 400 m lang.
Jana läuft 3 Runden, Timo läuft 5 Runden und Emine schafft sogar 7 Runden.
Wie viel m läuft jedes Kind?

6

a) 4 · 500	b) 9 · 700	c) 7 · 300	d) 3 000 : 6	e) 2 400 : 4
3 · 300	8 · 400	8 · 700	1 800 : 2	4 500 : 9
5 · 800	4 · 700	6 · 800	2 500 : 5	3 200 : 8
7 · 600	2 · 900	9 · 400	1 200 : 4	2 100 : 7

7 In einer Gärtnerei werden 2 250 Nelken zu Sträußen mit je 9 Stück gebunden.
Wie viele Sträuße werden gebunden?

Alles paletti

1 Kugel, Quader, Würfel und Pyramide haben sich verkleidet.
Wer lüftet das Geheimnis?

2

a)	b)	c)	d)	e)
56 · 70	18 · 90	67 · 70	17 · 50	27 · 70
89 · 60	27 · 50	31 · 30	62 · 60	56 · 30
48 · 30	43 · 40	78 · 40	53 · 80	81 · 40
37 · 20	24 · 80	99 · 90	76 · 30	98 · 90
42 · 40	75 · 20	86 · 50	36 · 40	77 · 80

3

a)	b)	c)	d)	e)
1 364 : 2	2 742 : 6	2 064 : 4	1 830 : 5	5 256 : 9
3 759 : 7	2 184 : 4	3 105 : 9	2 955 : 3	6 055 : 7
1 884 : 3	2 616 : 3	6 008 : 8	3 231 : 9	2 664 : 8
4 535 : 5	1 404 : 6	1 776 : 8	1 764 : 7	2 331 : 3
2 611 : 7	1 776 : 4	3 996 : 6	4 734 : 6	4 592 : 7

4 Übertrage in dein Heft. Färbe die angegebenen Bruchteile grün.

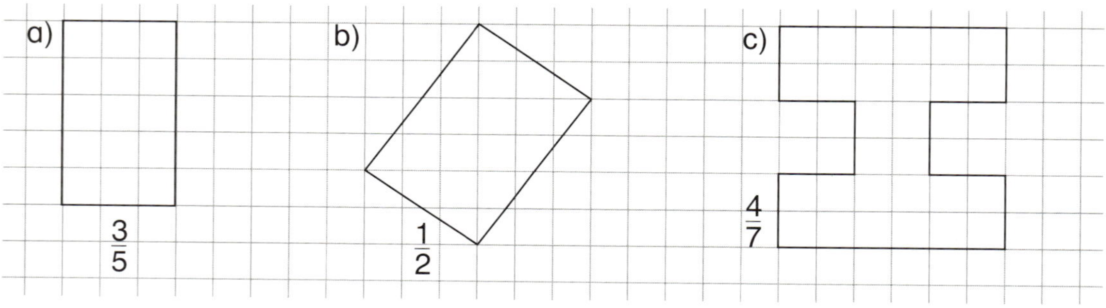

5 Das soll einer verstehen!

$\frac{1}{2}$ Stunde später und es wäre 12 Uhr,

$\frac{1}{2}$ kg mehr und ich hätte 50 kg Kirschen geerntet,

$\frac{1}{2}$ km länger zur Schule und es wären 3 km.

Hätte das Buch $\frac{1}{2}$ Seite mehr, dann wäre noch immer nicht Schluss!

Grundrechenarten und Größen

Zeichen und Grundrechenarten

Zeichen	Bedeutung	Beispiel	Zeichen	Bedeutung	Beispiel
=	gleich	4 + 3 = 7	<	kleiner als	2 < 5
≈	rund	219 ≈ 200	>	größer als	6 > 3

Addieren	5 + 4 = 9	Subtrahieren	8 – 2 = 6
Multiplizieren	3 · 5 = 15	Dividieren	12 : 2 = 6

Rundungsregel

Abrunden bei 0, 1, 2, 3, 4	Aufrunden bei 5, 6, 7, 8, 9
Runden auf Tausender:	4**2**36 ≈ 4000 6**7**82 ≈ 7000
Runden auf Hunderter:	42**3**6 ≈ 4200 67**8**2 ≈ 6800

Längen

1 km = 1 000 m
1 Kilometer = 1 000 Meter

Das Komma trennt km und m.
1,786 km = 1 km 786 m = 1 786 m
2,400 km = 2 km 400 m = 2 400 m

1 m = 100 cm
1 Meter = 100 Zentimeter

Das Komma trennt m und cm.
1,34 m = 1 m 34 cm = 134 cm
2,03 m = 2 m 3 cm = 203 cm

1 cm = 10 mm
1 Zentimeter = 10 Millimeter

Das Komma trennt cm und mm.
2,4 cm = 2 cm 4 mm = 24 mm
10,5 cm = 10 cm 5 mm = 105 mm
0,2 cm = 2 mm

Geld

1 € = 100 Cent
1 Euro = 100 Cent

Das Komma trennt € und Cent.
2,46 € = 2 € 46 Cent = 246 Cent
1,07 € = 1 € 7 Cent = 107 Cent
0,35 € = 35 Cent
0,07 € = 7 Cent

Zeit

1 Jahr = 12 Monate
1 Tag = 24 Stunden
1 Minute (min) = 60 Sekunden (s)

1 Woche = 7 Tage
1 Stunde (h) = 60 Minuten (min)

Gewichte

1 t = 1 000 kg
1 Tonne = 1 000 Kilogramm

Das Komma trennt t und kg.
4,376 t = 4 t 376 kg = 4 376 kg
2,400 t = 2 t 400 kg = 2 400 kg

1 kg = 1 000 g
1 Kilogramm = 1 000 Gramm

Das Komma trennt kg und g.
2,735 kg = 2 kg 735 g = 2 735 g
3,045 kg = 3 kg 45 g = 3 045 g

Geometrie

Bezeichnungen

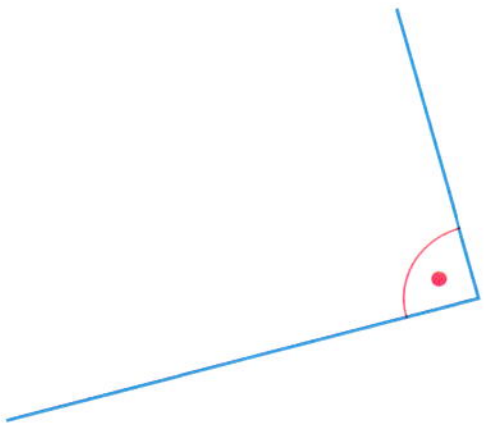

rechter Winkel

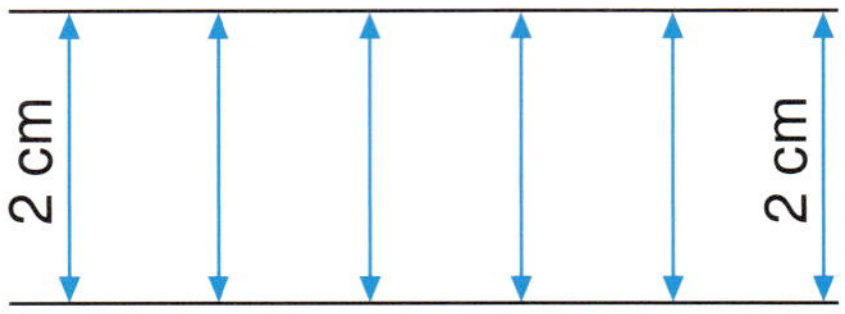

zueinander parallele Linien

Rechteck

Quadrat

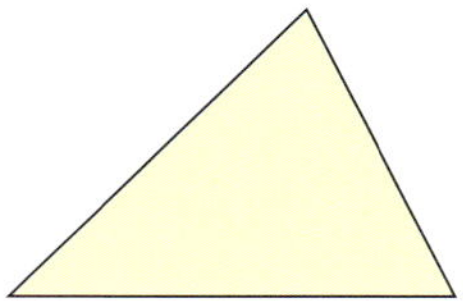

Dreieck

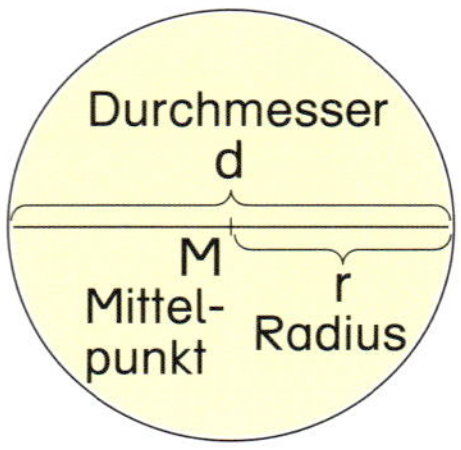

Kreis

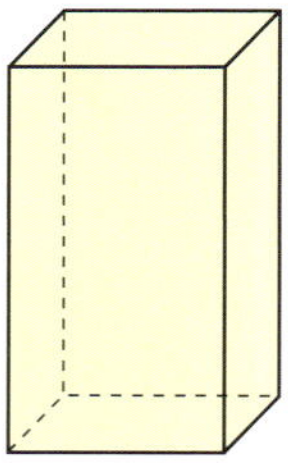

Quader

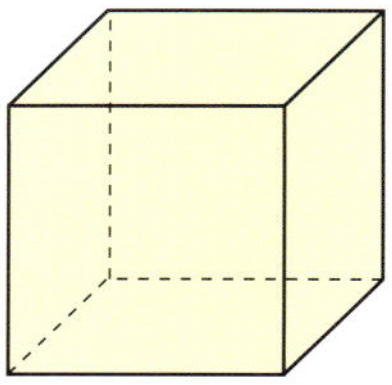

Würfel

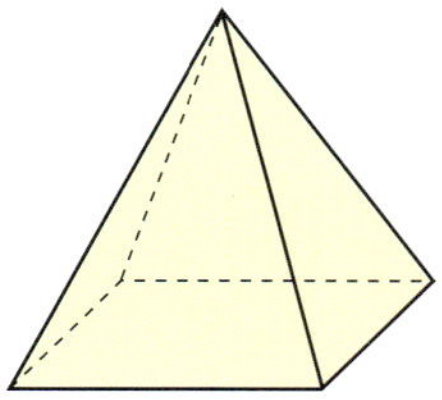

Pyramide

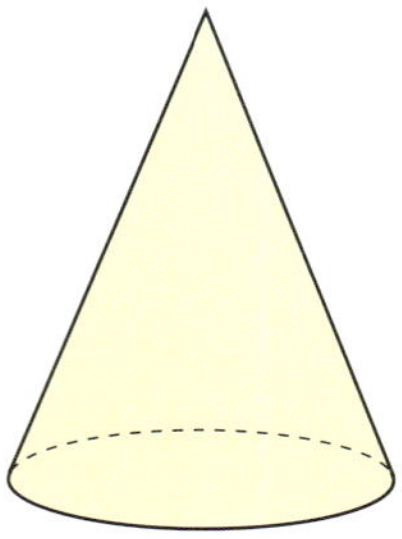

Kegel

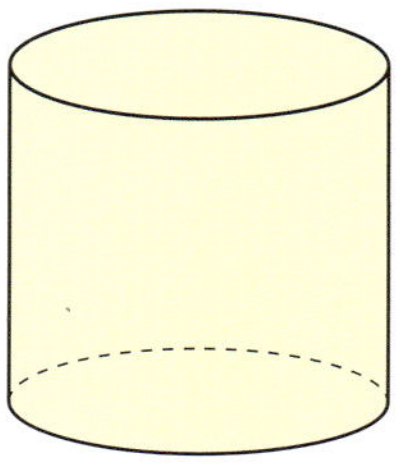

Zylinder

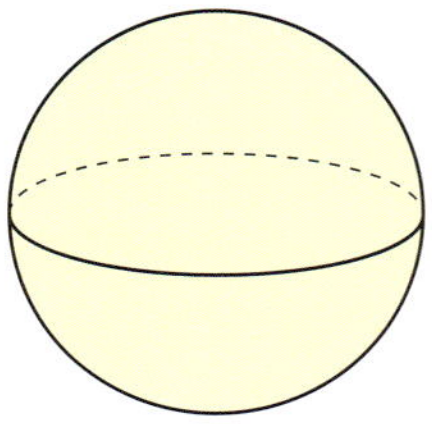

Kugel